高职高专"十一五"规划教材

电工技术

白贤顺　李　伟　主编

张传兴　刘　勇　陈　健　副主编

U0359701

化学工业出版社

·北京·

内容提要

本书以高职高专教育所需的电工基本知识为主线，以实际应用为目的，侧重于培养学生解决实际问题的能力。全书共 11 章，在介绍电工技术的基本理论和基本分析方法的同时强化应用，并以工程实践中常用和推广应用的技术作为实例，通过例题来说明理论的实际应用。为了便于学生的学习，各章后都有小结、思考题和习题，部分章后附有实训内容，以便学生加深理解，更好地掌握所学知识。教材采用最新的国家标准中的电气图形符号，常用电气材料和器件的技术数据也采用最新的数据，并力图反映新技术、新工艺、新产品。

本书可作为高职高专院校机电类专业、非电类专业教材，也可供相关技术人员参考。

图书在版编目（CIP）数据

电工技术/白贤顺，李伟主编 . —北京：化学工业出版社，
2010.1 （2025.2 重印）
高职高专"十一五"规划教材
ISBN 978-7-122-07616-8

Ⅰ. 电…　Ⅱ. ①白…②李…　Ⅲ. 电工技术-高等学校：
技术学院-教材　Ⅳ. TM

中国版本图书馆 CIP 数据核字（2010）第 008857 号

责任编辑：韩庆利　　　　　　　　　　　　　装帧设计：刘丽华
责任校对：陶燕华

出版发行：化学工业出版社（北京市东城区青年湖南街 13 号　邮政编码 100011）
印　　装：北京虎彩文化传播有限公司
787mm×1092mm　1/16　印张 14　字数 350 千字　2025 年 2 月北京第 1 版第 8 次印刷

购书咨询：010-64518888　　　　　　　　售后服务：010-64518899
网　　址：http://www.cip.com.cn
凡购买本书，如有缺损质量问题，本社销售中心负责调换。

定　　价：38.00 元　　　　　　　　　　　　　　　版权所有　违者必究

前　言

本教材立足于高职高专人才培养目标，遵循主动适应社会发展的需要，突出应用性和加强实践能力培养的原则，培养面向生产、管理第一线的高级应用型技术人才。教材本着在学生掌握基本知识的基础上，着重培养学生操作技能和综合应用的能力，使学生既有看懂电路原理图的能力，又有正确选择合适的电路元器件的能力。

本教材的特点为：

（1）以高职高专教育所需的电工基本知识为主线，以实际应用为目的，侧重于培养学生解决实际问题的能力。理论知识本着"以应用为目的，以必需够用为度"的原则，精选内容，强调概念，突出实际应用，对定理不作严格的证明，公式和重要结论只作必要的推导，把大部分篇幅放在讲清概念与应用上。

（2）根据《电工技术》课程的特点，注重基础性和应用性，教材在介绍电工技术的基本理论和基本分析方法的同时强化应用，介绍一些常用的电气元件、基本电路及其控制与应用，并以工程实践中常用和推广应用的技术作为例子，通过例题来说明理论的实际应用。各章在紧扣基本内容的同时，增加了应用实例，介绍一些实用电路。为了便于学生的学习，各章后都有小结、思考题和习题，部分章后附有实训内容，以便学生加深理解，更好地掌握所学知识。

（3）随着机电一体化技术的发展，机和电已不可分割，而机电传动自动化都是由各种控制电机来实现的，因此教材中加强特种电机的介绍，以满足后续机电控制课程的需要。

（4）教材采用最新的国家标准中的电气图形符号，常用电气材料和器件的技术数据也采用最新的数据，并力图反映新技术、新工艺、新产品。

本教材是高职高专院校机电类专业、非电类专业学生必修的一门专业技术基础课。通过对本课程的学习，掌握必备的电工技术的基本理论、基本分析方法和基本技能，为后续专业课的学习和参加工作打下良好的基础。

本书由白贤顺、李伟担任主编，张传兴、刘勇、陈健担任副主编，韩磊、艾文涛、周静、张宪栋、张婷婷、陈冬梅参编。

本书有配套电子教案，可赠送给用本书作为授课教材的院校和老师，如果有需要，可发邮件至 hqlbook@126.com 索取。

由于编者水平所限，书中难免有不妥之处，敬请读者批评指正。

编者
2009 年 12 月

目　录

第1章

电路的基本概念与定律

本章主要讨论电路和电路模型、电路的基本物理量及其参考方向、理想电路元件及其伏安特性、电路的基本定律、功率和电位的计算等，其目的是为电路和电子电路的分析与计算建立基础。

1.1 电路的基本概念

1.1.1 电路的组成及作用

电路就是电流所通过的路径。电路是由电源、中间环节和负载三部分按一定的方式组成。

电路按其功能可分为两大类：一类是实现能量的传输、分配和转换，例如在电力系统中，发电机是电源，它把热能、水能、风能或原子能等转换成电能；变压器、输电线路、开关柜等是中间环节，将电能传输和分配到不同的用户；电灯、电动机、电炉等用电器是负载，它们把电能转换成光能、机械能、热能等；另一类是传递和处理信号，例如扩音机、通信电路和检测电路等等，这类电路称为检测电路。

无论是电能的传输与转换，还是信号的传递与处理，其中电源或信号源的电压或电流统称为激励，它将推动电路工作。由激励在电路各部分产生的电压和电流称为响应。所谓电路分析，就是在已知电路结构和元件参数的条件下，讨论电路的激励与响应之间的关系。

1.1.2 电路图与电路模型

1. 电路图

实际电气电路是由起不同作用的电气元件或器件，按一定的需要组成的。在电气控制中，采用图和表来描述系统的组成、连接方式、功能以及元器件的参数。其中最基本、最常用的是电路图。

电路图经常又称为电路原理图，是一种简图。它是采用"图形符号"来代表电路中的实物，并按工作顺序排列，详细表示电路的基本组成和连接关系。在图中一般不考虑实物的实际位置。例如，一个手电筒的电路原理图如图1.1.1所示，其中 E 表示电池；S代表手动开关；L代表白炽灯。如果给该图再配上一张相应的元件表，表中详细描述所用元件的种类、型号、主要特性参数等，则整体的电气特性就非常清楚。由于电路图详细表达了电路的组成和连接关系，因此在对电路工作原理的介绍和工作过程的分析，以及电气工程的施工和设备的维修中，都是不可缺的最基本的简图。

2. 等效电路图

实际电路中电气元件的品种繁多，在电路分析中为了简化分析和计算，通常在一定条件下，突出实际电路元件的主要电磁性质，忽略其次要因素，把它近似地看做理想元件。例如用"电阻"这个理想的电路元件来代替电阻器、电阻炉、白炽灯泡等消耗电能的实际元件，用内电阻和理想电压源相串联的组合来代替实际的电池等等。这种用一个理想元件或几个理想元件的组合来对电路原理图中的实际电路元件进行等效后得到的一种功能图，称为等效电路图，也叫电路模型。手电筒的电路模型如图 1.1.2 所示。

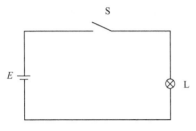

图 1.1.1　手电筒原理图

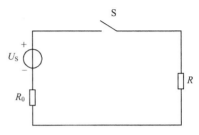

图 1.1.2　手电筒等效电路图

在电路分析中，常用的理想元件主要有电阻元件、电容元件、电感元件、理想电压源和理想电流源等（图 1.1.3）。

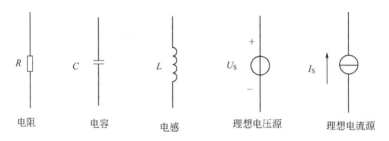

图 1.1.3　理想元件符号

今后电路分析中所讨论的电路都是电路模型。电路模型虽然与实际电路的性能不完全一致，但在一定条件下，在工程上允许的近似范围内，实际电路的分析完全可以用电路模型代替，从而简化电路的分析与计算。

以上这些元件都只具有两个端钮，称为两端元件。另外还有三端元件、四端元件，如三极管、理想变压器等。而理想化的导体无电阻值，在图中用线段表示，用它将理想化元件连接起来形成"电路模型"图。

图是工程技术交流的语言。为了能准确无误的传达信息，必须有一系列的标准作为共同遵守的准则和依据。我国在电气制图方面有一系列的国家标准，对如何绘制各种电气图，如何采用电气图的图形符号，如何生成这些图形符号，甚至连如何填写图中的项目代号及文字符号都有详细具体的规定。为了与国际接轨，国家标准在近年的修订中不断地向国际标准靠拢，有一些已经直接引用 IEC（国际电工委员会）国际标准。而国家标准与国际标准的差异，新老标准的更替，其他国家和国际组织的标准等，已有许多手册和电子软件可以查询。

1.2　电路的基本物理量

1.2.1　电流

电荷的定向移动形成电流。电流的大小用电流强度来度量，在数值上等于单位时间内通过某一导体横截面的电荷量。设在极短时间 dt 内通过某一导体横截面的微小电荷量为 dq，

则通过该截面瞬时的电流为

$$i = \frac{\mathrm{d}q}{\mathrm{d}t} \tag{1.2.1}$$

该式表示电流是随时间而变的。如果电流不随时间而变，即 $\mathrm{d}q/\mathrm{d}t$ 等于常数，则这种电流就称为恒定电流，简称直流。上式改写成

$$I = \frac{Q}{t} \tag{1.2.2}$$

在国际单位制中，电流的单位是安培（简称安），用符号 A 表示。如果每秒（s）有 1 库仑（C）的电荷量通过导体某一横截面，此时的电流为 1 安培（A）。计量微小电流时以毫安（mA）或微安（μA）为单位，电流较大时以千安（kA）为单位。

电流的方向是客观存在的，习惯上规定正电荷运动的方向或负电荷运动的相反方向为电流的实际方向。对于简单电路，人们很容易判断出电流的实际方向，如图 1.2.1(a) 中的 I_1、I_2，但在分析较为复杂的直流电路时，往往难于事先判断某支路中电流的实际方向，如图 1.2.1(b) 中的 I_{AB}。另外，对于交流电路而言，其方向更是随时间变化的，在图上也无法表示其方向。因此，在电路分析中引入电流的参考方向这一概念。

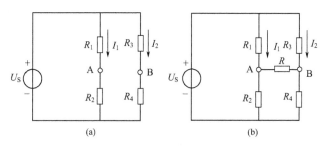

图 1.2.1　复杂电路电流方向的判断

参考方向，也称正方向，是假定的方向。电流的参考方向常常是任意选定的，当电流的实际方向与参考方向一致时，则电流为正值；反之，电流为负值。本书中电路图上所标的电流方向都是选定的参考方向。

电流参考方向的表示方法有箭头表示法和右双下标法两种，如图 1.2.2 所示。

图 1.2.2　电流参考方向表示方法

必须指出，参考方向是电路中非常重要的概念，应注意以下几点：

（1）电流的实际方向是客观存在的，而参考方向则是根据分析计算的需要任意选取的，参考方向一经选定后，在全部分析计算过程中就必须以此为据，不能随意变动。若计算结果 $I>0$，则表示电流的实际方向与选定的参考方向相同；若计算结果 $I<0$，则表示电流的实际方向与选定的参考方向相反。

（2）同一电流，若参考方向选择相反，则其结果是数值相等而符号相反。因此，电流值的正、负只有在选定参考方向下才有意义。

（3）电路中的基本公式和结论，都是在一定的参考方向下得出来的。因此，在应用这些公式和结论时，必须注意参考方向的选择。

这里还应要特别指出，电流是具有大小和流动方向的代数量，是标量，而不是矢量。

1.2.2　电压

单位正电荷，在电场力的作用下从 a 点移动到 b 点，电场所做的功为这两点之间的电压差，也称为电压。如果电场力把正电荷 Q 从 a 点移到 b 点所做的功为 W，则电场中 a 点到 b 点的电压为

$$U_{ab} = \frac{W}{Q} \tag{1.2.3}$$

电场力把 1 库仑（C）的电荷量从 a 点移到 b 点，如果所做的功为 1 焦耳（J），那么 a、b 两点之间的电压就是 1 伏特（简称伏），用字母 V 表示。对于较高或较低的电压，工程上还常用千伏（kV）、毫伏（mV）或微伏（μV）作单位。瞬时电压用小写字母 u 表示，恒定电压用大写字母 U 表示。

电压的正方向（实际方向），通常定义为由高电位指向低电位，即电位降低的方向。但在分析和计算电路时，也需要选取电压的参考方向。当电压的实际方向与参考方向相同时，电压为正值（$U>0$）；相反时，电压为负值（$U<0$）。

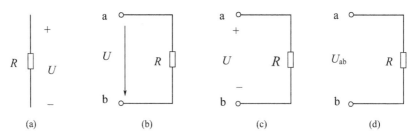

图 1.2.3　电压参考方向表示方法

电压的参考方向可以用箭头表示，由高电位指向低电位；也可用"＋"、"－"号表示，"＋"号对应高电位端，"－"号对应低电位端；也可以用双下标表示电压的方向，如 U_{ab}，前标 a 表示高电位端，后标 b 表示低电位端，图 1.2.3 给出了一些实例。

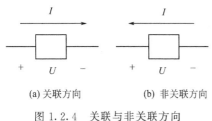

图 1.2.4　关联与非关联方向

在图中一般标注的是电压参考方向。必须强调指出，在未标出电压参考极性的情况下，其正、负值是毫无意义的。

在分析电路时，若某一段电路或元件上电流的参考方向与电压的参考方向一致，即电流从电压正极端流入，负极端流出时，称为关联方向，如图 1.2.4(a) 所示；当参考方向相反时，称为非关联方向，如图 1.2.4(b) 所示。

1.2.3　电位

在分析较复杂的电路时，特别是在分析电子电路时，一一说明电路中每两点间的电压相当繁琐。通常将系统中的某点选为电位参考点，并设该点电位为零，则系统中任一点与参考点之间的电位差称为该点的电位，即该点相对参考点所具有的电位能。电位常用字母 V 表示，其单位与电压相同，也为伏（V）。引入电位的概念后，可说电路中任意两点之间的电压，等于这两点电位之差。

$$U_{AB} = V_A - V_B \tag{1.2.4}$$

应注意，电路中各点的电位随参考点的选择不同而不同，但是任意两点之间的电位差是不变的，它不随参考点的变化而改变。也就是说，电路中任意两点间的电压与参考点的选择无关。

虽然在电路中，电位参考点可以任意选定，但在电力工程中，常取大地作为参考点，并令其电位为零。因此，凡是外壳接地的电气设备，其机壳都是零电位，称为"接地"，并用符号"⏚"表示。有些不接地的设备，在分析问题时，常选择元件汇集的公共点作为参考点（零电位点），并用符号"⊥"表示，称为接零。

1.2.4 电动势

非电场力把单位正电荷从电源内部低电位 b 端移到高电位 a 端所做的功，称为电动势，用字母 $e(E)$ 表示。电动势的单位与电压相同，也用伏（V）表示。

电动势的实际方向是在电源内部从低电位指向高电位，是电位升的方向。电动势的参考方向也是可以任意选定的。当电动势的实际方向与参考方向相同时，为正值（$E > 0$）；相反时，为负值（$E < 0$）。电动势的参考方向可以用箭头、"＋"、"－"号、双下标表示。

在电路中，要想维持电流流动，必须有一种外力把正电荷源源不断地从低电位处移到高电位处，才能在整个闭合的电路中形成电流的连续流动，这个任务是由电源来完成的。在电源内部，由于电源力的作用，正电荷从低电位移向高电位。在不同类型的电源中，电源力的来源不同。例如，电池中的电源力是由化学作用产生的；发电机的电源力则是由电磁作用产生的。

1.2.5 电能和电功率

1. 电能

电能就是电流所做的功，用 W 表示。电流做功的过程，就是电能转化为其他形式的能的过程。用电器所消耗的电能为

$$W = Pt = UIt \tag{1.2.5}$$

式中，若 P 的单位为瓦（W），t 的单位为秒（s），或 U 的单位为伏（V），I 的单位为安（A），则电能 W 的单位为焦耳（J）。在实际应用中常用度作为电能的单位

$$1 \text{ 度} = 1 \text{ 千瓦（kW）} \times 1 \text{ 小时（h）}$$
$$= 1000 \text{ 瓦（W）} \times 3600 \text{ 秒（s）}$$
$$= 3.6 \times 10^6 \text{ 焦耳（J）}$$

2. 电功率

电源在单位时间内生成的电能量称为电源产生的功率，用 P_E 表示，$P_E = EI$；电源内阻消耗的功率简称为内耗功率，用 ΔP 表示；根据能量平衡，电源输出的功率 $P = P_E - \Delta P$。

在电路分析中，不仅要计算功率的大小，有时还要判断功率的性质，即该元件是产生功率，还是消耗功率。判断功率的性质的方法有两种。

第一种方法根据元件两端电压和流过电流的参考方向判断：

当电压和电流是关联参考方向时，有

$$P = UI > 0 \text{，元件消耗功率}$$
$$P = UI < 0 \text{，元件产生功率}$$

当电压和电流是非关联参考方向时，有

$$P = -UI > 0 \text{，元件消耗功率}$$
$$P = -UI < 0 \text{，元件产生功率}$$

第二种方法根据元件两端电压和流过电流的实际方向判断：

对任意电路元件，当流经元件的电流实际方向与元件两端电压的实际方向一致，则元件吸收功率；当电流、电压的实际方向相反，则元件发出功率。

手机的电池就是一个很好的例子，在正常使用时它产生功率是供电元件，而在充电时它却消耗功率吸收能量是负载。因此，当一个电路中有两个电源时，就可能有一个供电，另一个耗能，也可能两个都供电。

在国际单位制中，若取电压的单位为伏（V），电流的单位为安（A），则功率的单位为瓦特，简称瓦（W）。工程上，较大的功率常用千瓦（kW）和兆瓦（MW）作单位；小的电功率也可用毫瓦（mW）、微瓦（μW）表示。

1.2.6　额定值

在实际电路中，所有电气设备和元器件正常工作的电压、电流及功率等都有一定的使用限额，这种限额称为额定值，常以 N 为下标表示，如 P_N、U_N、I_N，分别表示额定功率、额定电压、额定电流。额定值常标在设备的铭牌上，故又经常称为铭牌值，是制造厂综合考虑产品的可靠性、经济性和使用寿命等因素而制定的，它是使用者使用电气设备和元器件的依据。例如白炽灯泡的电压 220V、功率 100W 都是它的额定值。它告诉使用者，该白炽灯泡在 220V 电压下才能正常工作，这时消耗功率为 100W，即 $U_N=220V$，$P_N=100W$。通过计算还可求得该白炽灯泡的额定电流为 $I_N=P_N/U_N=0.455A$。

如果使用值超过额定值较多，会使电气设备和元器件损伤，影响寿命，甚至烧毁；如果使用值低于额定值较多，则不能正常工作，有时也会造成设备的损坏。例如电压过低时，白炽灯泡发光不足，电动机因拖不动生产机械而发热，甚至出现停转而烧毁等；电压过高时，白炽灯泡虽然亮度会提高，但消耗功率相应增加，而寿命将会缩短，电动机的绝缘受到损伤。因此，电气设备和元器件在使用值等于额定值时工作是最合理的，既保证能可靠工作，又保证有足够的使用寿命。

通常电压、电流和功率的实际使用值不一定等于额定值。究其原因：一个是受到外界的影响，例如电源额定电压为 220V，但电源电压经常波动，稍低于或稍高于 220V，这样，额定值为 220V、40W 的电灯上所加的电压不是 220V，实际功率也就不是 40W 了；另一个是在一定电压下电源输出的功率和电流决定于负载的大小，就是负载需要多少功率和电流，电源就给多少，所以电源通常不一定处于额定工作状态，但是一般不应超过额定值，对于电动机也是这样，它的实际功率和电流也决定于它轴上所带的机械负载的大小，通常也不一定处于额定工作状态。

当实际使用值等于额定值时，称为额定状态；当功率或电流大于额定值称为超载或过载；不足称为轻载或欠载。类似地，高于或低于额定值的电压分别称为过压和欠压，各种比较都是以额定值为基准。总之，各项额定值是选择设备与元器件的重要依据。

1.3　欧姆定律

1.3.1　欧姆定律

1. 部分电路欧姆定律

电阻中电流的大小与加在电阻两端的电压成正比，而与其电阻值成反比，这就是部分电路欧姆定律。在国际单位制中电阻的单位为欧姆（Ω），计量高电阻时，则以千欧（kΩ）、

兆欧（MΩ）为单位。在电压、电流的关联方向下，如图 1.3.1(a)，欧姆定律的表达式为

$$U=RI \tag{1.3.1}$$

当 U 和 I 的参考方向相反时，如图 1.3.1(b)，上述欧姆定律的表达式应加负号。

$$U=-RI \tag{1.3.2}$$

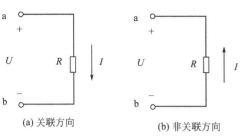

(a) 关联方向　　(b) 非关联方向

图 1.3.1　部分电路欧姆定律

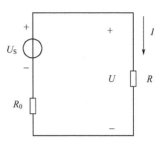

图 1.3.2　全电路欧姆定律

2. 全电路欧姆定律

在图 1.3.2 的闭合电路中，U_S 是理想电压源的端电压，数值上等于电压源的电动势，R_0 是电压源的内电阻，R 是负载电阻。为使电压平衡，有

$$U_S=IR+IR_0$$

故得

$$I=\frac{U_S}{R+R_0} \tag{1.3.3}$$

上式就是全电路的欧姆定律，其意义是：电路中流过的电流，其大小与电压成正比，与电路的全部电阻之和成反比。

如果在一个无分支的电阻电路中，含有两个及两个以上的电压源，则电路中的电流，与整个回路电压的代数和 $\sum U_S$ 成正比，而与整个电路的电阻之和 $\sum R$ 成反比（包括电压源电阻）。用数学式表达为

$$I=\frac{\sum U_S}{\sum R} \tag{1.3.4}$$

上式中，U_S 的正、负号可以这样确定：与电流的参考方向一致者取正号；与电流的参考方向相反者取负号。

3. 线性电阻与非线性电阻

对满足欧姆定律的电阻称为线性电阻，即电阻两端的电压与通过的电流成正比，其电阻是一个常数。线性电阻的伏安特性是一条通过坐标原点的直线，如图 1.3.3 所示。

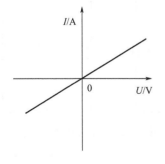

图 1.3.3　线性电阻的伏安特性

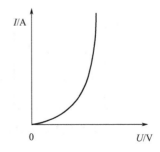

图 1.3.4　非线性电阻的伏安特性

不满足欧姆定律的电阻称为非线性电阻，非线性电阻的特性往往通过伏安特性曲线描

述，有时也用函数 $u=f(i)$ 或 $f=g(u)$ 来表示。图 1.3.4 所示是二极管的正向电阻随电压的增加而减小的伏安特性曲线。实际上大多数的电阻都具有非线性，只是程度不同而已。

非线性电阻电路常采用图解法求解。因为非线性电阻的电压与电流之间的关系，既要满足负载线方程，又必须满足自身的伏安特性曲线，所以负载线和伏安特性曲线的交点 Q 就是该电路的工作点，相对应的电压 U_Q 和电流 I_Q 就是非线性电阻的工作电压和工作电流。

1.3.2　电阻的串联和并联

在电路中电阻的连接方式是多种多样的，其中最简单和最常用的是串联和并联。

1. 电阻的串联

图 1.3.5 是两个电阻串联的等效图，其中有

$$R=R_1+R_2$$
$$u=u_1+u_2$$
$$u_1=\frac{R_1}{R_1+R_2}u \tag{1.3.5}$$
$$u_2=\frac{R_2}{R_1+R_2}u$$

若 n 个电阻相串联，其等效电阻为

$$R=R_1+R_2+\cdots+R_n=\sum_{k=1}^{n}R_k \tag{1.3.6}$$

2. 电阻的并联

图 1.3.6 是两个电阻并联的等效图，有

$$R=\frac{R_1R_2}{R_1+R_2}u$$
$$i=i_1+i_2$$
$$i_1=\frac{R_2}{R_1+R_2}i \tag{1.3.7}$$
$$i_2=\frac{R_1}{R_1+R_2}i$$

若两个电阻并联可简记为 $R_1 /\!/ R_2$。

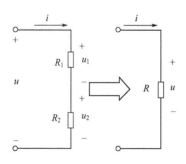

图 1.3.5　串联电阻等效电路

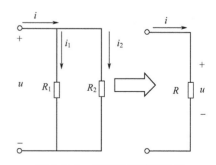

图 1.3.6　并联电阻等效电路

若 n 个电阻相并联，其等效电阻为

$$\frac{1}{R}=\frac{1}{R_1}+\frac{1}{R_2}+\cdots+\frac{1}{R_n}=\sum_{k=1}^{n}\frac{1}{R_k} \tag{1.3.8}$$

1.4　电路的工作状态

电路的工作状态有三种，即有载工作、开路和短路。下面以图 1.4.1 为例来讨论电源的电流、电压和功率。

1.4.1　有载工作状态

将图 1.4.1 电路中的 S 闭合，接通电源与负载，这就是电路的有载工作状态。根据全电路的欧姆定律可得电路中的电流

$$I = \frac{U_S}{R_0 + R_L} \qquad (1.4.1)$$

电源的输出电压

$$U = IR_L = U_S - IR_0 \qquad (1.4.2)$$

由式 (1.4.2) 可看出，电源的端电压小于电动势，两者之差为电流通过电源内阻所产生的电压降，电流越大，电源的端电压下降得越多。按式 (1.4.2) 作出图 1.4.2，表示电源的端电压 U 与输出电流 I 之间的关系曲线，称为电源的外特性曲线，其斜率与电源的内阻有关。

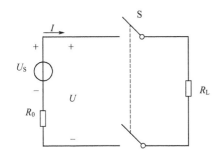

图 1.4.1　电路的有载工作或开路　　　　图 1.4.2　电源的外特性曲线

将式 (1.4.2) 两端同乘电流 I，可得功率平衡式

$$UI = U_S I - I^2 R_0 \qquad (1.4.3)$$

或

$$P = P_E - \Delta P \qquad (1.4.4)$$

式中，$P = UI$ 为电源输出的功率；$P_E = U_S I$ 为电源产生的功率；$\Delta P = I^2 R$ 为电源内阻所损耗的功率。

1.4.2　开路状态

将图 1.4.1 电路中的 S 断开，或电路中某点断开时（如熔断器熔丝熔断），电路处于开路（也称空载）状态。电源开路时，外电路的电阻为无穷大，电路中没有电流，对外不输出电能，这时电源的端电压（称为开路电压或空载电压，用 U_{oc} 表示）等于 U_S。开路时，电路的特征为

$$R_L = \infty$$
$$I = 0$$
$$U = U_{oc} = U_S$$
$$P = P_E = 0$$

1.4.3　短路状态

在图 1.4.1 所示的电路中,当电源的两端由于某种原因而连接在一起时,称为短路,如图 1.4.3 所示。在电源两端发生短路时,电流不经负载,而直接从电源的正极经短路线(电阻为零)流向负极。由于电源内阻 R_0 很小,电流很大,此电流称为短路电流,用 I_{SC} 表示。短路时,电源所产生的功率全部消耗在内阻上,由于外电路的电阻为零,所以电源的端电压也为零。电路的特征为

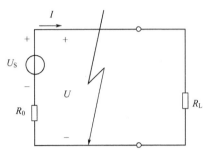

图 1.4.3　电路的短路工作状态

$$U = 0$$
$$R_L = 0$$
$$P = 0$$
$$I = I_{SC} = \frac{U_S}{R_0}$$
$$P_E = \Delta P = I^2 R_0$$

短路时,电路中有极大的电流通过,这会使电源过热,从而将其烧毁。因此,在工作中必须尽力防止发生短路事故。通常在电路中接入熔断器或自动开关,当发生短路时,迅速切除故障电路,而确保电源和其他设备的安全运行。但有时由于某种需要,可将电路中的某一段短路(常称为短接)或进行某种短路试验。

1.5　基尔霍夫定律

欧姆定律和基尔霍夫定律是分析和计算电路的两个基本定律。本节讨论基尔霍夫定律。

基尔霍夫定律包含两条定律,分别称为基尔霍夫电流定律和基尔霍夫电压定律。任何电路(包括线性电路和非线性电路)的电压或电流,在任意瞬间都满足基尔霍夫定律。

1. 电路名词

为便于介绍基尔霍夫定律,先介绍几个有关的名词。

(1) 支路　电路中的每一分支称为支路。支路可以是一个二端元件或是几个元件的组合。同一支路上流过的电流相同,称为支路电流。

(2) 结点　三条或三条以上支路的汇集点称为结点。

(3) 回路　有一条或多条支路所组成的闭合路径称为回路。

(4) 网孔　它是回路的特例,凡内部不再含有支路的回路称为网孔。

2. 基尔霍夫电流定律(KCL)

基尔霍夫电流定律是用来确定连接在同一结点上的各支路电流间关系的。由于电流具有连续性,电路中的任何一点上均不能堆积电荷。所以,在任一瞬间,流入结点的电流之和必然等于流出该结点的电流之和。即

$$\sum I_入 = \sum I_出 \tag{1.5.1}$$

即
$$\sum I = 0 \tag{1.5.2}$$

式(1.5.2)的含义是:任一瞬时,任意结点上所有电流的代数和为零,称为基尔霍夫电流定律(Kirchhoff's Current Law,简称为 KCL),又称基尔霍夫第一定律。通常规定流入结点的电流为正;流出结点的电流为负。

可以将 KCL 中的结点推广成一个任意形状的假想封闭面,该封闭面包围着一部分电路。例如图 1.5.1 所示封闭面包围着一个三角形电路,它有三个结点。应用(KCL)可列出

$$I_1 = I_5 - I_4$$
$$I_2 = I_6 - I_5$$
$$I_3 = I_4 - I_6$$

上列三式相加得

$$I_1 + I_2 + I_3 = 0$$

或

$$\sum I = 0$$

可见，在任一瞬间，通过任一封闭面的电流的代数和也恒等于零。

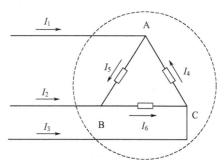

图 1.5.1　KCL 的推广应用

3. 基尔霍夫电压定律（KVL）

根据电路中电位的单值性，某一瞬间，从电路中的某结点出发，按回路绕行一周回到该结点，其电位值不变。由此可见，该回路各段电位升之和等于各段电位降之和，即

$$\sum U_生 = \sum U_降 \tag{1.5.3}$$
$$\sum U = 0 \tag{1.5.4}$$

式（1.5.4）表明，电路中，任一瞬间的任意回路，各段电压的代数和等于零，称为基尔霍夫电压定律（Kirchhoff's Voltage Law，简称为 KVL），又称基尔霍夫第二定律。通常把电压升取为正，电压降取为负。

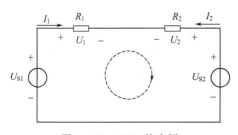

图 1.5.2　KVL 的应用

以图 1.5.2 所示回路为例，根据式（1.5.4），以顺时针为循行方向，得

$$U_{S1} - U_1 + U_2 - U_{S2} = 0$$
$$U_{S1} - U_{S2} = U_1 - U_2 = I_1 R_1 - I_2 R_2$$

即

$$\sum U_S = \sum (IR) \tag{1.5.5}$$

此为基尔霍夫电压定律在电阻电路中的另一种表达式，就是在任一回路循行方向上，回路中电动势的代数和等于电阻上电压降的代数和。在这里，凡是电动势的参考方向与所选回路循行方向相同者，则取正号，相反者则取负号。凡是电流的参考方向与回路循行方向相同者，则该电流在电阻上所产生的电压降取正号，相反者则取负号。

基尔霍夫电压定律不仅应用于闭合回路，也可以把它推广应用于回路的部分电路，即任一假想的闭合回路电压降之和为零。由此可非常方便地求取非闭合回路的任意两点间的电压。以图 1.5.3 所示的两个电路为例来说明，根据基尔霍夫电压定律列出式子，对图 1.5.3（a）可列出

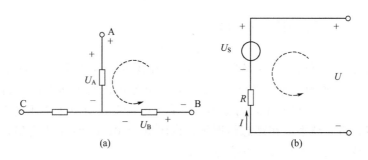

(a)　　　　　　　　　　(b)

图 1.5.3　KVL 的推广应用

$$\sum U = U_{AB} - U_A + U_B = 0$$
$$U_{AB} = U_A - U_B$$

对图 1.5.3（b）可列出

$$U + IR - U_S = 0$$
$$U = U_S - IR$$

这也就是一段有源（有电源）电路的欧姆定律的表示式。

基尔霍夫电流定律是依据电荷守恒，而基尔霍夫电压定律是依据能量守恒，这都是自然界最基本的规律，因此基尔霍夫定律具有普适性，对任意瞬间，无论是线性电路还是非线性电路，也不论是直流还是交流正弦或是其他各种形式的波形，它都是成立的。

1.6 电源的两种模型及其等效变换

一个实际电源常可以等效成两种模型：一种是理想电压源和内电阻串联的模型；另一种是理想电流源和内电阻并联的模型。

1.6.1 电压源

理想电压源的内电阻为零，它的端电压与通过它的电流无关，是一个常数，在数值上等于电源的电动势，用 U_S 表示，通过它的电流则由外电路所决定。理想电压源模型如图 1.1.3 所示。

实际电压源的内阻不等于零，因此它的内部总是有损耗。当实际电压源与外电路相连接时，它的端电压总是小于电源的电动势，而且随着电流的增加这种差距会加大。通常用一个理想电压源和一个内阻 R_0 相串联的模型来表示实际电压源，如图 1.6.1（a）所示。

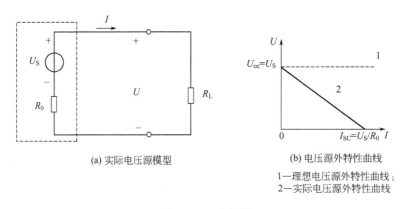

(a) 实际电压源模型　　　　(b) 电压源外特性曲线

1—理想电压源外特性曲线；
2—实际电压源外特性曲线

图 1.6.1　电压源

根据图 1.6.1（a）所示电路，可得出

$$U = U_S - IR_0 \tag{1.6.1}$$

由此方程式可知，当电压源开路时，$I = 0$，电压源的开路电压 $U_{oc} = U_S$；当电压源短路时，$U = 0$，通过电压源的短路电流 $I_{SC} = U_S/R_0$。由此可作出电压源的外特性曲线，如图 1.6.1（b）所示。从图上可以看出，内阻越小，输出电流变化时输出电压的变化就越小，即输出电压越稳定，直线越平。在理想情况下，内阻 $R_0 = 0$，$U = U_S$ 为定值，即成为理想电压源，它的伏安特性是一条平行于横轴的直线。

由于实际电压源的内阻一般都很小，所以短路电流很大，这可能会导致电压源损坏，故实际电压源绝不允许短路。通常稳压电源或新的干电池等可以认为是一个理想电压源。

电压源特性：

（1）几个理想电压源或实际电压源相串联，其等效电压源的电动势，等于这几个电压源电动势的代数和；总内阻为各电压源内阻的串联值。

（2）电动势不相等的理想电压源不允许并联。

（3）任一支路与理想电压源 U_S 并联时，都可等效为该理想电压源 U_S。

1.6.2 电流源

理想电流源的内电阻为无穷大，通过它的电流与它的端电压无关，是一个常数，用 I_S 表示，它的端电压则由外电路所决定。理想电流源模型如图 1.1.3 所示。

通常用一个理想电流源和一个内阻 R_0 相并联的模型来表示实际电流源，如图 1.6.2(a) 所示，并可得出

$$I_S = I + \frac{U}{R_0}$$

$$I = I_S - \frac{U}{R_0} \tag{1.6.2}$$

由上式可作出电流源的外特性曲线。当电流源开路时，$I=0$，$U=U_{oc}=R_0 I_S$；当电流源短路时，$U=0$，$I=I_S$。如图 1.6.2(b) 所示，内阻 R_0 越大，则直线越陡。

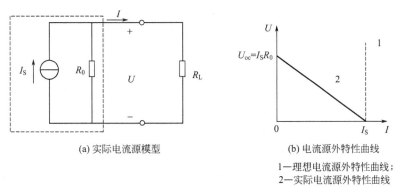

(a) 实际电流源模型　　　　　　　(b) 电流源外特性曲线

1—理想电流源外特性曲线；
2—实际电流源外特性曲线

图 1.6.2　电流源

电流源特性：

（1）当几个电流源并联时，其等效电流源的电流，等于这几个电流源电流的代数和；总内阻为各电流源内阻的并联值。

（2）电流不相等的理想电流源，不允许串联。

（3）任一支路与理想电流源 I_S 串联时，都可以等效成该理想电流源 I_S。

1.6.3 电压源与电流源的等效变换

由图 1.6.1(b) 和图 1.6.2(b) 可见，电压源的外特性和电流源的外特性是完全相同的，因此电源的两种模型之间可以进行等效变换。

电压源与电流源的等效变换，是指在保持外电路特性不变的条件下，电压源与电流源可相互替代。替代后电源的输出电压和输出电流是不变的。需要特别指出，等效仅仅是相对外电路而言的，在电源的内部是不等效的。例如当电压源开路时，$I=0$，电源内阻 R_0 上不消耗功率；当电流源开路时，$I=0$，但是电源内部仍有电流，内阻 R_0 要消耗功率。同样，当电压源和电流源短路时，两者对外电路是等效的（$U=0$，$I_S=U_S/R_0$），但电源内部的功率

损耗不一样，电压源有损耗，电流源无损耗（R_0 被短路，无电流通过）。电压源与电流源的等效互换如图 1.6.3 所示。

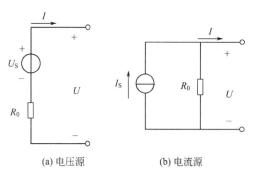

(a) 电压源　　　　(b) 电流源

图 1.6.3　电压源、电流源的等效变换

等效变换的规则为：

（1）从电流源变成电压源用公式

$$U_S = I_S R_0 \qquad (1.6.3)$$

从电压源变成电流源用公式

$$I_S = \frac{U_S}{R_0} \qquad (1.6.4)$$

（2）内阻 R_0 的数值保持不变。

（3）等效变换后电流源与电压源的方向不变，即电流源的方向与电压源电动势的方向一致。

应注意的是理想电压源和理想电流源之间没有等效的关系，即它们不能相互等效变换。

1.6.4　受控电源

上面所讨论的电压源和电流源，都是独立电源。所谓独立电源，就是电压源的电压或电流源的电流不受外电路的控制而独立存在。此外，在电子电路中还将会遇到另一种类型的电源：电压源的电压和电流源的电流，是受电路中其他部分的电流或电压控制的，这种电源称为受控电源。当控制的电压或电流消失或等于零时，受控电源的电压或电流也将为零。

根据受控电源是电压源还是电流源，以及受电压控制还是受电流控制，受控电源可分为电压控制电压源（VCVS）、电流控制电压源（CCVS）、电压控制电流源（VCCS）和电流控制电流源（CCCS）四种类型。四种理想受控电源的模型如图 1.6.4 所示。

所谓理想受控电源，就是它的控制端（输入端）和受控制端（输出端）都是理想的。在控制端，对电压控制的受控电源，其输入端电阻为无穷大（$I_1 = 0$）；而电流控制的受控电源，其输入端电阻为零（$U_1 = 0$）。这样控制端消耗的功率为零。在受控端，对受控电压源、受控电流源可看成是理想电压源、理想电流源。

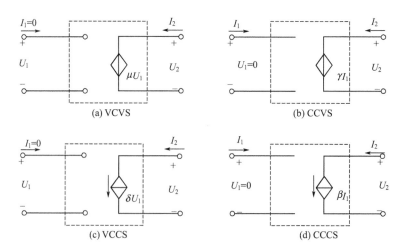

(a) VCVS　　　　　　　(b) CCVS

(c) VCCS　　　　　　　(d) CCCS

图 1.6.4　理想受控电源的模型

如果受控电源的电压或电流和控制它们的电压或电流之间有正比关系，则这种控制是线性的，图 1.6.4 中的系数 μ、γ、δ 及 β 都是常数。这里 μ 和 δ 是没有量纲的纯数，γ 具有电阻的量纲，β 具有电导的量纲。在电路图中，受控电源用菱形表示，以便与独立电源的圆形符号相区别。

1.7　支路电流法

凡不能用电阻串并联等效变换化简的电路，一般称为复杂电路。支路电流法是计算复杂电路的最基本方法之一，它是以支路电流为未知量，应用基尔霍夫电流定律（KCL）和电压定律（KVL），分别对结点和回路列出所需要的方程，然后解出各未知支路电流。

支路电流法解题步骤是（设电路有 b 条支路，n 个结点）

（1）分别选定各支路电流的参考方向，依 KCL 定律，列出 $(n-1)$ 个独立的结点电流方程。

（2）选定 $b-(n-1)$ 个回路的绕行方向，依 KVL 定律列出 $b-(n-1)$ 个回路方程。为计算方便，通常首选网孔回路。

（3）解方程组，求出支路电流。

注意，对于有理想电流源的支路，该支路的电流等于理想电流源的电流，作为已知条件应用。若需要求解理想电流源的端电压，应选理想电流源所在的回路列一个方程。

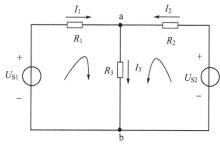

图 1.7.1　例 1.7.1 图

例 1.7.1　图 1.7.1 所示电路中，已知 $R_1=1\Omega$，$R_2=0.6\Omega$，$R_3=24\Omega$，$U_{S1}=130V$，$U_{S2}=117V$，求各支路电流。

解　图 1.7.1 所示电路，有 3 条支路，2 个结点。

设各支路电流参考方向及回路绕行方向如图所示。

对结点 a 依据 KCL 得

$$I_1+I_2-I_3=0 \tag{1}$$

对左回路依据 KVL 得

$$I_1R_1+I_3R_3=U_{S1} \tag{2}$$

对右回路依据 KVL 得

$$I_2R_2+I_3R_3=U_{S2} \tag{3}$$

代入已知数据得
$$I_1+I_2-I_3=0$$
$$I_1+24I_3=130$$
$$0.6I_2+24I_3=117$$

解得　$I_1=10A$，$I_2=-5A$，$I_3=5A$。

例 1.7.2　图 1.7.2 所示电路中，已知 $R_1=6\Omega$，$R_2=2\Omega$，$R_3=4\Omega$，$U_{S1}=10V$，$I_S=5A$，求各支路电流及电流源两端的电压。

解　图 1.7.2 所示电路，有 3 条支路，2 个结点。设电流源端电压为 U，各支路电流参

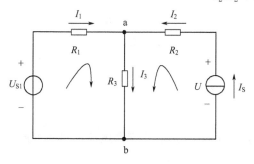

图 1.7.2　例 1.7.2 图

考方向及回路绕行方向如图所示。

对结点 a 依据 KCL 得　$I_1 + I_2 - I_3 = 0$　　　　　　　　　（1）

对左回路依据 KVL 得　$I_1 R_1 + I_3 R_3 = U_{S1}$　　　　　（2）

对右回路依据 KVL 得　$I_2 R_2 + I_3 R_3 - U = 0$　　　　（3）

$$I_2 = I_S$$

代入已知数据得

$$I_1 + 5 - I_3 = 0$$
$$6I_1 + 4I_3 = 10$$
$$2I_2 + 4I_3 - U = 0$$

解得　$I_1 = -1\text{A}$，$I_2 = 5\text{A}$，$I_3 = 4\text{A}$，$U = 26\text{V}$。

1.8　叠　加　定　理

叠加定理是反映线性电路最基本性质的一条重要定理。它的内容为在线性电路中，有几个电源共同作用时，任一支路的电流（或电压）等于各个电源单独作用时在该支路所产生的电流（或电压）的代数和。

应用叠加定理的解题步骤是：

（1）保持电路结构不变，将多电源电路等效成各单电源分别作用于该电路。当只考虑其中某一电源时，将其他电源视为零值。具体做法是：将其他理想电压源短路，将其他理想电流源开路。

（2）在各单电源作用的电路图中标出各支路电流（或电压）的参考方向，既可以与原电路图中参考方向一致，也可以不同，方向的选取以求解方便为准则。然后求解单电源作用下各支路电流（或电压）。

（3）求支路电流（或电压）的代数和。若单电源作用下的支路电流（或电压）与原电路的支路电流（或电压）的参考方向一致时，取正号；相反时，取负号。

应注意的是功率的计算不能应用叠加定理，因为功率不是电压或电流的一次函数。

例 1.8.1　图 1.8.1（a）所示电路中，已知 $R_1 = 1\Omega$，$R_2 = 0.6\Omega$，$R_3 = 24\Omega$，$U_{S1} = 130\text{V}$，$U_{S2} = 117\text{V}$，求各支路电流。

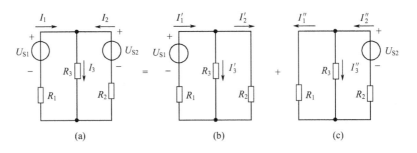

图 1.8.1　例 1.8.1 图

解　根据叠加定理

（1）画出 U_{S1} 和 U_{S2} 单独作用时的电路图（b）、（c），并选取分支路电流的参考方向。

（2）求各分支路电流。

由图（b）得

$$I'_1 = \frac{U_{S1}}{R_1 + \frac{R_2 R_3}{R_2 + R_3}} = \frac{130}{1 + \frac{0.6 \times 24}{0.6 + 24}} = 82\text{A}$$

$$I'_2 = \frac{R_3}{R_2 + R_3} I'_1 = \frac{24}{0.6 + 24} \times 82 = 80\text{A}$$

$$I'_3 = I'_1 - I'_2 = 82 - 80 = 2\text{A}$$

$$I''_2 = \frac{U_{S2}}{R_2 + \frac{R_1 R_3}{R_1 + R_3}} = \frac{117}{0.6 + \frac{1 \times 24}{1 + 24}} = 75\text{A}$$

$$I''_1 = \frac{R_3}{R_1 + R_3} I''_2 = \frac{24}{1 + 24} \times 75 = 72\text{A}$$

$$I''_3 = I''_2 - I''_1 = 75 - 72 = 3\text{A}$$

（3）求各支路电流的代数和

$$I_1 = I'_1 - I''_1 = 82 - 72 = 10\text{A}$$

$$I_2 = -I'_2 + I''_3 = -80 + 75 = -5\text{A}$$

$$I_3 = I'_3 + I''_3 = 2 + 3 = 5\text{A}$$

与用支路电流法的求解结果完全相同。

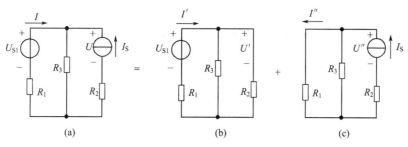

图 1.8.2　例 1.8.2 图

例 1.8.2　图 1.8.2 所示电路中，已知 $R_1 = 6\Omega$，$R_2 = 2\Omega$，$R_3 = 4\Omega$，$U_{S1} = 10\text{V}$，$I_S = 5\text{A}$，求支路电流 I 及电流源两端的电压 U。

解　根据叠加定理

（1）画出 U_{S1} 和 I_S 单独作用时的电路图（b）、（c），并选取分支路电流和电压的参考方向。

（2）求各分支路电流和电压。

由图（b）得

$$I' = \frac{U_{S1}}{R_1 + R_3} = \frac{10}{6 + 4} = 1\text{A}$$

$$U' = R_3 I' = 4 \times 1 = 4\text{V}$$

由图（c）得

$$I'' = \frac{R_3}{R_1 + R_3} I_S = \frac{4}{6 + 4} \times 5 = 2\text{A}$$

$$U'' = R_1 I'' + R_2 I_S = 6 \times 2 + 2 \times 5 = 22\text{V}$$

（3）求各支路电流的代数和

$$I = I' - I'' = 1 - 2 = -1\text{A}$$

$$U = U' + U'' = 4 + 22 = 26\text{V}$$

应用叠加定理解题可以把复杂的电路分解为多个简单的电路。但当电源较多时，需要求解的分电路较多，解题过程并不简单。可是在某条支路电流（或电压）已知的情况下，电路再增加一个电源或某个电源的数值发生变化，这时应用叠加定理就很方便。

1.9 戴维宁定理和诺顿定理

对于复杂电路，如果只需要计算某一支路的电流或电压，此时可将这个支路从整个电路中分离出来，而把其余部分电路看作是一个有源二端网络。所谓有源二端网络，就是含有电源、有两个引出端的电路。有源二端网络可以是简单的或任意复杂的电路。这样原来的复杂电路就由有源二端网络和待求支路两部分组成。

一个线性有源二端网络可以用一个理想电压源和内阻串联的等效电压源来代替，也可以用一个理想电流源和内阻并联的等效电流源来代替，则复杂电路就变成一个等效电压源或等效电流源和待求支路相串联的简单电路，待求支路中的电流可以很方便地求出。习惯上，将有源二端网络等效为电压源称为戴维宁定理；等效为电流源称为诺顿定理。

1.9.1 戴维宁定理

戴维宁定理指出：任何一个线性有源二端网络都可用一个理想电压源 U_S 和内阻 R_0 串联的支路等效代替，如图 1.9.1 所示。电压源的电压 U_S 等于该有源二端网络的开路电压 U_{oc}；内阻 R_0 等于有源二端网络中所有电源均为零（电压源短路，电流源开路）时，由两个引出端看进去的等效电阻。

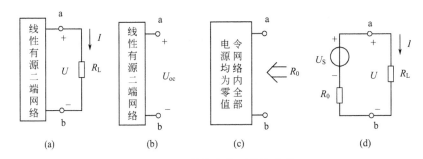

图 1.9.1 戴维宁定理计算流程

戴维宁定理计算步骤如下：

（1）将待求支路从电路中分离出来，求剩下的二端网络的开路电压 U_{oc}，即是等效电压源的 U_S，如图 1.9.1(b) 所示。注意图（b）中的 U_{oc} 与图（a）中的 U 是不同的。U 是原电路中负载 R_L 的端电压，而 U_{oc} 是该负载开路后的开路电压。

（2）令有源二端网络内全部电源均为零值，求从网络端口看进去的等效电阻 R_0，如图 1.9.1(c) 所示。具体方法是将电路中所有理想电压源短路，理想电流源开路，然后再求出等效电阻即为 R_0。

（3）按图（d）所示的简单回路计算待求支路的电流。

例 1.9.1 试用戴维宁定理计算图 1.9.2(a) 所示电路中的电流 I。

解 （1）将 R_3 支路断开，并求开路电压 U_{oc}，如图（b）。

$$U_{oc} = R_1 I_S + U_S = 2 \times 2 + 1 = 5V$$

（2）令有源二端网络内全部电源均为零值，求等效电阻 R_0，如图（c）。

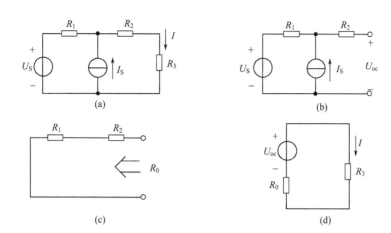

图 1.9.2 例 1.9.1 图

$$R_0 = R_1 + R_2 = 2 + 3 = 5\Omega$$

（3）由图（d），依据欧姆定律计算 I

$$I = \frac{U_{oc}}{R_0 + R_3} = \frac{5}{5 + 5} = 0.5A$$

1.9.2 诺顿定理

戴维宁定理是有源二端网络的等效电压源定理，诺顿定理是有源二端网络的等效电流源定理。所谓诺顿定理，是指任何线性有源二端网络，总可以用一个电流源与电阻的并联组合来等效。等效电流源的电流等于原有源二端网络在端口处的短路电流 I_{SC}；等效并联电阻等于有源二端网络所有电源均为零值时，从开路端口看进去所得网络的等效电阻 R_0。

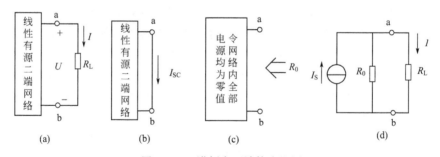

图 1.9.3 诺顿定理计算流程图

诺顿定理计算步骤如下（参见图 1.9.3）：

（1）将待求支路从电路中分离出来，求剩下的二端网络的短路电流 I_{SC}，即为等效电流源的 I_S，如图（b）所示。

（2）令有源二端网络内全部电源均为零值，求从网络端口看进去的等效电阻 R_0，如图（c）所示。具体方法是将电路中所有理想电压源短路，理想电流源开路，然后再求出等效电阻即为 R_0。

（3）按图（d）所示的简单回路计算待求支路的电流。

例 1.9.2 图 1.9.4 所示电路中，已知 $R_1 = 6\Omega$，$R_2 = 2\Omega$，$R_3 = 4\Omega$，$U_{S1} = 10V$，$I_S = 5A$，试用诺顿定理求支路电流 I。

解 （1）将 R_3 支路断开，并求短路电流 I_{SC}，如图（b）。

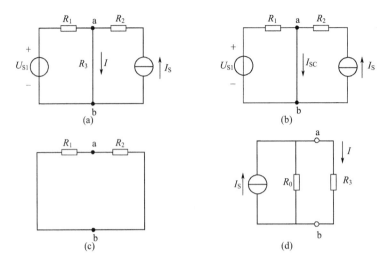

图 1.9.4　例 1.9.2 图

$$I_{SC}=\frac{U_{S1}}{R_1}+I_S=\frac{10}{6}+5=6.7A$$

（2）令有源二端网络内全部电源均为零值，求等效电阻 R_0，如图（c）。

$$R_0=R_1=6\Omega$$

（3）由图（d），计算 I

$$I=\frac{6}{6+4}\times6.7=4A$$

小　　结

本章介绍了电路图与电路模型的基本知识。介绍了电路的基本物理量：电流、电压、电动势、功率和电能，此外，还介绍了电路的工作状态与电路中各点电位的计算方法。要掌握各物理量的实际传输方向和参考方向的表示方法及规则。

要求牢固掌握电路的基本定律，包括欧姆定律和基尔霍夫定律，这两个定律是分析电路的重要方法。注意正确处理电流、电压、电动势和回路各种方向的关系，各项在公式中的位置以及正、负号的确定。

分析和计算电路常用的方法有：电源等效转换简化法、支路电流法、叠加定理、戴维宁定理和诺顿定理等。几种方法各有优点和局限性：

① 因为电压源和电流源具有相同的外特性，所以两者可以等效转换，但转换后，仅仅对外电路是等效的，而对电源内是不等效的，所以它只能计算变换的"外电路"部分。理想电压源和理想电流源之间是不能转换的。

② 对平面电路，支路电流法是最普遍适用的方法，对方程组采用手工解法可能比较麻烦，但计算机求解可以很简单。重点放在如何正确列出数目适当、线性独立的节点方程和回路方程组。

③ 叠加定理是线性电路的最基本、最重要的性质之一。叠加定理不仅可以求解电路，更为重要的是应用在线性电路的理论分析中。叠加定理是指在线性电路中，任一支路的电流是电路中各个独立源单独作用线性叠加的结果。注意处理好电源内阻和电流方向的选取和叠加。叠加定理只适用于分析电路的电流和电压，不能用于分析功率或能量。

④ 戴维宁定理和诺顿定理常用于只要求计算某一支路的电流或电压。它们是先对待求

部分分离，将分离后剩余的二端网络分别等效为一个电压源或电流源，然后再对已简化的电路进行计算。要特别注意将二端网络分别等效为电压源或电流源的原则和方法。

思 考 题

1-1 电路由哪几部分组成？

1-2 电压与电位有什么不同？

1-3 电路有哪几种工作状态？各种工作状态的特征是什么？

1-4 怎样测量电源的电动势和内阻？

1-5 非线性电阻元件的电压与电流之间的关系是否符合欧姆定律？

1-6 KCL、KVL能否用于非线性电路？为什么？

1-7 一只内阻为 0.01Ω，量程10A的电流表能否接到1.5V电源的两端？为什么？

1-8 支路电流法解电路时，如果电路中有理想电流源，若理想电流源的电流已知，而电压是未知的，怎么处理？

1-9 叠加定理是否可将多电源电路视为由几组电源分别单独作用的叠加？

1-10 以下说法中，哪些是正确的？

(1) 所谓线性电阻，是指该电阻的阻值不随时间的变化而变化。

(2) 线性电阻的伏安特性与施加电压的极性无关，即它是双向性的。

(3) 电阻元件在电路中总是消耗电能的，与电流的参考方向无关。

(4) 根据式 $P=U^2/R$ 可知，当输电电压一定时，若输电线路电阻越大，则输电线损耗功率越小。

(5) 电路元件两端短路时，其电压必定为零，电流不一定为零；电路元件开路时，其电流一定为零，电压不一定为零。

1-11 二端网络用电压源或电流源代替时，为什么只对外等效？对内是否也等效？

1-12 戴维宁定理等效一个线性无源二端网络会有什么结果？

1-13 KCL定理、KVL定律以及支路电流法、叠加定理、戴维宁定理中有哪些只适用于线性电路而不适用于非线性电路。

1-14 如果有源二端网络允许短路，则可用实验的方法测出它的开路电压和短路电流，即可求得有源二端网络的电压源模型的理想电压源电压 U_S 和内阻 R_0。试说明其原理。

1-15 在用实验方法求有源二端网络的等效内阻 R_0 时，如果输出端不允许短路，则可在输出端接一已知阻值的电阻，测出电流后即可算出等效内阻 R_0。试说明其原理。

1-16 线性有源二端网络在端口开路和短路的情况下，输出的功率各为多少？

习 题

1-1 指出题1-1图所示电路中A、B、C三点的电位。

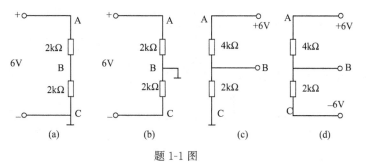

题 1-1 图

1-2 题 1-2 图所示电路中 P 产生的功率为 10W，则电流 I 应为多少？

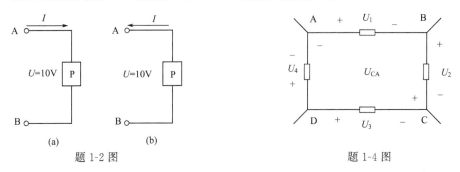

题 1-2 图

题 1-4 图

1-3 额定值为 1W，9Ω 的电阻器，使用时通过电流的限额是多少？两端所加电压的限额是多少？

1-4 题 1-4 图所示电路中已知电压 $U_1 = U_2 = U_4 = 5V$，求 U_{CA}。

1-5 欲使题 1-5 图所示电路中的电流 $I = 0$，U_S 应为多少？

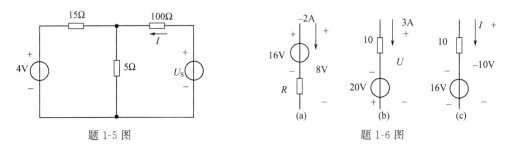

题 1-5 图

题 1-6 图

1-6 求题 1-6 图所示各支路中的未知量。

1-7 电路如题 1-7 图所示，试求在开关 S 断开和闭合两种情况下 A 点的电位。

1-8 在题 1-8 图所示电路中，已知 $U_{S1} = 4V$，$U_{S2} = 6V$，$R_1 = R_2 = 5\Omega$，分别以 A、B、C、D 为参考点，求电路中各点的电位及 U_{AB}。

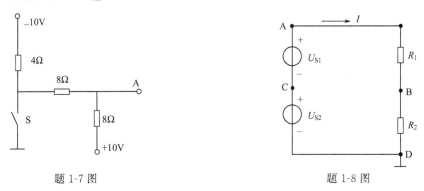

题 1-7 图

题 1-8 图

1-9 求题 1-9 图所示电路中的 U 和 I，并判断各个电源是供能还是消耗能量。

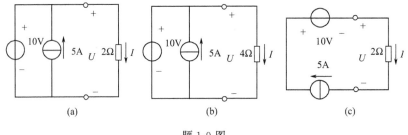

题 1-9 图

1-10 在题 1-10 图所示电路可用来测量电源的电压 U_S 和内阻 R_0。已知 $R_1 = 2.6\Omega$，$R_2 = 5.6\Omega$，仅将开关 S_1 闭合时，电流表的读数为 2A，断开 S_1，闭合 S_2 后，电流表的读数为 1A，求 U_S、R_0。

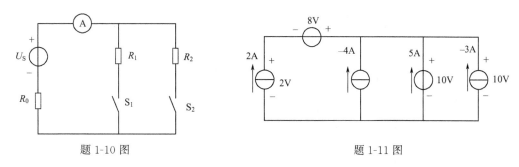

题 1-10 图   题 1-11 图

1-11 试判断题 1-11 图所示电路中的各电源是发出功率还是吸收功率? 数值是多少?

1-12 简化题 1-12 图所示电路等效为一个理想电流源或理想电压源。

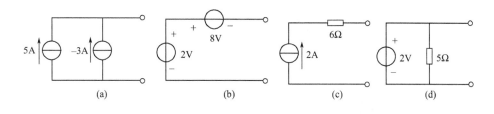

(a)   (b)   (c)   (d)

题 1-12 图

1-13 求题 1-13 图所示电路中的 U_{ab}。

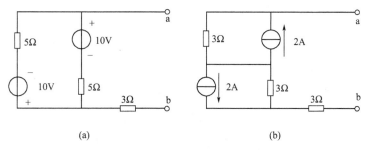

(a)   (b)

题 1-13 图

1-14 求题 1-14 图所示电路中的 U_{ab}。

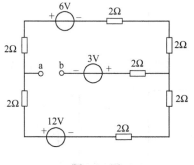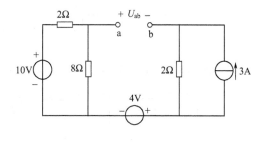

题 1-14 图   题 1-15 图

1-15 求题 1-15 图所示电路中的 U_{ab}。

1-16 列出题 1-16 图所示电路的支路电流方程。

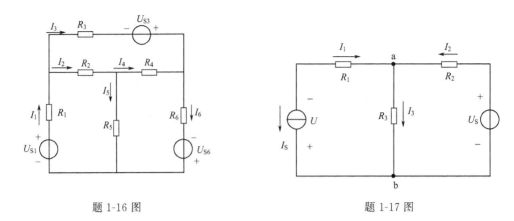

题 1-16 图   题 1-17 图

1-17 试用支路电流法求题 1-17 图所示电路 R_3 支路的电流 I_3 及理想电流源两端的电压 U。已知 $I_S=$ 2A，$U_S=2V$，$R_1=3\Omega$，$R_2=R_3=2\Omega$。

1-18 试用叠加定理求题 1-17 图所示电路 R_3 支路的电流 I_3。

1-19 试用戴维宁定理求题 1-17 图所示电路 R_3 支路的电流 I_3。

1-20 已知题 1-20 图所示电路中 $R_1=2\Omega$，$R_2=1\Omega$，$U_{S1}=6V$，$U_{S2}=1V$，$I_S=5A$。求电流 I。

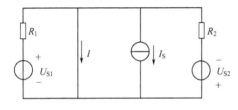

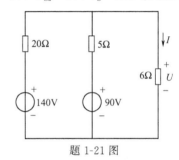

题 1-20 图   题 1-21 图

1-21 求题 1-21 图所示电路中的 I 和 U。

1-22 用电源的等效化简法求题 1-22 图所示电路中的 I 和 U。

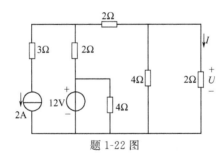

题 1-22 图

1-23 题 1-23 图所示电路中，方框表示线性有源二端网络，测得 AB 间的电压为 9V，见图（a）；若连

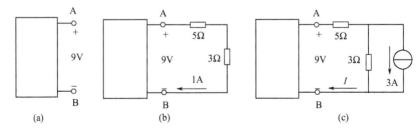

(a)   (b)   (c)

题 1-23 图

接如图（b）所示电路，测得电流 $I=1A$，现连成图（c）所示形式，问电流 I 是多少?

1-24　计算题 1-24 图所示电路中的电压 U。

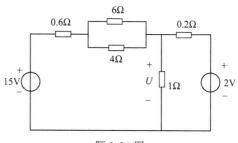

题 1-24 图

1-25　求题 1-25 图所示电路中的各支路电流。

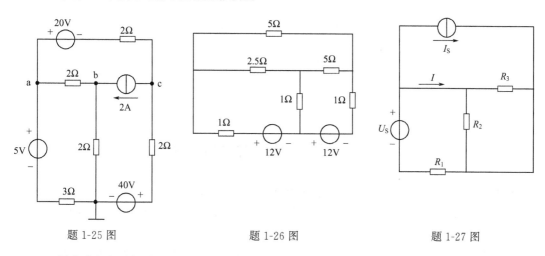

题 1-25 图　　　　　题 1-26 图　　　　　题 1-27 图

1-26　用支路电流法求题 1-26 图所示电路中的各支路电流。

1-27　在题 1-27 图所示电路中，已知 $R_1=1\Omega$，$R_2=R_3=2\Omega$，$U_S=1V$，欲使 $I=0$，试用叠加定理确定电流源 I_S 的值。

1-28　计算题 1-28 图所示电路中的电流 I。

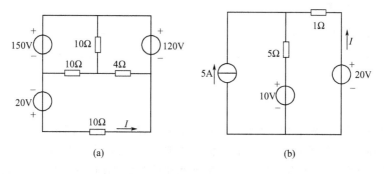

(a)　　　　　　(b)

题 1-28 图

第 **2** 章

正弦交流电路

电力系统，从发电、输电到配电，均采用正弦交流电，生产与生活中几乎全都离不开正弦交流电，即便某些需要直流电的地方，也是采用整流设备把交流电转换成直流电。因此，掌握正弦交流电的基本知识和正弦交流电路的基本分析方法，对机电类工程技术人员是十分必要的。本书所指交流电路，除特别说明外，均指正弦交流电路。

本章主要介绍：正弦交流电的基本概念；正弦交流电的相量表示法及运算；单相正弦交流电路的基本分析方法。

正弦交流电在电力和电信工程中都得到了广泛的应用。正弦交流电路的基本理论和基本分析方法是学习后续内容如电机、变压器、电器及电子技术的重要基础，是本课程的重要内容之一。

2.1 正弦交流电的基本概念

所谓正弦交流电路，是指含有正弦电源而且电路中各部分所产生的电流和电压均按正弦规律变化的电路。因此正弦交流电路中的电压、电流是随时间作正弦规律变化的，即是说电路中的电压、电流均是正弦量。

由于对某个正弦量的描述，需要知道这个正弦量变化的快慢、幅度和初始位置。而正弦量变化的快慢是由频率（或周期）来决定的，正弦量变化的幅度是由最大值（或有效值）来决定的，正弦量变化的初始位置则是由初相位（简称为相位）来决定的。把频率（或周期）、最大值（或有效值）、初相位（或相位）称为正弦量的三要素，现分述如下。

2.1.1 频率与周期

交流电变化一周所需要的时间称为周期，用 T 表示，其单位是秒（s）。每秒内变化的次数称为频率，用 f 表示，其单位是赫兹（Hz）。根据这个定义，频率与周期应互为倒数，即

$$f = \frac{1}{T} \tag{2.1.1}$$

中国和大多数国家都采用 50Hz 作为电力标准频率，有些国家如美国、日本等采用 60Hz 作为本国的电力标准频率。由于这种标准频率在工业上应用甚广，因此称为工业频率，简称工频。通常的交流电动机、交流电器和照明负载都用这种频率。然而，不同的技术领域使用着不同的频率。例如，电加热技术领域使用的中频炉的频率为 150～2000Hz，高频炉的频率为 200～300kHz。至于无线电领域则更高，一般为 500kHz～5000MHz。微波频率可高达 30GHz 以上。

正弦量变化的快慢除用周期和频率表示外，还可用角频率 ω 来表示，其单位为弧度/秒（rad/s）。因为正弦量在一个周期内变化的电角度为 2π 弧度，所以每秒内变化的电角度为

$$\omega = \frac{2\pi}{T} = 2\pi f \tag{2.1.2}$$

式(2.1.2) 表示了 T、f、ω 三者间的关系，只要知道其中之一，其余均可求出。于是在正弦量的波形图中，横坐标既可以是时间 t，也可以是以弧度计的电角度 ωt，如图 2.1.1 所示。

2.1.2　幅值与有效值

正弦量在任一时刻的值称为瞬时值，瞬时值是随时间变化的，规定用小写字母表示正弦量的瞬时值，如用 i、u、e 分别表示电流、电压和电动势的瞬时值。要注意的是，瞬时值是时间的函数，只有具体指定某一时刻，才能求出该时刻确切的数值和正负。瞬时值中最大的值称为最大值或幅值，用带下标 m 的大写字母表示，如 I_m、U_m、E_m 分别表示电流、电压和电动势的最大值。

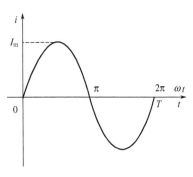

图 2.1.1　正弦交流电流

图 2.1.1 所示正弦电流 i 是从正弦量零点（$t=0$ 时，$i=0$）开始计时的，故其 i 的瞬时值数表达式（即解析式）为

$$i = I_m \sin\omega t$$

在实际生产和生活中，正弦电流、电压的大小往往不是用它们的幅值，而是用有效值来计量和表示的。有效值是根据电流的热效应来定义的，即对同一个电阻，在相同的时间内，某一交流电通过它所产生的热量与另一直流电通过它所产生的热量相等。此直流电的数值就定义为该交流电的有效值。有效值规定用相应的大写字母表示，如 I、U、E。交流电的有效值与最大值之间有一定的关系，假定交流电和直流电通过电阻 R 的时间为 T，则有

$$\int_0^T i^2 R \, \mathrm{d}t = I^2 RT$$

$$I = \sqrt{\frac{1}{T} \int_0^T i^2 \, \mathrm{d}t} \tag{2.1.3}$$

把交流电流 i 的表达式代入（2.1.3）得

$$I = \sqrt{\frac{I_m^2}{T} \left(\frac{T}{2} - 0 \right)} = \frac{I_m}{\sqrt{2}} = 0.707 I_m \tag{2.1.4}$$

同理

$$U = \frac{U_m}{\sqrt{2}} = 0.707 U_m \tag{2.1.5}$$

$$E = \frac{E_m}{\sqrt{2}} = 0.707 E_m \tag{2.1.6}$$

正弦交流电的有效值是其最大值的 0.707 倍。电机、电器铭牌上所标注的电压、电流值，交流电压表、电流表的指示值一般都指有效值。

引入有效值后，图 2.1.1 所示的正弦电流可表示为

$$i = \sqrt{2} I \sin\omega t$$

2.1.3　相位、初相位与相位差

观察图 2.1.2 所示三个正弦电流的波形，尽管它们的幅值相同，频率相同，但由于所选

取的计时起点不同，它们的初始值（$t=0$ 时的值）就不同，到达幅值（或某一特定值）所需的时间就不同。

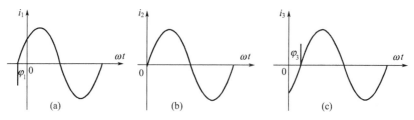

图 2.1.2　正弦交流电的相位

图 2.1.2 所示三个正弦电流可分别表示为

$$i_1 = I_{\mathrm{m}}\sin(\omega t + \varphi_1)$$
$$i_2 = I_{\mathrm{m}}\sin\omega t$$
$$i_3 = I_{\mathrm{m}}\sin(\omega t - \varphi_3)$$

其中 sin 后面的 $(\omega t + \varphi_1)$、ωt、$(\omega t - \varphi_3)$ 称为相位。相位反映了正弦量变化的进程，当相位随时间连续变化时，正弦量的瞬时值亦随之变化。$t=0$ 时的相位称为初相位，简称初相，初相位决定了正弦量的初始值，一般规定初相位用小于等于 $180°$ 的电角度来表示。

两个同频率正弦量的相位角之差称为相位差，用 φ 表示（图 2.1.3）。设有两个同频率的正弦量电流和电压，其表达式为：$i = I_{\mathrm{m}}\sin(\omega t + \varphi_{\mathrm{i}})\mathrm{A}$，$u = U_{\mathrm{m}}\sin(\omega t + \varphi_{\mathrm{u}})\mathrm{V}$，则电流与电压的相位差为

$$\varphi_{\mathrm{ui}} = \varphi_{\mathrm{u}} - \varphi_{\mathrm{i}} = (\omega t + \varphi_{\mathrm{u}}) - (\omega t + \varphi_{\mathrm{i}}) = \varphi_{\mathrm{u}} - \varphi_{\mathrm{i}}$$

由此可见相位差即为初相之差，与时间无关。

如果 $\varphi > 0$，就说电压在相位上比电流超前 φ 角，或者说电流在相位上比电压滞后 φ 角。

如果 $\varphi < 0$，则与上述刚好相反。

如果 $\varphi = 0$，电压与电流同时到达最大值，就说电压与电流同相（图 2.1.4）。

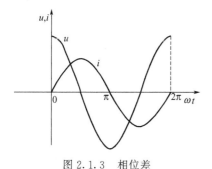

图 2.1.3　相位差

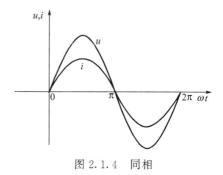

图 2.1.4　同相

如果 $\varphi = \pm\pi$，电压与电流的变化方向相反，一个到达正的最大值时，另一个到达负的最大值，此时就说电压与电流反相（图 2.1.5）。

例 2.1.1　如图 2.1.6 所示，已知正弦电流的幅值是 $10\mathrm{A}$，频率为 $50\mathrm{Hz}$，初相为 $-45°$。（1）求电流的有效值和角频率；（2）写出电流的函数表达式。

解　（1）有效值　　　　$I = \dfrac{I_{\mathrm{m}}}{\sqrt{2}} = \dfrac{10}{\sqrt{2}} = 7.07\mathrm{A}$

周期　　　　　　　　$T = \dfrac{1}{f} = \dfrac{1}{50} = 0.02\mathrm{s}$

角频率 $\qquad\qquad \omega=\dfrac{2\pi}{T}=2\pi f=2\times 3.14\times 50=314\mathrm{rad/s}$

（2）电流的函数表达式 $\qquad i=I_{\mathrm{m}}\sin(\omega t+\varphi_{\mathrm{i}})$

$$=10\sin(314t-45°)\mathrm{A}$$

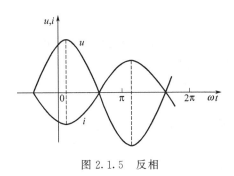

图 2.1.5　反相

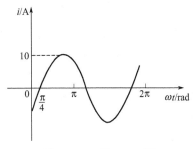

图 2.1.6　例 2.1.1 图

2.2　正弦交流电的相量表示法

从前面的分析知道，有了正弦量的三要素，就可以很方便地用两种方法来表示正弦量。一种是写出正弦量随时间变化的数学表达式，即写出这个正弦量的解析式；另一种是用波形图来表示正弦量，它很形象、直观。虽然解析式和波形图都是分析正弦交流电路的有用工具，但不便于对交流电路特别是较复杂的交流电路进行计算，为此，本节介绍正弦量的第三种表示法——相量法。

相量表示法的基础是复数，就是用复数来表示正弦量。因此在介绍相量法之前先回顾和复习有关复数的基本知识。

2.2.1　复数

设 A 为一复数，a 与 b 分别为 A 的实部与虚部，则该复数的代数式为

$$A=a+\mathrm{j}b \qquad\qquad (2.2.1)$$

式中，$\mathrm{j}=\sqrt{-1}$ 为虚数单位。

复数还可用复平面（以实轴为横轴，虚轴为纵轴构成的坐标平面）上的点 $A(a,b)$ 或用从 O 点指向 A 点的矢量 $\boldsymbol{OA}$（有向线段）来表示，如图 2.2.1 所示。

复数 A 还可以表示为

$$A=r\angle\varphi \qquad\qquad (2.2.2)$$

式（2.2.1）是复数的极坐标形式。式中 r 是矢量 $\boldsymbol{OA}$ 的长度，称为复数的模，φ 是矢量 $\boldsymbol{OA}$ 与实轴正向之间的夹角，称为复数的幅角。

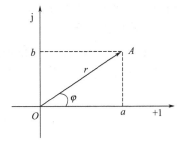

图 2.2.1　复平面

由图 2.2.1 可得复数 A 的代数形式与极坐标形式各量之间的关系为

$$a=r\cos\varphi \qquad\qquad (2.2.3)$$

$$b=r\sin\varphi \qquad\qquad (2.2.4)$$

$$r=\sqrt{a^2+b^2} \qquad\qquad (2.2.5)$$

$$\varphi=\arctan\dfrac{b}{a} \qquad\qquad (2.2.6)$$

复数的加减运算用代数式进行，复数的乘除运算一般用极坐标形式进行。两个复数进行加减运算时，实部与实部相加减，虚部与虚部相加减；两个复数相乘除时，模与模相乘除，幅角与幅角相加减。式(2.2.3)~(2.2.6)间的相互转换，在复数的四则运算中有着广泛的应用，并且在今后的相量运算中也是极为重要的。

2.2.2 正弦量的相量表示法

在线性正弦交流电路中，各部分电压、电流均为与电源同频率的正弦量，即频率是已知的或特定的，在进行电路的分析和计算时可以不考虑频率这一要素。计算时只要求出电路中各部分电压、电流的幅值（或有效值）和初相这两个要素就可以了。而一个复数恰好有两个要素，即模与幅角，完全可以用来描述电路中某一正弦量的特征。

所谓正弦量的相量表示法就是用复数的模表示正弦量的有效值或幅值，用复数的幅角表示正弦量的初相。这样在特定频率的正弦交流电路中，一个复数就可完整地表示电路中的某一正弦量。为了与复数相区别，把表示正弦量的复数称为相量，并在该相量的大写字母上打点"·"，作为表示正弦量的相量的书写符号。

例如，表示正弦电流，$i = I_m \sin(\omega t + \varphi_i)$A 的幅值相量和有效值相量分别为

$$\dot{I}_m = I_m \angle \varphi_i \tag{2.2.7}$$

$$\dot{I} = I \angle \varphi_i \tag{2.2.8}$$

这里特别要注意的是 $\dot{I}_m$ 和 I_m 所表示的含义是不同的，$\dot{I}_m$ 表示正弦电流的幅值相量，I_m 表示正弦电流的幅值。同理，$\dot{I}$ 是有效值相量，I 是有效值。由于正弦量的大小通常以有效值表示，故在对交流电路进行计算时，将广泛采用有效值相量。表示相量的字母上面的"·"千万不能丢掉，书写时切不可马虎。

既然相量是复数，那么相量的极坐标形式同样可转换成代数形式。相量间的四则运算完全可以应用复数的运算法则。

把相量用有向线段表示在复平面上所得到的图形称为相量图。通常坐标轴省略不画出，画一条水平虚线作为参考线。注意，只有同频率的正弦量的相量才能画在同一相量图上，而且相同性质的相量可在相量图上根据平行四边形法则进行合成或分解。因此，相量图也是分析计算交流电路的有力工具。

例 2.2.1 已知 $i_1 = 3\sqrt{2}\sin(\omega t + 60°)$A，$i_2 = 4\sqrt{2}\sin(\omega t - 30°)$A，求总电流 i。

解 方法一：有效值相量法

$$\dot{I}_1 = 3 \angle 60°$$

$$\dot{I}_2 = 4 \angle -30°$$

$$\begin{aligned}
\dot{I} &= \dot{I}_1 + \dot{I}_2 = 3 \angle 60° + 4 \angle -30° \\
&= (1.5 + j2.6) + (3.46 - j2) \\
&= 4.96 + j0.6 \\
&= 5 \angle 6.9° A
\end{aligned}$$

$$i = i_1 + i_2 = 5\sqrt{2}\sin(\omega t + 6.9°)$$

方法二：相量图法

画 i_1、i_2 的相量图如图 2.2.2，

$$I = \sqrt{I_1^2 + I_2^2} = \sqrt{3^2 + 4^2} = 5\text{A}$$

$$\tan(\varphi + 30°) = \frac{I_1}{I_2} = \frac{3}{4}$$

$$\varphi = 6.9°$$

$$\dot{I} = 5\angle 6.9°\text{A}$$

例 2.2.2　已知 $u_A = 220\sqrt{2}\sin\omega t\text{V}$，$u_B = 220\sqrt{2}\sin(\varphi t - 120)\text{V}$，求 u_{AB}。

解　因为 $\dot{U}_{AB} = \dot{U}_A - \dot{U}_B = \dot{U}_A + (-\dot{U}_B)$，所以求 $\dot{U}_A$ 和 $-\dot{U}_B$ 相加即可从图 2.2.3 中求的

$$U_{AB} = 2U_A\cos30° = 2 \times 220 \times \frac{\sqrt{3}}{2} = 380\text{V}$$

$$\dot{U}_{AB} = \dot{U}_A - \dot{U}_B = 380\angle 30°$$

$$u_{AB} = 380\sqrt{2}\sin(\omega t + 30°)$$

$$u_{AB} = 380\sqrt{2}\sin(\omega t + 30°)$$

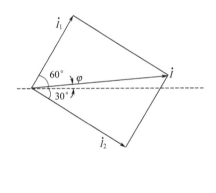

图 2.2.2　例 2.2.1 图

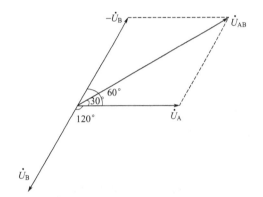

图 2.2.3　例 2.2.2 图

2.3　单一元件的正弦交流电路

本节讨论电阻 R、电感 L 和电容 C 接入正弦交流电路时，各元件上的电压、电流关系及耗能或储能情况。

2.3.1　电阻元件的正弦交流电路

1. 电压、电流关系

图 2.3.1 所示为一线性电阻的交流电路，电阻上电压与电流的参考方向一致（即采用关联参考方向），设流过电阻的电流为参考正弦量（初相位为零的正弦量），即 $i = I_m\sin\omega t$，则根据电路的欧姆定律得电阻两端的电压为

$$u = Ri = RI_m\sin\omega t = U_m\sin\omega t \tag{2.3.1}$$

式中
$$U_m = RI_m \tag{2.3.2}$$

$$U = RI \tag{2.3.3}$$

由电流与电压的解析式可看出，在电阻元件的交流电路中，电压与电流是同相位的（即

相位差 $\varphi=0$），电压与电流的波形如图 2.3.2 所示。

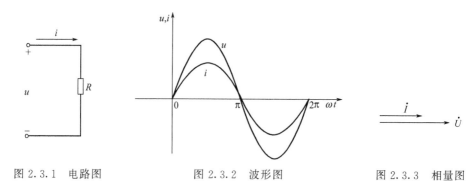

图 2.3.1　电路图　　　　图 2.3.2　波形图　　　　图 2.3.3　相量图

电流，电压有效值相量分别为

$$\dot{I} = I\angle 0°$$

$$\dot{U} = U\angle 0°$$

电压相量与电流相量之比为

$$\frac{\dot{U}}{\dot{I}} = \frac{U\angle 0°}{I\angle 0°} = \frac{U}{I} = R$$

上式也可写成

$$\dot{U} = R\dot{I} \tag{2.3.4}$$

电压、电流的相量图如图 2.3.3 所示。

综上所述，电阻元件上电压与电流的瞬时值、最大值、有效值和相量均符合欧姆定律关系。

2. 功率

在任一瞬间，电压与电流瞬时值的乘积称为瞬时功率，用小写字母 p 表示，即

$$p = ui = U_m I_m \sin^2 \omega t = \frac{U_m I_m}{2}(1 - \cos 2\omega t) = UI(1 - \cos 2\omega t) = UI - UI\cos 2\omega t$$

由此可见，瞬时功率 p 由两部分组成，第一部分是常数 UI，第二部分是幅值为 UI，并以 2ω 的角频率随时间而变化的交变量 $UI\cos 2\omega t$，波形如图 2.3.4 所示。

由图可见，在电阻元件的交流电路中瞬时功率总是正值，说明电阻元件电路总是从电源取用能量，转换为其他能量。这是一个不可逆的能量转换过程。由此也说明电阻是耗能元件。

通常所说的功率并非指瞬时功率，而是指瞬时功率在一个周期内的平均值，即平均功率，用大写字母 P 表示。即

$$P = \frac{1}{T}\int_0^T p\mathrm{d}t \tag{2.3.5}$$

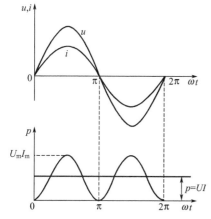

图 2.3.4　电阻元件的功率

则电阻上的平均功率为

$$P = \frac{1}{T} \int_0^T p\,\mathrm{d}t = \frac{1}{T} \int_0^T UI(1 - \cos 2\omega t)\,\mathrm{d}t = UI$$

$$P = UI = RI^2 = \frac{U^2}{R} \tag{2.3.6}$$

通常交流电器上所标的功率大都指平均功率。由于平均功率是电路实际消耗的功率，所以又称为有功功率。

在电阻元件的交流电路中，电阻 R 上消耗的电能的计算公式为

$$W = Pt \tag{2.3.7}$$

式中，W 表示电能；P 表示平均功率（有功功率），t 表示时间。

例 2.3.1　在图 2.3.1 所示电路中，若已知 $R = 10\,\Omega$，$i = 5\sin(100\pi t + 30°)\,\mathrm{A}$。

求：（1）电阻 R 两端的电压 U_{m}、U 和 u。

（2）电阻 R 消耗的功率 P。

（3）若频率从 $50\,\mathrm{Hz}$ 提高到 $500\,\mathrm{Hz}$，U 和 P 又是多少？

解　（1）由已知 $i = 5\sin(100\pi t + 30°)\,\mathrm{A}$，得

$$I_{\mathrm{m}} = 5\,\mathrm{A}，\quad \varphi_i = 30°$$

所以得

$$I = \frac{I_{\mathrm{m}}}{\sqrt{2}} = \frac{5}{\sqrt{2}} = 2.5\sqrt{2}\,\mathrm{A}$$

$$U_{\mathrm{m}} = RI_{\mathrm{m}} = 10 \times 5 = 50\,\mathrm{V}$$

$$U = RI = 10 \times 2.5\sqrt{2} = 25\sqrt{2}\,\mathrm{V}$$

由于 u 与 i 同相位，故得 $u = 50\sin(\omega t + 30°)\,\mathrm{V}$

（2）　　　　　　$P = UI = 25\sqrt{2} \times 2.5\sqrt{2} = 125\,\mathrm{W}$

（3）由于电阻与频率无关，所以频率变化时，U 和 P 均保持不变。

2.3.2　电感元件的正弦交流电路

图 2.3.5 是一电感元件（线圈），其上电压为 u，当通过电流 i 时，将产生磁通 Φ，它通过每匝线圈。如果线圈有 N 匝，则电感元件的参数

$$L = \frac{N\Phi}{i} \tag{2.3.8}$$

L 为电感或自感。线圈的匝数 N 越多，其电感越大；当线圈的匝数和几何形状固定后，线圈的电感是一个常数，但是，当线圈中插入铁芯时，线圈的电感将有较大的增大。

电感的单位是亨利（H）或毫亨（mH）。磁通的单位是韦伯（Wb）。

当电感元件中磁通 Φ 或电流 i 发生变化时，则在电感元件中产生的感应电动势为

$$e_{\mathrm{L}} = -N\frac{\mathrm{d}\Phi}{\mathrm{d}t} = -L\frac{\mathrm{d}i}{\mathrm{d}t} \tag{2.3.9}$$

图 2.3.5 根据基尔霍夫电压定律可写出

$$u + e_{\mathrm{L}} = 0$$

即

$$u = -e_{\mathrm{L}} = L\frac{\mathrm{d}i}{\mathrm{d}t} \tag{2.3.10}$$

当线圈中通过恒定电流时，其感应电动势为零，则电感元件的端电压为零，故电感元件可视作短路。

1. 电压、电流关系

在图 2.3.5 所示正弦交流电路中，设 i 为参考正弦量，即 $i = I_{\mathrm{m}}\sin\omega t$，并取电压与电流

为关联参考方向。根据式(2.3.10) 得

$$u = L\frac{\mathrm{d}i}{\mathrm{d}t} = L\frac{\mathrm{d}(I_\mathrm{m}\sin\omega t)}{\mathrm{d}t} = \omega LI_\mathrm{m}\cos\omega t$$

$$= U_\mathrm{m}\sin(\omega t + 90°) \tag{2.3.11}$$

式中

$$U_\mathrm{m} = \omega LI_\mathrm{m} \tag{2.3.12}$$

$$U = \omega LI = X_\mathrm{L}I \tag{2.3.13}$$

$$X_\mathrm{L} = \omega L = 2\pi fL \tag{2.3.14}$$

式中 X_L 称为感抗，单位为欧姆。感抗反映了电感对交流电流的阻碍作用。当 L 一定时，电流的频率越高，X_L 越大，对电流的阻碍作用越强烈。而对直流，因为 $f=0$，感抗也等于零，所以电感元件可视为短路。

电压与电流的相位差为

$$\varphi = \varphi_\mathrm{u} - \varphi_\mathrm{i} = 90° \tag{2.3.15}$$

即在电感元件的交流电路中，电压的相位超前电流 $90°$。电压与电流的波形如图 2.3.6 所示。根据电流、电压的解析式得出电流、电压的有效值相量分别为

$$\dot{I} = I\angle0°$$

$$\dot{U} = U\angle90°$$

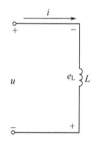
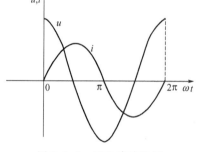
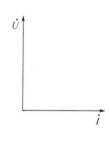

图 2.3.5　纯电感电路　　　　　图 2.3.6　纯电感波形图　　　　　图 2.3.7　纯电感相量

电流、电压的有效值相量图如图 2.3.7 所示。电压相量与电流相量之比为

$$\frac{\dot{U}}{\dot{I}} = \frac{U\angle90°}{I\angle0°} = \frac{U}{I}\angle90° = X_\mathrm{L}\angle90° = \mathrm{j}X_\mathrm{L}$$

$$\dot{U} = \mathrm{j}X_\mathrm{L}\dot{I} \tag{2.3.16}$$

$\mathrm{j}X_\mathrm{L}$ 称为复感抗。

2. 功率

知道了电感元件 L 上的电压与电流的变化规律后，便可求得瞬时功率为

$$p = ui = U_\mathrm{m}I_\mathrm{m}\sin\omega t\sin(\omega t + 90°)$$

$$= U_\mathrm{m}I_\mathrm{m}\sin\omega t\cos\omega t = \frac{U_\mathrm{m}I_\mathrm{m}}{2}\sin2\omega t$$

$$= UI\sin2\omega t \tag{2.3.17}$$

由上式可见，电感元件的瞬时功率是一个幅值为 UI，并以 2ω 的角频率随时间变化的正

弦量，其波形如图 2.3.8 所示。在第一和第三两个 $\frac{1}{4}$ 周期内，u 与 i 符号相同，瞬时功率 p 为正，即磁场在建立，电感元件从电源吸收电能转换为磁场能量储存在线圈中。

在第二和第四两个 $\frac{1}{4}$ 周期内 u 与 i 符号相反，瞬时功率 p 为负，即磁场在逐渐消失，电感元件放出原先储存的磁场能量并转换为电能归还给电源，这是一种可逆的能量转换过程，每个周期进行了两个循环（电流、电压的波形变化一周，瞬时功率的波形变化了两周）。在这里电感元件储存的能量与它归还给电源的能量完全相等，中间没有能量耗损，电感元件是储能元件。

电感元件的平均功率为 $P=\dfrac{1}{T}\displaystyle\int_0^T p\mathrm{d}t=\dfrac{1}{T}\displaystyle\int_0^T UI\sin t\,\mathrm{d}t=0$

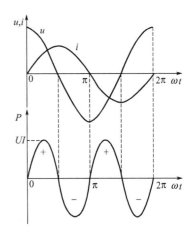

图 2.3.8 电感元件的功率

平均功率为零，证明了电感元件不消耗能量，只有电源与电感元件之间的能量交换。这种能量交换的规模，规定用无功功率来衡量。电感元件的无功功率用 Q_L 表示，并定义为瞬时功率的幅值，即

$$Q_L=UI=I^2 X_L=\frac{U^2}{X_L} \tag{2.3.18}$$

无功功率的单位用乏（var）或千乏（kvar）。

例 2.3.2 把一个 0.1H 的电感元件接到电压 $u=10\sqrt{2}\sin(100\pi t)$ V 的正弦电源上，求：(1) 电流 i；(2) 若保持电压 U 不变，当 $f=500$Hz 时，I 为多少？

解 (1) $$X_L=\omega L=2\pi f L=100\pi\times 0.1=30.4\Omega$$

$$I=\frac{U}{X_L}=\frac{10}{31.4}=0.318$$

因为 $$\varphi=\varphi_u-\varphi_i=90°\quad \varphi_u=0°$$
所以 $$\varphi_i=-90°$$

所以 $i=I_m\sin(\omega t+\varphi_i)=0.318\sqrt{2}\sin(100\pi t-90°)=0.45\sin(100\pi t-90°)$ A

(2) 若保持电压 U 不变，当 $f=500$Hz 时，则

$$X_L=\omega L=2\pi f L=2\pi\times 500\times 0.1=314\Omega$$

$$I=\frac{U}{X_L}=\frac{10}{314}=0.0318\mathrm{A}$$

例 2.3.3 已知 $i=10\sqrt{2}\sin(314t)$ A，通过某电感元件后，无功功率 $Q_L=200$var。求：(1) 电感元件的感抗和电感量。
(2) 电感元件的电压 U 和 u。
(3) 画出电压、电流相量图。

解 (1) $$X_L=\frac{Q_L}{I^2}=\frac{200}{10^2}=2\Omega$$

$$L=\frac{X_L}{\omega}=\frac{2}{314}=0.00637\mathrm{H}=6.37\mathrm{mH}$$

(2) $$U=IX_L=10\times 2=20\mathrm{V}$$

$$\varphi_u = \varphi_i + 90° = 90°$$

$$u = U_m \sin(\omega t + \varphi_u) = 20\sqrt{2}\sin(314t + 90°)\text{V}$$

（3）电压、电流相量图如图 2.3.9 所示。

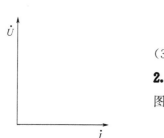

2.3.3　电容元件的正弦交流电路

图 2.3.10 是电容元件，其参数

$$C = \frac{q}{u} \tag{2.3.19}$$

图 2.3.9　例 2.3.3 图　　　称为电容，它的单位是法拉（F）。由于法拉的单位太大，工程上多采用微法（μF）或皮法（pF）。电容 C 即表示电容元件，又表示电容元件的参数。一般电容当制作完成后，其参数是不变的。

当电容元件上电荷量 q 或电压 u 发生变化时，则在电路中引起电流为

$$i = \frac{dq}{dt} = C\frac{du}{dt} \tag{2.3.20}$$

上式是在 u 和 i 关联参考方向下得出的（如图 2.3.10），否则要加一负号。

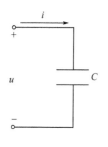
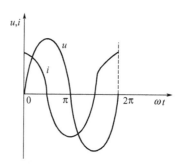
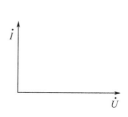

图 2.3.10　纯电容电路　　　图 2.3.11　纯电容波形图　　　图 2.3.12　纯电容相量

1. 电压、电流关系

在图 2.3.10 所示电路中，设 u 为参考正弦量，即 $u = U_m \sin\omega t$，并取电流 i 与电压 u 为关联参考方向。根据式（2.3.20）得

$$i = C\frac{du}{dt} = C\frac{d(U_m\sin\omega t)}{dt} = \omega C U_m \sin(\omega t + 90°)$$

$$i = I_m \sin(\omega t + 90°) \tag{2.3.21}$$

式中　　　　　　　　　　　　$$I_m = \omega C U_m \tag{2.3.22}$$

$$I = \omega C U = \frac{U}{\dfrac{1}{\omega C}} = \frac{U}{X_C} \tag{2.3.23}$$

$$X_C = \frac{1}{\omega C} = \frac{1}{2\pi f C} \tag{2.3.24}$$

式中 X_C 称为容抗，单位也为欧姆。容抗反映了电容对交流电流的阻碍作用。当 C 一定时，电流的频率越低，X_C 越大，对电流的阻碍作用越强烈。而对直流，因为 $f = 0$，容抗近似于无穷大，所以电容元件可视为开路。

电压与电流的相位差为

$$\varphi = \varphi_u - \varphi_i = -90° \tag{2.3.25}$$

即电流的相位超前电压 90°，或者说电压滞后电流 90°。电压与电流的波形如图 2.3.11

所示。根据电流、电压的解析式写出电流、电压的有效值相量分别为

$$\dot{I} = I\angle 90°$$

$$\dot{U} = U\angle 0°$$

电压相量与电流相量之比为

$$\frac{\dot{U}}{\dot{I}} = \frac{U\angle 0°}{I\angle 90°} = \frac{U}{I}\angle -90° = -jX_C$$

$$\dot{U} = -jX_C\dot{I} \tag{2.3.26}$$

$-jX_C$ 称为复容抗。电容元件的电流、电压相量图，如图 2.3.12 所示。

2. 功率

知道了电容 C 上的电压与电流的变化规律后，便可求得瞬时功率为

$$p = ui = U_m I_m \sin\omega t \sin(\omega t + 90°) = \frac{U_m I_m}{2}\sin 2\omega t = UI\sin 2\omega t \tag{2.3.27}$$

由上式可见，p 是一个幅值为 UI，并以 2ω 的角频率随时间变化的正弦量，其波形如图 2.3.13 所示。在第一和第三两个 $\frac{1}{4}$ 周期内，u 与 i 符号相同，瞬时功率 p 为正，电压值在增大，即电容器充电而建立电场，电容元件从电源吸收电能并转换为电场能量储存在电容器中。在第二和第四两个 $\frac{1}{4}$ 周期内，u 与 i 符号相反，瞬时功率 p 为负，电压值在减小，即电容器放电，电场在逐渐消失，电容元件放出原先储存的电场能量并转换为电能归还给电源，这是一种可逆的能量转换过程，每个周期进行两个循环（电流、电压的波形变化一周，瞬时功率的波形变化了两周）。在这里电容元件储存的能量与它归还给电源的能量完全相等，中间没有能量耗损。所以电容元件也是储能元件。

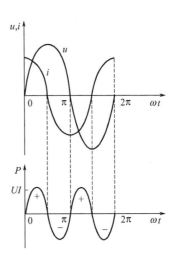

图 2.3.13　电容元件的功率

电容元件的平均功率为

$$P = \frac{1}{T}\int_0^T p\,dt = \frac{1}{T}\int_0^T UI\sin 2\omega t\,dt = 0$$

平均功率为零，证明了电容元件中没有能量消耗，只有电源与电容元件之间的能量交换。这种能量交换的规模，规定用无功功率来衡量。电容元件的无功功率用 Q_C 表示，并定义为瞬时功率的幅值，即

$$Q_C = UI = I^2 X_C = \frac{U^2}{X_C}$$

无功功率的单位也是乏（var）或千乏（kvar）。

例 2.3.4　在图 2.3.10 所示电路中，若已知电压 $U = 220\text{V}$，电流 $I = 5\text{A}$。

（1）求容抗和复容抗。（2）若保持容抗不变，求 $f = 50\text{Hz}$ 和 $f = 500\text{Hz}$ 时所需的电容量 C_1 和 C_2。（3）若取电流为参考相量，$f = 50\text{Hz}$，写出电流、电压相量式和它们的解析式。

解　（1）容抗 $X_C = \dfrac{U}{I} = \dfrac{220}{5} = 44\Omega$　　复容抗　$-jX_C = -44\Omega$

（2）因为 $X_C = \dfrac{1}{2\pi f C}$，所以 $C = \dfrac{1}{2\pi f X_C}$

$$C_1 = \frac{1}{2\pi \times 50 \times 44} = 7.23 \times 10^{-6} \text{F} = 72.3 \mu\text{F}$$

$$C_2 = \frac{1}{2\pi \times 500 \times 44} = 7.23 \times 10^{-7} \text{F} = 7.23 \mu\text{F}$$

（3）以电流为参考相量，即 $\dot{I} = 5 \angle 0° \text{A}$

则电压相量 $\qquad\qquad \dot{U} = 220 \angle -90° \text{V}$

电流解析式 $\qquad\qquad i = 5\sqrt{2}\sin(100\pi t) \text{A}$

电压解析式 $\qquad\qquad u = 220\sqrt{2}\sin(100\pi t - 90°) \text{V}$

例 2.3.5 把 $C = 50\mu\text{F}$ 的电容元件接入 $u = 31/\sin(314t - 30°) \text{V}$ 的电源上，若 u、i 为关联参考方向，求电流 i，并作相量图。

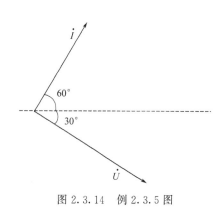

图 2.3.14 例 2.3.5 图

解 $\qquad U = \dfrac{311}{\sqrt{2}} = 220\text{V}，\omega = 314$

$$X_C = \frac{1}{\omega C} = \frac{1}{314 \times 50 \times 10^{-6}} = 63.6$$

$$I = \frac{U}{X_C} = \frac{220}{63.6} = 3.46$$

由于电容元件的电流超前电压 $90°$，所以

$$i = 3.46\sqrt{2}\sin(314t + 60°) \text{A}$$

本题也可以先求出电流相量

$$\dot{I} = \frac{\dot{U}}{-jX_C} = \frac{220 \angle -30°}{63.6 \angle -90°} = 3.46 \angle 60° \text{A}$$

然后写出对应的电流解析式，如上所示。其相量图如图 2.3.14 所示。

2.4 串联正弦交流电路

前节介绍了单一元件的正弦交流电路，本节将在此基础上讨论电阻、电感、电容串联的交流电路（R、L、C 串联电路）中电压与电流的关系、电路阻抗的计算及功率情况。

2.4.1 R、L、C 串联电路中的电流、电压关系

图 2.4.1(a) 所示电路为 R、L、C 串联交流电路，由于串联电路中各元件通过的电流是同一电流，为便于对串联电路的分析计算，一般以电流 i 为参考正弦量，其对应的相量是参考相量。现设 $i = I_m\sin\omega t$，取总电压 u，各元件电压 u_R、u_L、u_C 与电流 i 为关联参考方向，并标注在图 2.4.1(a) 中。

根据前节对电阻、电感、电容单一元件交流电路的研究结果，可得

$$u_R = Ri = RI\sin\omega t = U_{Rm}\sin\omega t$$

$$u_L = I_m\omega L\sin(\omega t + 90°) = U_{Cm}\sin(\omega t + 90°)$$

$$u_C = I_m\frac{1}{\omega C}\sin(\omega t - 90°) = U_{Cm}\sin(\omega t - 90°)$$

由基尔霍夫电压定律得电路总电压

$$u = u_R + u_L + u_C \qquad (2.4.1)$$

几个同频率正弦量相加，所得结果也必定是同频率正弦量。同频率正弦量的四则运算可借助于相量法，故式 (2.4.1) 对应的相量式为

$$\dot{U} = \dot{U}_R + \dot{U}_L + \dot{U}_C \qquad (2.4.2)$$

式 (2.4.2) 是基尔霍夫电压定律的相量形式，也即 $\sum \dot{U} = 0$

电路中电流、各元件电压的相量分别为

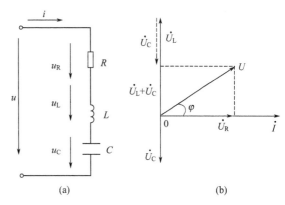

图 2.4.1　R、L、C 串联交流电路

$$\dot{I} = I\angle 0° \text{（参考相量）}$$

$$\dot{U}_R = \dot{I} R = IR = U_R \angle 0° = U_R$$

$$\dot{U}_L = jX_L \dot{I} = jX_L I = U_L \angle 90° = jU_L$$

$$\dot{U}_C = -jX_C \dot{I} = -jX_C I = U_C \angle -90° = -jU_C$$

由以上各式可得 R、L、C 串联电路的电流、电压相量图，如图 2.4.1(b) 所示。

将各元件的电压相量代入式 (2.4.2)，得

$$\dot{U} = \dot{U}_R + \dot{U}_L + \dot{U}_C = U_R + j(U_L - U_C) = U\angle \varphi$$

式中，U 为总电压有效值。如图 2.4.1(b) 所示，总电压相量 $\dot{U}$ 与相量 $\dot{U}_R$、$\dot{U}_L + \dot{U}_C$ 构成直角三角形，称为电压三角形。因为 $\dot{U}_L + \dot{U}_C$ 的大小为 $U_L - U_C$，由电压三角形得

$$U = \sqrt{U_R^2 + (U_L - U_C)^2} \qquad (2.4.3)$$

φ 为电压与电流之间的相位差，且

$$\varphi = \arctan \frac{U_L - U_C}{U_R} \qquad (2.4.4)$$

据此可写出总电压的解析式为

$$u = \sqrt{2} U \sin(\omega t + \varphi)$$

2.4.2　R、L、C 串联电路的阻抗

式 (2.4.2) 还可表示为

$$\dot{U} = \dot{U}_R + \dot{U}_L + \dot{U}_C = \dot{I} R + jX_L \dot{I} - jX_C \dot{I} = \dot{I}[R + (jX_L - jX_C)]$$

$$\dot{U} = \dot{I}[R + j(X_L - X_C)] = \dot{I} Z \qquad (2.4.5)$$

式 (2.4.5) 中大写字母 Z 称为电路的复阻抗，即

$$Z = R + j(X_L - X_C) = |Z| \angle \varphi \qquad (2.4.6)$$

$$|Z| = \sqrt{R^2 + (X_L - X_C)^2} \qquad (2.4.7)$$

$$\varphi = \arctan \frac{X_L - X_C}{R} \qquad (2.4.8)$$

注意，复阻抗是一个复数，不是一个相量，因为它并不代表任何一个正弦量。式

(2.4.6) 中 $|Z|$ 为复阻抗的模，称为阻抗，单位是欧姆；φ 为复阻抗的幅角，即电路的阻抗角，其物理含义是总电压与电流的相位差，并且可证明 $\dfrac{X_L - X_C}{R} = \dfrac{U_L - U_C}{U_R}$。

由式 (2.4.8) 可以看出，幅角 φ 的大小是由电路的参数决定的。如果 $X_L - X_C > 0$，则 $\varphi > 0$，说明电路总电压 u 超前电流 i，此时电路呈电感性。如果 $X_L - X_C < 0$，则 $\varphi < 0$，电路总电压 u 滞后电流 i，此时电路呈电容性。如果 $X_L - X_C = 0$，即 $\varphi = 0$，则电压 u 与电流 i 同相位，电路呈纯电阻性，此时称电路发生串联谐振。关于串联谐振电路的主要特点，见本节 2.4.5。

以上结论，对于只有一个元件或两个元件串联的电路同样适用。

上述 $|Z|$、R、X（X 称为电抗，$X = X_L - X_C$）各量之间的关系，可用阻抗三角形来表示，如图 2.4.2(a) 所示。图 2.4.2(b) 是由电压有效值组成的电压三角形。

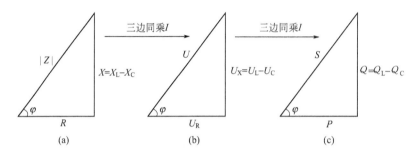

图 2.4.2　R、L、C 串联电路各电量关系

2.4.3　R、L、C 串联电路的功率

电路如图 2.4.1 所示，则电路的瞬时功率为

$$p = ui = U_m I_m \sin\omega t \sin(\omega t + \omega) = UI\cos\varphi - UI\cos(2\omega t + \varphi)$$

电路的平均功率即有功功率为

$$P = \frac{1}{T}\int_0^T p\,\mathrm{d}t = \frac{1}{T}\int_0^T [UI\cos\varphi - UI\cos(2\omega t + \varphi)]\mathrm{d}t$$

$$P = UI\cos\varphi \tag{2.4.9}$$

式 (2.4.9) 中的 $\cos\varphi$ 称为电路的功率因数，φ 称为功率因数角，它实际上就是电路总电压与电流的相位差，也是 R、L、C 串联电路的阻抗角。

由电压三角形 [图 2.4.2(b)] 可得

$$U\cos\varphi = U_R = IR$$

所以，有功功率又可表示为

$$P = U_R I = I^2 R \tag{2.4.10}$$

可见电路的有功功率就是电路中电阻元件 R 所消耗的有功功率。

电路的无功功率为

$$Q = Q_L - Q_C = U_L I - U_C I = I^2 X_L - I^2 X_C = UI\sin\varphi \tag{2.4.11}$$

由于电感电压与电容电压反相（相位差为 180°），所以当电感元件储存能量时，电容元件却在释放能量；反之，当电容元件储存能量时，电感元件却在释放能量。在同一瞬间，两者能量交换的性质相反。所以在 R、L、C 串联电路中，有一部分能量交换是在电感与电容之间进行的，不足部分由电源补充。Q_L 为正，Q_C 为负。

在交流电路中，定义电压有效值与电流有效值的乘积为视在功率。视在功率用大写字母

S 表示，单位为伏安（V·A），或千伏安（kV·A）

$$S=UI \tag{2.4.12}$$

由式（2.4.9）和式（2.4.11）不难得出 S、P、Q 三者之间的关系为

$$P=S\cos\varphi$$

$$Q=S\sin\varphi$$

$$S=\sqrt{P^2+Q^2} \tag{2.4.13}$$

上式也可用一个直角三角形来表示，这就是功率三角形，如图 2.4.2（c）所示。由图 2.4.2 可以看出，阻抗三角形、电压三角形和功率三角形是三个相似三角形。

例 2.4.1 把电阻 $R=6\Omega$，电感 $L=25.5\text{mH}$ 的线圈接在 $u=31/\sin(314t-30°)\text{V}$ 的电源上，试求 X_L、i、u_R、u_L、$\cos\varphi$、P、Q、S。

解

$$X_L=2\pi fL=314\times25.5\times10^{-3}=8\Omega$$

$$Z=R+jX_L=6+j8=10\angle53.1°\,\Omega$$

$$\dot{I}=\frac{\dot{U}}{Z}=\frac{220\angle0°}{10\angle53.1°}=22\angle-53.1°\text{A}$$

$$i=22\sqrt{2}\sin(314t-53.1°)\text{A}$$

$$u_R=Ri=132\sqrt{2}\sin(314t-53.1°)\text{V}$$

$$u_L=176\sqrt{2}\sin(314t+36.9°)\text{V}$$

$$\cos\varphi=\frac{R}{|Z|}=\frac{6}{10}=0.6$$

$$P=UI\cos\varphi=220\times22\times0.6=2904\text{W}=2.90\text{kW}$$

$$Q=UI\sin\varphi=220\times22\times0.8=3872\text{var}=3.87\text{kvar}$$

$$S=UI=220\times22=4840\text{V}\cdot\text{A}=4.84\text{kV}\cdot\text{A}$$

例 2.4.2 把 R、L 串联后接于频率为 50Hz，电压有效值为 100V 的正弦交流电源上，测得电流为 2A，功率为 40W，试计算 R、L 的参数及功率因数。

解 仅电阻 R 消耗功率，故

$$R=\frac{P}{I^2}=\frac{40}{2^2}=10$$

阻抗

$$|Z|=\frac{U}{I}=\frac{100}{2}=50$$

感抗

$$X_L=\sqrt{|Z|^2-R^2}=\sqrt{50^2-10^2}=48.99$$

电感

$$L=\frac{X_L}{2\pi f}=\frac{48.99}{314}=0.156$$

功率因数

$$\cos\varphi=\frac{P}{S}=\frac{P}{UI}=\frac{40}{2\times100}=0.2$$

或

$$\cos\varphi=\frac{R}{|Z|}=\frac{10}{50}=0.2$$

2.4.4　阻抗的串联

当几个复阻抗相串联时，可等效成一个复阻抗，等效复阻抗等于各串联复阻抗的和。例如复阻抗 Z_1、Z_2 相串联，$Z_1=R_1+jX_1$，$Z_2=R_2+jX_2$，

则

$$Z=Z_1+Z_2=(R_1+R_2)+j(X_1+X_2)=|Z|\angle\varphi \tag{2.4.14}$$

其中，$|Z|$ 是电路的等效阻抗，φ 是等效阻抗角

$$|Z| = \sqrt{(R_1+R_2)^2+(X_1+X_2)^2}$$

$$\varphi = \arctan \frac{X_1+X_2}{R_1+R_2}$$

2.4.5 串联谐振

当 $U_L=U_C$，即 $X_L=X_C$，$\varphi=0$ 时，流过串联电路的电流与电压同相位，电路呈电阻性，$Z=R+j(X_L-X_C)=R$，电路的这种特殊工作状态称为谐振。

若谐振时的频率用 f_0 表示，则 $2\pi f_0 L = \dfrac{1}{2\pi f_0 C}$

$$f_0 = \frac{1}{2\pi\sqrt{LC}} \qquad\qquad (2.4.15)$$

即当电源频率 f 与电路参数 L 和 C 之间满足上式关系时，则发生串联谐振。可见只要调节 L、C 或电源频率 f 都能使电路发生谐振。

串联谐振的特征：

(1) 电流与电压同相位，电路呈电阻性。$\varphi_u=\varphi_i$，$\varphi=0$。

(2) 阻抗最小，电流最大。$Z=R$，谐振电流 $I_0=\dfrac{U}{|Z|}=\dfrac{U}{R}$。

(3) 电感端电压与电容端电压大小相等，方向相反；电阻端电压等于外加电压。

(4) 当 $X_L \gg R$ 时，电感端电压与电容端电压远远大于电源电压。即 $U_C=U_L \gg U$。

2.5 并联正弦交流电路

并联正弦交流电路有多种形式，经常使用的是电感线圈与电容器的并联电路。因此，本节分析 RL 串联与 C 并联的电路。

2.5.1 RL 与 C 并联的电路

电感线圈与电容器的并联电路，如图 2.5.1 所示。电感线圈等效为电感 L 和电阻 R 的串联。由于是并联电路，选电压为参考正弦量，即 $u=U_m\sin\omega t$。

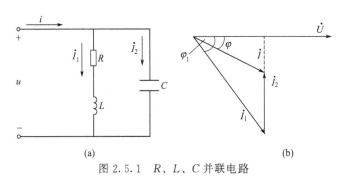

图 2.5.1 R、L、C 并联电路

设 $\dot{U}=U\angle 0°$，$\dot{I}=\dot{I}_1+\dot{I}_2$，其中 $\dot{I}_1$ 滞后 $\dot{U}$ 角 φ_1，$\dot{I}_2$ 超前 $\dot{U}$ 角 $90°$，$\dot{I}$ 滞后 $\dot{U}$ 角 φ，RL 支路电流的有效值 $I_1=\dfrac{U}{\sqrt{R^2+X_L^2}}$，$\varphi_1=\arctan\dfrac{X_L}{R}$；$C$ 支路电流的有效值 $I_2=\dfrac{U}{X_C}$。

由图 2.5.1(b) 得

$$I = \sqrt{(I_1\cos\varphi_1)^2 + (I_1\sin\varphi - I_2)^2} \qquad (2.5.1)$$

$$\varphi = \arctan\frac{I_1\sin\varphi - I_2}{I_1\cos\varphi_1} \qquad (2.5.2)$$

从图 2.5.1(b) 可看出，并联电容 C 后 $\dot{U}$ 与 $\dot{I}$ 的相位差 φ，比未并联电容 C 时 $\dot{U}$ 与 $\dot{I}_1$ 的相位差 φ_1 小，即 $\cos\varphi < \cos\varphi_1$。采用并联电容提高功率因数 $\cos\varphi$ 的方法，在电力系统中有很重要的意义。

2.5.2　阻抗的并联

当几个复阻抗相并联时，可等效成一个复阻抗，等效复阻抗的倒数等于各并联复阻抗的倒数之和。例如复阻抗 Z_1、Z_2 相并联，$Z_1 = R_1 + jX_1$，$Z_2 = R_2 + jX_2$，由图 2.5.2 可知

$$\dot{I} = \dot{I}_1 + \dot{I}_2$$

设等效复阻抗为 Z，则

$$\frac{1}{Z} = \frac{1}{Z_1} + \frac{1}{Z_2} \text{ 或 } Z = \frac{Z_1 Z_2}{Z_1 + Z_2} \qquad (2.5.3)$$

各支路电流为 $\dot{I}_1 = \dfrac{Z_2}{Z_1 + Z_2}\dot{I}$，$\dot{I}_2 = \dfrac{Z_1}{Z_1 + Z_2}\dot{I}$ 或 $\dot{I}_2 = \dot{I} - \dot{I}_1$

通过上述串联交流电路与并联交流电路的分析，可得出如下的重要结论：当交流电路中的电压、电流、阻抗都用复数表示时，前面章节里所讲述的电路基本定律与各种分析方法都可照样用于交流电路，只需将直流时的 U、I、E、R 分别换成相应的 $\dot{U}$、$\dot{I}$、$\dot{E}$、Z。另外，运算中除了首先假定各支路电流与电压相量的参考方向外，还要设一个，也只能设一个初相为零的参考相量。

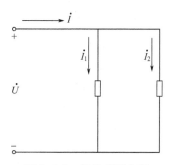

图 2.5.2　阻抗并联电路

2.5.3　并联谐振

在图 2.5.1(a) 所示电路中，如果输入电压 u 与电流 i 同相，则这是改电路发生并联谐振，即 $\varphi_u = \varphi_i$，$\varphi = 0$。可推导出谐振角频率（当电感线圈 $\omega L \gg R$ 时）

$$\omega_0 \approx \frac{1}{\sqrt{LC}} \qquad (2.5.4)$$

则并联谐振频率

$$f_0 \approx \frac{1}{2\pi\sqrt{LC}} \qquad (2.5.5)$$

这就是说，当电感线圈 $\omega L \gg R$ 时，并联谐振的条件与串联谐振的条件基本相同。

并联谐振的特征：

(1) 电流与电压同相位，电路呈电阻性。$\varphi_u = \varphi_i$，$\varphi = 0$。

(2) 阻抗最大，电流最小。

(3) 电感电流与电容电流大小相等，方向相反。

(4) 电感电流与电容电流很大，远远得大于总电流。

2.5.4　功率因数的提高

实际用电器中电感线圈应用比较多，因此电路呈现电感性，功率因数都在 1 和 0 之间，例如白炽灯的功率因数接近 1，日光灯在 0.5 左右，工农业生产中大量使用的异步电动机满载时可达

0.9 左右，而空载时会降到 0.2 左右，交流电焊机只有 0.3～0.4，交流电磁铁甚至低到 0.1。由于电力系统中接有大量的感性负载，线路的功率因数一般不高，为此需提高功率因数。

提高功率因数的意义如下。

（1）使电源设备得到充分利用 一般交流电源设备（发电机、变压器）都是根据额定电压 U_N 和额定电流 I_N 来进行设计、制造和使用的。它能够供给负载的有功功率为 $P = U_N I_N \cos\varphi$。一般 U_N、I_N 为定值时，若 $\cos\varphi$ 低，电源设备供出的有功功率 P 也低，这样电源的潜力就没有得到充分发挥。例如额定容量为 $S_N = 100\text{kV} \cdot \text{A}$ 的变压器，若负载的功率因数 $\cos\varphi = 1$，则变压器在额定状态时，可输出有功功率 $P = S_N \cos\varphi = 100\text{kW}$；若负载的 $\cos\varphi = 0.2$，则变压器在额定状态时只能输出 $P = S_N \cos\varphi = 20\text{kW}$ 的有功功率。若增加输出，则电流过载。显然，这时变压器没有得到充分利用。因此，提高负载的功率因数，可以提高电源设备的利用率。

（2）降低线路损耗和线路压降 输电线上的损耗为 $\Delta P = I^2 R_L$（R_L 为线路电阻），线路压降为 $\Delta U = R_L I$，而线路电流 $I = \dfrac{P}{U\cos\varphi}$，由此可见，当电源电压 U 及输出有功功率 P 一定时，提高 $\cos\varphi$，可以使线路电流减小，从而降低了传输线上的损耗，提高了传输效率；同时，线路上的压降减小，使负载的端电压变化减小，提高供电质量。或在相同的线路损耗的情况下，节约用铜。因为 $\cos\varphi$ 提高，电流减小，在 P 一定时，传输导线可以细些，节约了铜材。

2.5.5 提高功率因数的方法

提高功率因数的方法一是提高用电设备本身的功率因数，例如正确选用异步电动机的容量，避免"大马拉小车"，减少轻载和空载运行等；另外主要采用在感性负载两端并联电容器的方法对无功功率进行补偿。通过前面的分析知道，采用并联电容器可提高功率因数 $\cos\varphi$。根据图 2.5.1(a) 所示，推导出计算并联电容器电容值的公式：

未并入电容时，电路的无功功率为

$$Q = UI_1 \sin\varphi_1 = UI_1 \frac{\sin\varphi_1 \cos\varphi_1}{\cos\varphi_1} = P\tan\varphi_1$$

并入电容后电路的无功功率为

$$Q' = UI \sin\varphi = UI \frac{\sin\varphi \cos\varphi}{\cos\varphi} = P\tan\varphi$$

因而需要并联电容补偿的无功功率为

$$Q_C = Q - Q' = P(\tan\varphi_1 - \tan\varphi)$$

因为

$$Q_C = I_C^2 X_C = \frac{U^2}{X_C} = \omega C U^2$$

故得

$$C = \frac{Q_C}{\omega U^2} = \frac{P}{\omega U^2}(\tan\varphi_1 - \tan\varphi) \tag{2.5.6}$$

这就是所需并联的电容器的电容量。式中 P 是负载所吸收的有功功率，U 是负载的端电压，$\cos\varphi_1$ 和 $\cos\varphi$ 分别是补偿前和补偿后的功率因数。

工程上常采用查表的方法，根据 $\cos\varphi_1$、$\cos\varphi$ 和 P 从手册中直接查得所需并联补偿电容的容量。

为了提高电网的经济运行水平，充分发挥设备的潜力，减少线路功率损失和提高供电质量，《全国供用电规则》对不同的用电大户，规定功率因数的指标分别为 0.9、0.85 或 0.8。凡功率因数不能达到指标的新用户，供电局可拒绝接电。凡用户实际月平均功率因数超过（或低于）指标的，供电部门可按一定的百分比减收（或增收）电费。对长期低于指标又不增添无功补偿设备的用户，供电局可停止或限制供电。

例 2.5.1　某电源 $S_N=20kV \cdot A$，$U_N=220V$，$f=50Hz$。试求：

(1) 该电源的额定电流；

(2) 该电源若供给 $\cos\varphi_1=0.5$、40W 的日光灯，最多可供多少盏？此时线路的电流是多少？

(3) 若将电路的功率因数提高到 $\cos\varphi=0.9$，此时线路的电流是多少？需并联多大电容？

解　(1) 额定电流　　　　　$I_N=\dfrac{S_N}{U_N}=\dfrac{20\times10^3}{220}=91A$

(2) 设日光灯的盏数为 n，$n=\dfrac{S_N\cos\varphi_1}{P_1}=\dfrac{20\times10^3\times0.5}{40}=250$ 盏

此时线路电流为额定电流，即 $I_1=I_N=91A$。

(3) 因电路总的有功功率 $P=nP_1=250\times40=10\times10^3\,W$

故此时线路中的电流为　　$I=\dfrac{P}{U\cos\varphi}=\dfrac{10\times10^3}{220\times0.9}=50.5A$

随着功率因数由 0.5 提高到 0.9，线路电流由 91A 下降到 50.5A，因而电源仍有潜力供电给其他负载。

因为 $\cos\varphi_1=0.5$，$\cos\varphi=0.9$，所以 $\tan\varphi_1=1.731$ $\tan\varphi=0.483$

则所需并联电容器的电容量为　　$C=\dfrac{Q_C}{\omega U^2}=\dfrac{P}{\omega U^2}(\tan\varphi_1-\tan\varphi)$

$$=\dfrac{10\times10^3}{2\pi\times50\times220^2}(1.732-0.483)=820\mu F$$

小　结

(1) 正弦量的三要素是幅值、频率、初相位，只要知道了正弦量的三要素，就可用波形图、正弦函数表达式、相量表示法来表示一个正弦量。频率 f 与周期 T、角频率 ω 的关系为

$$T=\frac{1}{f}, \omega=2\pi f=\frac{2\pi}{T}$$

有效值与幅值的关系为

$$I=\frac{I_m}{\sqrt{2}}=0.707I_m, U=\frac{U_m}{\sqrt{2}}=0.707U_m$$

(2) 两个同频率正弦量的和仍为频率不变的正弦量，可运用相量相加的方法求得其有效值（或幅值）以及初相位。

(3) 当交流电路中的电压、电流、阻抗都用复数表示时，直流电路的基本定律与各种分析方法都可照样用于交流电路。

单一元件和 RLC 串联正弦交流电路的特点：

	有效值关系	相量关系	相位关系	功　率
纯电阻 $i=I_m\sin\omega t$ $u=U_m\sin\omega t$	$U=RI$	$\dot{U}=R\dot{I}$	$\varphi_u=\varphi_i$	$P=UI$ $Q=0$ $S=UI$
纯电感 $i=I_m\sin\omega t$ $u=U_m\sin(\omega t+90°)$	$X_L=2\pi fL$ $U=X_LI$	$\dot{U}=jX_L\dot{I}$ $Z=jX_L$ $=X_L\angle90°$	$\varphi_u-\varphi_i$ $=90°$	$P=0$ $Q=UI$ $S=UI$
纯电容 $u=U_m\sin\omega t$ $i=I_m\sin(\omega t+90°)$	$X_C=\dfrac{1}{\omega C}$ $=\dfrac{1}{2\pi fC}$ $U=X_CI$	$\dot{U}=-jX_C\dot{I}$ $Z=-jX_C$ $=X_C\angle-90°$	$\varphi_u-\varphi_i$ $=-90°$	$P=0$ $Q=UI$ $S=UI$

	有效值关系	相量关系	相位关系	功率
R、L、C 串联 $i=I_m\sin\omega t$ $u=\sqrt{2}U\sin(\omega t+\varphi)$	$U=\lvert Z\rvert I$ $\lvert Z\rvert=\sqrt{R^2+(X_L-X_C)^2}$	$\dot{U}=Z\dot{I}$ $Z=R+j(X_L-X_C)$ $\varphi=\arctan\dfrac{X_L-X_C}{R}$	$X_L>X_C$ $\varphi>0$ 感性 $X_L=X_C$ $\varphi=0$ 阻性 $X_L<X_C$ $\varphi<0$ 容性	$P=I^2R$ $=UI\cos\varphi$ $Q=Q_L-Q_C$ $=UI\sin\varphi$ $S=UI$

（4）阻抗三角形、电压三角形、功率三角形为三个相似三角形。

（5）对于电压 U 和功率 P 一定的感性负载，功率因数 $\cos\varphi$ 越低，则工作电流越大。这将使电源设备的容量不能充分利用；供电线路的能量损耗增加，供电效率降低。感性负载常采用并联电容的方法提高功率因数，电容器的无功功率 Q_C 和电容值 C 可按以下公式计算

$$Q_C=P(\tan\varphi_1-\tan\varphi)$$

$$C=\frac{P}{\omega U^2}(\tan\varphi_1-\tan\varphi)$$

思 考 题

2-1　什么是有效值？正弦量的有效值与最大值之间的关系如何？若电容器的耐压为 300V，它能否接于 220V 的正弦交流电源上？

2-2　一个频率为 50Hz 正弦电压，其有效值为 220V，初相位为 $-60°$，试写出此电压的三角函数表达式。

2-3　已知正弦电流 $i_1=10\sqrt{2}\sin(314t+30°)$A，$i_2=10\sin(314t-60°)$A，试比较它们的幅值、有效值、频率、初相位，并写出幅值、有效值的相量，画相量图。

2-4　若用交流电流表测量上题中的电流 i_1 和 i_2，试问读数各为多少？

2-5　已知两个同频正弦电压 $u_1=10\sqrt{2}\sin(314t+30°)$V，$u_2=10\sqrt{2}\sin(314t-60°)$，试用相量表示法求 $\dot{U}=\dot{U}_1+\dot{U}_2$，$\dot{U}'=\dot{U}_1-\dot{U}_2$。

2-6　判断下列关系式是否正确。

在电感电路中　　　　$u=\omega LI_m$，$\dfrac{u}{i}=X_L$，$\dot{U}=j\omega L\dot{I}_m$，$\dot{U}=j\omega L I_m$

在电容电路中　　　　$u=jX_C I$，$u=X_C i$，$U=X_C I$，$U=jX_C I$

2-7　无功功率是无用功率吗？"电感元件不消耗能量，所以任何瞬间电源都不会对电感元件做功"，此话正确吗？

2-8　R、L 串联的正弦交流电路，已知 $R=3\Omega$，$X_L=4\Omega$，试写出复阻抗 Z，并求电流、电压、相位差及功率因数。

2-9　正弦交流电路，已知 $\dot{U}=20\angle30°$，$Z=8+j6$，求电流相量 $\dot{I}$ 及 P、Q、S。

2-10　什么是功率因数？电路的功率因数由什么决定？提高功率因数有哪些意义？

2-11　串联电容能不能提高功率因数？实际电路中能不能用串联电容来提高功率因数？为什么？

习 题

2-1　在频率 f 分别为 50Hz、100Hz、1000Hz 时，求 T 和 ω。

2-2　已知某正弦电压在 $t=0$ 时为 220V，其初相为 $\dfrac{\pi}{4}$，求它的有效值是多少？

2-3　若电压 $u=311\sin(\omega t+30°)$V，电流 $i=10\sqrt{2}\sin(\omega t-60°)$A，说明这两个正弦量的初相位各是多少？相位差是多少？哪一个超前，哪一个滞后？并写出它们的有效值相量，画出相量图。

2-4　已知 $\dot{U}=(110+\mathrm{j}110)\mathrm{V}$，$f=50\mathrm{Hz}$，求 u 大小？

2-5　某电感性负载接入电源上。已知负载等效电阻为 16Ω，负载等效电抗为 12Ω，求负载电流、负载功率因数和功率，并画出相量图。

2-6　电路如题 2-6 图所示，已知 $u=220\sqrt{2}\sin314t\mathrm{V}$，$R=40\Omega$，$L=159\mathrm{mH}$，$C=100\mu\mathrm{F}$，求 i、u_{R}、u_{L}、u_{C} 和 P、Q、S。

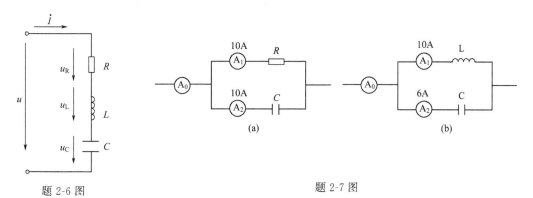

题 2-6 图　　　　　　　　　　　　　　　　题 2-7 图

2-7　在题 2-7 图所示电路中，根据已知安培计的数值（各数值均为有效值），求安培计 A_0 的数值。

2-8　题 2-8 图所示正弦交流电路，已知 $u_1=220\sqrt{2}\sin\omega t\mathrm{V}$，$u_2=220\sqrt{2}\sin(\omega t-120°)\mathrm{V}$，试用相量表示法求 u_{a}、u_{b}。

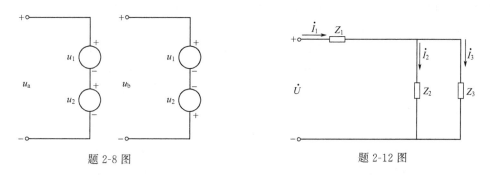

题 2-8 图　　　　　　　　　　　　　　　　题 2-12 图

2-9　电感元件 $L=1.59\mathrm{H}$，接于 $u=220\sqrt{2}\sin314t$ 正弦电源上，求感抗 X_{L} 和电流 i。

2-10　电容元件 $C=31.8\mu\mathrm{F}$，接于 $u=220\sqrt{2}\sin314t$ 正弦电源上，求感抗 X_{C} 和电流 i。

2-11　R、L 串联的电路接于 $50\mathrm{Hz}$，$100\mathrm{V}$ 的正弦电源上，测得电流 $I=2\mathrm{A}$，功率 $P=100\mathrm{W}$，试求电路参数 R 和 L。

2-12　在题 2-12 图中，$\dot{U}=220\angle0°\mathrm{V}$，$Z_1=\mathrm{j}10\Omega$，$Z_2=\mathrm{j}50\Omega$，$Z_3=\mathrm{j}100\Omega$，求 $\dot{I}_1$、$\dot{I}_2$、$\dot{I}_3$。

2-13　在题 2-12 图中，已知 $\dot{U}=100\angle0°\mathrm{V}$，$Z_1=1+\mathrm{j}5\Omega$，$Z_2=4-\mathrm{j}4\Omega$，$Z_3=4+\mathrm{j}4\Omega$，求 $\dot{I}$、$\dot{U}_1$、$\dot{U}_2$ 并画相量图。

2-14　已知 $i=20\sqrt{2}\sin(314t-30°)\mathrm{A}$，流过不同的负载得到以下不同的电压值，求各种情况下负载阻抗的大小和负载的性质（感性、容性、电阻性）。

（1）$u_1=220\sqrt{2}\sin(\omega t+30°)$

（2）$u_2=150\sqrt{2}\sin(\omega t-60°)$

（3）$u_3=100\sqrt{2}\sin(\omega t-30°)$

（4）$u_4=220\sqrt{2}\sin(\omega t+150°)$

第 3 章

三相交流电路

三相交流电路是由三相对称电源和三相负载所组成的电路系统。三相交流电路在工农业生产中应用极为广泛，目前几乎所有电能的生产、输送和分配都采用三相电路。原因是三相交流电路与单相交流电路相比有两大优点：一是，在相同条件下，采用三相电路可以节省大量的输电线，即节省有色金属；二是，工农业生产中目前广泛采用三相交流电动机，这种电动机结构简单，工作可靠，具有良好的经济指标。

因此，在学习了单相交流电路的基础上，进一步学习研究三相交流电路是非常必要的。

3.1　三相交流电源

3.1.1　对称三相电源及其特点

对称三相电压是由三相发电机产生的。图 3.1.1 是一最简单（仅有一对磁极）的三相发电机原理图，它的主要组成部分是电枢和磁极。

电枢是固定的，称为定子。定子由定子铁芯和三相绕组组成。定子铁芯由硅钢片叠成，其内圆周表面沿径向冲有嵌线槽，用以放置三个结构相同、彼此独立的三相绕组。三相绕组的始端（相头）分别标以 U_1、V_1、W_1，末端（相尾）分别标以 U_2、V_2、W_2。三相绕组在定子内圆周上彼此之间相隔 $120°$。

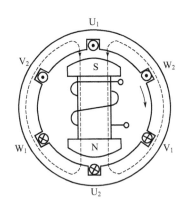

图 3.1.1　三相发电机原理示意图

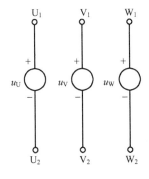

图 3.1.2　三相绕组电压参考方向

磁极是转动的，称为转子。转子铁芯上绕有励磁绕组，并以直流励磁。选择适当的极面、形状和励磁绕组的布置，可使磁极与电枢间的空气隙中的磁感应强度按正弦规律分布。当转子由原动机拖动按顺时针方向匀速转动时，则每相绕组依次切割磁感应线而产生频率相同、幅值相等、相位上互差 $120°$ 的三个正弦电压，这样的三个正弦电压称为对称三相电源。每个电压的参考方向均定为自绕组的始端指向末端，如图 3.1.2 所示。

若以 u 相电压为参考正弦量，则上述对称三相电压的解析式为

$$u_U = \sqrt{2}U\sin\omega t$$

$$u_V = \sqrt{2}U\sin(\omega t - 120°)$$

$$u_W = \sqrt{2}U\sin(\omega t + 120°) \tag{3.1.1}$$

也可用相量表示为

$$\dot{U}_U = U\angle 0°$$

$$\dot{U}_V = U\angle -120°$$

$$\dot{U}_W = U\angle 120° \tag{3.1.2}$$

其波形图和相量图分别如图 3.1.3、图 3.1.4 所示。

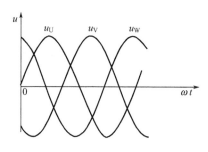

图 3.1.3　对称三相电压波形图

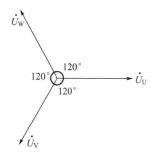

图 3.1.4　对称三相电压相量图

由图 3.1.3 图 3.1.4 可知，对称三相电压的特点是：它们的瞬时值或相量之和恒为零，即

$$u_U + u_V + u_W = 0$$

$$\dot{U}_U + \dot{U}_V + \dot{U}_W = 0$$

对称三相正弦电压的频率相同、幅值相等，三者之间的唯一区别是相位不同。相位不同，意味着各相电压到达正峰值（或零值）的时刻不同，这种先后次序称为相序。在图 3.1.3 中三相电压到达正峰值的次序是 $u_U \rightarrow u_V \rightarrow u_W \rightarrow u_U$，其相序简记为 U—V—W—U。这样的相序称为正相序（或顺相序）。反之，W—V—U—W 的相序称为负相序（或逆相序）。一般地说，三相电源都是指正相序而言的。通常在三相发电机或配电装置的三相母线上涂以黄、绿、红三种颜色，以此区分 U 相、V 相、W 相。

改变三相电源的相序可改变三相电动机的旋转方向。控制三相电动机的正转或反转的方法就是通过改变电源的相序来实现的。

产生对称三相电压的电源称为对称三相电源。对称三相电源的电动势也是对称三相正弦量。本书所提及的三相电源均指对称三相电源。

3.1.2　三相电源的连接

三相电源的连接方式有两种：三相电源的星形（Y 形）和三角形（△形）连接。

1. 三相电源的星形（Y 形）连接

把三相电源的三相绕组的末端 U_2、V_2、W_2 连在一起的连接方式称为星形连接，如图 3.1.5 所示。该连接点称为中性点，用 N 表示。从电源中性点引出的导线称为中性线。从三相绕组始端 U_1、V_1、W_1 引出的导线称为相线（俗称火线）。

在图 3.1.5 中，每相电源绕组的始端与末端间的电压（即相线与中性线间的电压）称为

相电压，其有效值分别用 U_U、U_V、U_W 表示。由于其大小相等，故常用 U_P 表示。任意两根相线间的电压称为线电压，其有效值分别用 U_{UV}、U_{VW}、U_{WU} 表示，或以 U_L 表示。

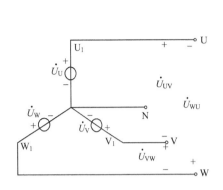

图 3.1.5 三相电源的星形连接

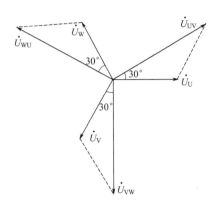

图 3.1.6 三相电源星形连接的相量图

由于三个相电压 u_U、u_V、u_W 是对称三相正弦量，故三个线电压 u_{UV}、u_{VW}、u_{WU} 也是对称三相正弦量，其对应相量分别为 $\dot{U}_U$、$\dot{U}_V$、$\dot{U}_W$ 与 $\dot{U}_{UV}$、$\dot{U}_{VW}$、$\dot{U}_{WU}$，相量图如图 3.1.6 所示。

注意：各线电压的下标表示了各线电压的参考方向。如 u_{UV} 是由相线 U 指向相线 V 的。运用相量图不难求得线电压与相电压的关系为

$$\dot{U}_{UV}=\dot{U}_U-\dot{U}_V=\sqrt{3}\dot{U}_U\angle 30°$$
$$\dot{U}_{VW}=\dot{U}_V-\dot{U}_W=\sqrt{3}\dot{U}_V\angle 30°$$
$$\dot{U}_{WU}=\dot{U}_W-\dot{U}_U=\sqrt{3}\dot{U}_W\angle 30°$$

(3.1.3)

式(3.1.3)说明：三相电源作星形连接时，线电压的大小是相电压的 $\sqrt{3}$ 倍，线电压在相位上比对应的相电压超前 30°。

当发电机或变压器的绕组连接成星形时，不一定都引出中性线。无中性线的三相电路称为三相三线制电路。有中性线的三相电路称为三相四线制电路。三相四线制电路的优点是可以给负载提供两种电压。在我国低压供电系统中相电压为 220V，线电压为 380V。

2. 三相电源的三角形（△形）连接

一般来说，三相发电机绕组总是接成星形。在某些情况下，三相变压器绕组可能接成三角形。三角形连接是把各相绕组的首尾依次相连，即 U_2 与 V_1、V_2 与 W_1、W_2 与 U_1 相连的方式称为三角形连接，如图 3.1.7 所示。三角形连接的电源只有三个端点，没有中性点，因而只能引出三根相线，故只能构成三相三线制电路。

当电源绕组接成三角形时，线电压等于相应的相电压，即 $\dot{U}_{UV}=\dot{U}_U$，$\dot{U}_{VW}=\dot{U}_V$，$\dot{U}_{WU}=\dot{U}_W$。

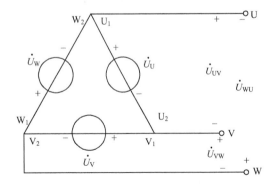

图 3.1.7 三相电源的三角形连接

3.2　三相负载的连接

使用交流电的电气设备种类繁多，其中有些设备需要三相电源才能运行，如三相异步电动机就是此类设备，三相电动机属于典型的三相对称负载。还有一些电气设备，它们本身只需要单相电源，如照明用的电灯、家用冰箱、洗衣机等，这些属于单相负载。如果把多个单相负载分成三组，分别接入 U 相、V 相、W 相三相电源，对三相电源来说，这些用电设备的总体也是三相负载。一般情况下，这类三相负载是不对称三相负载。

满足对称三相负载的条件是：每相负载的复阻抗相等，即复阻抗的模相等、幅角相等。不满足上述条件的三相负载称为不对称三相负载。由对称三相负载构成的三相电路属于对称三相电路，由不对称三相负载构成的三相电路属于不对称三相电路。

与三相电源绕组的接法类似，三相负载也有星形连接和三角形连接两种连接方法。

3.2.1　三相负载的星形连接

1. 不对称三相负载的星形连接

不对称三相负载作星形连接时，应采用三相四线制供电方式。图 3.2.1 所示为我国三相四线制低压供电系统，其线电压 $U_L = 380V$，相电压 $U_P = 220V$。通常单相负载的额定电压为 220V，例如白炽灯、日光灯、小功率电热器、单相交流电动机等，因此要接在相线与中性线之间。像照明灯、家用电器之类的单相负载，当大量使用时，不能集中接在一相中，应该比较均匀地分配在三相之中，如图 3.2.1 所示。

图 3.2.1 是不对称三相负载作星形连接的一个实例。为了对该电路进行分析计算的方便，一般画成图 3.2.2 的形式，由于负载不对称，故每相负载的复阻抗分别记为 Z_U、Z_V、Z_W，三个单相负载的一端连接在一起，称为负载中性点，用 N′ 表示。各相负载的另一端分别和电源的三条相线相连接，负载中性点 N′ 通过中性线（零线）与电源中性点 N 相连接。三相电路中的电流也有线电流和相电流之分。流过各相负载的电流称为相电流 I_P，流过各相线中的电流称为线电流 I_L，中性线中流过的电流称为中性线电流 I_N。

这种接法的特点：流过相线的电流必然流过对应的各相负载，因而线电流和相电流相等，用有效值可表示为 $I_P = I_L$；每相负载接在相线与中性线之间，故每相负载均承受相应的电源相电压（即对称三相电压加在不对称三相负载上），故电压有效值可表示为 $U_P = \frac{1}{\sqrt{3}} U_L$。

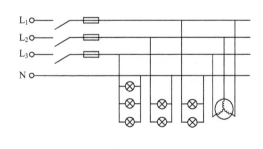

图 3.2.1　三相四线制低压供电系统图

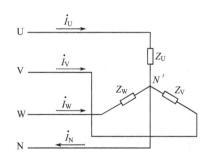

图 3.2.2　三相四线制负载星形连接图

对于图 3.2.2 这种不对称三相电路的计算，应该一相一相地进行，其计算方法与前述单

相电路的计算方法完全一致，即

$$\dot{I}_{U线}=\dot{I}_{U相}=\frac{\dot{U}_U}{Z_U}$$

$$\dot{I}_{V线}=\dot{I}_{V相}=\frac{\dot{U}_V}{Z_V}$$

$$\dot{I}_{W线}=\dot{I}_{W相}=\frac{\dot{U}_W}{Z_W} \tag{3.2.1}$$

中性线电流

$$\dot{I}_N=\dot{I}_U+\dot{I}_V+\dot{I}_W \tag{3.2.2}$$

例 3.2.1 已知不对称三相负载分别为 $Z_U=5\Omega$、$Z_V=(4+j3)$、$Z_W=10\Omega$，每相负载的额定电压均为220V。(1)问这三相负载怎样接入三相对称电源？(2)当正确接入三相负载后，求各相负载电流及中性线电流。(3)若中性线因故断开，各相负载承受的电压大小。

解 (1)为了使每相负载均承受额定电压，应采用三相四线制供电方式，即接成图3.2.2所示电路。

(2)设U相为参考正弦量，则 $\dot{U}_U=220\angle0°$，$\dot{U}_V=220\angle-120°$，$\dot{U}_W=220\angle120°$

$$\dot{I}_{U相}=\frac{\dot{U}_U}{Z_U}=\frac{220\angle0°}{5\angle0°}=44\angle0°$$

$$\dot{I}_{V相}=\frac{\dot{U}_V}{Z_V}=\frac{220\angle-120°}{5\angle36.9°}=44\angle-156.9=(-40.5-j17.25)A$$

$$\dot{I}_{W相}=\frac{\dot{U}_W}{Z_W}=\frac{220\angle120°}{10\angle0°}=22\angle120°=(-11+j9.05)A$$

$$\dot{I}_N=\dot{I}_U+\dot{I}_V+\dot{I}_W$$
$$=(44-40.5-j17.25-11+j19.05)=(-7.5+j1.8)=7.71\angle166.5°A$$

所以各相负载电流及中性线电流

$$i_U=44\sqrt{2}\sin314tA$$
$$i_V=44\sqrt{2}\sin(314t-159.6°)A$$
$$i_W=22\sqrt{2}\sin(314t+120°)A$$
$$i_N=7.71\sqrt{2}\sin(314t+166.5°)A$$

(3)当中性线因故断开时，画出等效电路如图3.2.3所示。这是一个复杂的正弦交流电路，可采用第一章中介绍过的求解复杂电路的各种方法。只不过这里得到的各种电路方程是相量方程（方程式中各电压电流是相量），而第一章中的电路方程是代数方程，仅此区别。

对图3.2.3电路分析计算后，可以得到

$$\dot{U}_{U'}=209\angle17°V$$

$$\dot{U}_{V'}=183\angle-135.1°V$$

$$\dot{U}_{W'}=247\angle121.6°V$$

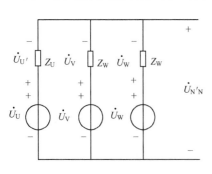

图 3.2.3 例 3.2.1 图

　　从本例可知：在三相不对称负载星形连接的电路中，中性线的作用是至关重要的，它能使三相负载成为三个互不影响的独立电路，使得每相负载两端的电压等于该相电源的相电压，与负载的大小无关，从而可以保证负载在额定电压的情况下正常工作。但如果中性线因故断开，这时线电压虽然仍对称，但各相负载两端的电压却不再是电源的相电压。有的负载所承受的电压将低于电源相电压，有的负载所承受的电压将高于电源相电压（阻抗越大，承受的电压越高）。负载实际承受的电压无论是小于还是超过其额定电压，都将导致负载不能正常工作，严重时，甚至导致设备损坏，造成事故。所以中性线上不允许接开关和熔断器，有时中性线还采用钢芯导线来加强机械强度，防止意外断线。

　　2. 对称三相负载的星形连接

　　在图 3.2.2 所示电路中，若 $Z_U = Z_V = Z_W$（即 $R_U = R_V = R_W = R$，$X_U = X_V = X_W = X$），则该电路为对称三相负载的星形连接，属于对称三相电路。

　　对于对称三相电路的计算要比不对称三相电路的计算简单得多，只要计算出其中一相的电压、电流，其他各相的电压电流由对称条件便可得。由于是对称三相电路，所以三相负载电流也必为对称三相正弦量，同时必有

$$\dot{I}_N = \dot{I}_U + \dot{I}_V + \dot{I}_W = 0$$

中性线的电流为零，实际上中性线可省略。取消中性线后，三相对称负载星形连接电路就成为三相三线制电路。三相三线制电路在生产中应用也很广泛，生产中大量使用的三相电动机，就是典型的对称三相负载。

　　例 3.2.2　有一星形连接的对称三相负载，每相负载的电阻 $R = 6\Omega$，感抗 $X_L = 8\Omega$，电源电压对称，设 $u_{UV} = 380\sqrt{2}\sin(\omega t + 30°)$，试求各相电流（参照图 3.2.2）。

　　解　因为负载对称，只需计算一相即可

　　由 $u_{UV} = 380\sqrt{2}\sin(\omega t + 30°)$ 得 $U_L = 380\text{V}$，$U_P = \dfrac{380}{\sqrt{3}} = 220\text{V}$，在相位上 u_U 比 u_{UV} 滞后 $30°$，得

$$u_U = 220\sqrt{2}\sin\omega t\ \text{V}$$

U 相电流　　　　　$$\dot{I}_U = \frac{\dot{U}_U}{Z} = \frac{220\angle 0°}{6 + j8} = \frac{220\angle 0°}{10\angle 53°} = 22\angle -53°\text{A}$$

$$i_U = 22\sqrt{2}\sin(\omega t - 53°)\ \text{A}$$

因电流对称得　$i_V = 22\sqrt{2}\sin(\omega t - 53° - 120°) = 22\sqrt{2}\sin(\omega t - 173°)\ \text{A}$

$$i_W = 22\sqrt{2}\sin(\omega t - 53° + 120°) = 22\sqrt{2}\sin(\omega t + 67°)\ \text{A}$$

3.2.2　三相负载的三角形连接

　　图 3.2.4 为三相负载的三角形连接。由图可知每相负载承受的是电源的线电压，即负载相电压等于电源线电压。由于电源是对称三相电源，无论负载是否对称，其相电压是对称的，即

$$U_{UV} = U_{VW} = U_{WU} = U_L = U_P \qquad (3.2.3)$$

　　在负载的三角形连接时，相电流和线电流是不同的。由图 3.2.4 设定的各电流参考方向，各负载的相电流为

$$\dot{I}_{UV} = \frac{\dot{U}_{UV}}{Z_{UV}}$$

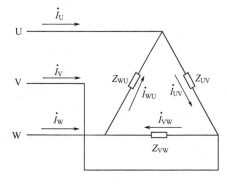

图 3.2.4　三相负载的三角形连接图

$$\dot{I}_{VW} = \frac{\dot{U}_{VW}}{Z_{VW}}$$ (3.2.4)

$$\dot{I}_{WU} = \frac{\dot{U}_{WU}}{Z_{WU}}$$

各线电流分别为

$$\dot{I}_U = \dot{I}_{UV} - \dot{I}_{WU}$$
$$\dot{I}_V = \dot{I}_{VW} - \dot{I}_{UV}$$ (3.2.5)
$$\dot{I}_W = \dot{I}_{WU} - \dot{I}_{VW}$$

当三相负载为对称三相负载时，即 $Z_{UV} = Z_{VW} = Z_{WU}$，则负载的相电流必为对称三相电流，即 $I_{UV} = I_{VW} = I_{WU} = I_P$。

由于相电流是对称三相正弦量，故运用相量法或相量图可求得三个线电流也是对称三相正弦量，且线电流与相电流的关系为

$$\dot{I}_U = \sqrt{3}\,\dot{I}_{UV}\angle -30°$$
$$\dot{I}_V = \sqrt{3}\,\dot{I}_{VW}\angle -30°$$ (3.2.6)
$$\dot{I}_W = \sqrt{3}\,\dot{I}_{WU}\angle -30°$$

上式说明：对称三相负载作三角形连接时，线电流的大小是相电流的 $\sqrt{3}$ 倍，各线电流在相位上滞后相应的相电流 $30°$。其电压、电流相量图如图 3.2.5 所示。

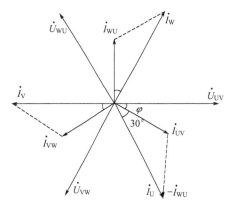

图 3.2.5　三相对称负载三角形
连接电压、电流的相量图

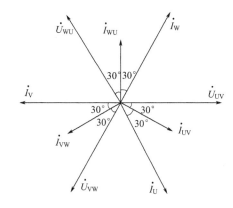

图 3.2.6　例题 3.2.3 图

工程上三相负载作三角形连接时，一般为对称三相负载。如三相变压器、三相电动机等，作为对称三相负载，其本身的三相绕组可以接成星形也可以接成三角形。三相负载究竟是采用星形连接还是三角形连接，必须由每相负载所需要的额定电压决定。当各相负载的额定电压等于电源相电压时，应作星形连接。如果各相负载的额定电压等于电源的线电压，则三相负载必须作三角形连接。只有这样才能保证每相负载能正常工作。如果连接错误将使负载不能正常工作，甚至可能引起严重事故。

例 3.2.3　在线电压 $U_L = 220\text{V}$，频率 $f = 50\text{Hz}$ 的三相电源上接一对称三角形连接的感性负载，已知每相阻抗为 $|Z_P| = 8$，功率因数 $\cos\varphi = 0.866$。试求相电流、线电流，并画出相量图。

解　$I_P = \dfrac{U_P}{|Z_P|} = \dfrac{U_L}{|Z_P|} = \dfrac{220}{8} = 27.5$

因为是感性负载，相电流在相位上滞后相电压 φ 角

$$\varphi = \arccos 0.866 = 30°$$

$$I_L = \sqrt{3}\,I_P = 47.6\text{A}$$

各线电流滞后相应的相电流 $30°$。

相量图如图 3.2.6 所示。

3.3　三相电路的功率

三相功率的计算，不管负载如何接法，总功率必等于各相功率之和。下面以有功功率为例来分析。

$$P = P_U + P_V + P_W = U_U I_U \cos\varphi_U + U_V I_V \cos\varphi_V + U_W I_W \cos\varphi_W \tag{3.3.1}$$

如果三相电路对称，即

$$U_U = U_V = U_W = U_P$$

$$I_U = I_V = I_W = I_P$$

$$\varphi_U = \varphi_V = \varphi_W = \varphi$$

则有

$$P = 3U_P I_P \cos\varphi \tag{3.3.2}$$

一般地讲，在电路上测量线电压、线电流要比测量相电压、相电流方便，所以常用线电压 u_L、线电流 I_L 表示功率。

当负载是 Y 形连接时，有 $I_L = I_P$，$U_L = \sqrt{3}\,U_P$

所以

$$P = \sqrt{3}\,U_L I_L \cos\varphi \tag{3.3.3}$$

当负载是 △ 形连接时，有 $I_L = \sqrt{3}\,I_P$，$U_L = U_P$

所以

$$P = \sqrt{3}\,U_L I_L \cos\varphi$$

由此可见，无论三相负载是 Y 形或 △ 形连接，三相功率的计算公式形式相同。但是公式虽一样，并不意味着 Y 形连接的功率值与 △ 形连接的功率值就相等了，而是相差三倍。具体而言，在电源电压不变的情况下，同一负载三角形连接消耗的功率是星形连接消耗功率的三倍。

即

$$P_\triangle = 3P_Y$$

同理可得无功功率、视在功率的计算公式为

$$Q = \sqrt{3}\,U_L I_L \sin\varphi \tag{3.3.4}$$

$$S = \sqrt{3}\,U_L I_L = \sqrt{P^2 + Q^2} \tag{3.3.5}$$

这里要注意，式中 φ 角是一相负载中相电压和相电流之间的相位差，如三相负载不对称，则应分别计算各相功率，三相总功率等于三个单相功率之和。

例 3.3.1　一个对称负载，已知 $R_P = 6\Omega$，$X_P = 8\Omega$，$U_L = 380\text{V}$。试求：

（1）Y 形连接时相电流、线电流及功率；

（2）△ 形连接时相电流、线电流及功率。

解　（1）Y 形连接时，有

$$Z_P = \sqrt{R_P^2 + X_P^2} = \sqrt{6^2 + 8^2} = 10\Omega$$

$$U_P = \frac{U_L}{\sqrt{3}} = \frac{380}{\sqrt{3}} = 220V$$

$$I_P = \frac{U_P}{Z_P} = \frac{220}{10} = 22A$$

$$I_L = I_P = 22A$$

$$\cos\varphi = \frac{R_P}{Z_P} = \frac{6}{10} = 0.6$$

$$P_Y = \sqrt{3}U_L I_L \cos\varphi = \sqrt{3} \times 380 \times 22 \times 0.6 = 8.7kW$$

（2）△形连接时，有

$$U_P = U_L 380V$$

$$I_P = \frac{U_P}{Z_P} = \frac{380}{10} = 38A$$

$$I_L = \sqrt{3}I_P = \sqrt{3} \times 38 = 66A$$

$$P_{\triangle} = \sqrt{3}U_L I_L \cos\varphi = \sqrt{3} \times 380 \times 66 \times 0.6 = 26.1kW$$

可见 $$P_{\triangle} = 3P_Y$$

小　结

三相负载一般可供给两组对称的三相电压，一组为线电压，另一组为相电压，每组中的三个电压幅值（或有效值）相等，频率相同，彼此之间的相位差相同（互差120°）。负载则根据电源电压和负载额定电压接成星形或三角形，构成三相四线制（有中性线）或三相三线制（无中性线）供电电路。在电源中性点接地的三相四线制电路中，中性线的作用是，当负载不对称时，保证负载的电压对称，在电路发生接地故障时，可以迅速将故障支路切断。流过中性线的电流

$$\dot{I}_N = \dot{I}_U + \dot{I}_V + \dot{I}_W$$

如果三相电流对称，则 $\dot{I}_N = 0$，可采用三相三线制供电电路。

对称负载接成星形时，线电压和相电压，线电流和相电流的关系是

$$I_L = I_P, U_L = \sqrt{3}U_P$$

线电压在相位上超前于对应的相电压30°。

对称负载接成三角形时，则有

$$I_L = \sqrt{3}I_P, U_L = U_P$$

线电流在相位上滞后于对应的相电流30°。

不论三相负载是星形连接还是三角形连接，只要负载对称，计算三相功率的公式就是

$$P = \sqrt{3}U_L I_L \cos\varphi$$

$$Q = \sqrt{3}U_L I_L \sin\varphi$$

$$S = \sqrt{3}U_L I_L = \sqrt{P^2 + Q^2}$$

上式中的 φ 是一相负载的阻抗角。

思　考　题

3-1　在将三相发电机的三个绕组连成星形时，如果误将 U_2、V_2、W_1 连成一点，是否也可以产生对称三相电动势？

3-2　三相四线制供电系统的中性线上为什么不准接熔断器和开关？

3-3　当发电机的三相绕组为星形连接时，设线电压 $u_{UV}=380\sqrt{2}\sin(\omega t-90°)V$，试写出相电压 u_U 的表达式。

3-4　什么是对称三相负载？什么是不对称三相负载？电灯有两根电源线，为什么不称为两相负载，而称为单相负载？

3-5　有 220V、100W 的电灯 66 个，应如何接入线电压为 380V 的三相四线制电路？求负载在对称情况下的线电流？

3-6　为什么电灯开关一定要接在相线（火线）上？

3-7　若三相负载的阻抗相等，即 $|Z_U|=|Z_V|=|Z_W|$，能否说这三相负载一定是对称的呢？为什么？

3-8　三相不对称负载作三角形连接时，若有一相断路，对其他两相工作情况有影响吗？

3-9　试判断下列说法是否正确：

（1）当负载作星形连接时，必须有中性线；

（2）当负载作星形连接时，线电流必等于相电流；

（3）当负载作星形连接时，线电压必为相电压的 $\sqrt{3}$ 倍；

（4）若电动机每相绕组的额定电压为 380V，当对称三相电源的线电压为 380V 时，电动机绕组应接成星形才能正常工作。

3-10　试判断下列结论是否正确。

（1）负载作三角形连接时，线电流必为相电流的 $\sqrt{3}$ 倍；

（2）在三相三线制电路中，无论负载是何种接法，也不论三相电流是否对称，三相线电流之和总为零；

（3）三相负载作三角形连接时，如果测得三相相电流相等，则三个线电流也必然相等。

3-11　有人说："对称三相负载的功率因数，对于星形连接是指相电压与相电流的相位差，对于三角形连接是指线电压与线电流的相位差。"这句话对吗？

习　题

3-1　有一三相对称负载，其每相的电阻 $R=8\Omega$，感抗 $X_L=6\Omega$；如果将负载连成星形接于线电压 $U_L=380V$ 的三相电源上，试求相电压、相电流及线电流。

3-2　题 3-2 图所示的是三相四线制电路，电源线电压 $U_L=380V$，三个电阻性负载连成星形，其电阻为 $R_1=11\Omega$，$R_2=R_3=22\Omega$。（1）试求负载相电压、相电流及中性线电流，并作出它们的相量图；（2）如无中性线，求负载相电压及中性点电压；（3）如无中性线，当 U 相短路时求各相电压和电流，并作出它们的相量图；（4）如无中性线，当 W 相断路时求另外两相的电压和电流；（5）在（3）、（4）中如有中性线，则又如何？

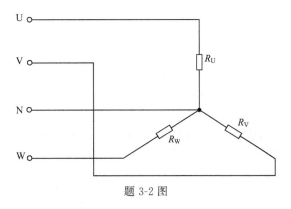

题 3-2 图

3-3 有一次某楼电灯发生故障，第二层楼的电灯亮度未变，第三层楼的所有电灯突然暗淡下来，而第一层楼的所有电灯突然亮度增强，试问这楼的电灯是如何连接的？这是什么原因造成的？画出电路图。

3-4 有一组对称三相电流，已知 $\dot{I}_U = 4 + j3$，试写出 $\dot{I}_V$、$\dot{I}_W$，并画出相量图。

3-5 某三相异步电动机每相等效复阻抗为 (16+j12)，其额定电压为 220V，接在线电压为 380V 的三相电源上，应如何连接？求相电流和电动机额定功率。

3-6 一台三相异步电动机，铭牌上标明电压 380/220V，接法 Y/△，如接在线电压为 220V 的对称三相电源上，电动机的六个接线端标注有 U_1、V_1、W_1 与 U_2、V_2、W_2，应怎样连接，画出接线圈；若线电压为 380V 又如何？

3-7 将题 3-1 的负载连接成三角形接在线电压 $U_L = 380V$ 的电源上，试求相电压、相电流及线电流；并求出负载所消耗的功率。与题 3-1 的结果相比较。

3-8 有一台三相异步电动机，其绕组为星形连接，接在线电压 $U_L = 380V$ 的电源上，从电源所取用的功率 $P_1 = 11.43kW$，功率因数 $\cos\varphi = 0.87$，试求电动机的相电流和线电流。

3-9 在题 3-9 图中，电源的线电压 $U_L = 380V$。（1）如果各项负载的阻抗都等于 10Ω，是否可以说是对称负载？（2）试求各相电流，并用相量图计算中性线电流。（3）试求三相平均功率 P。

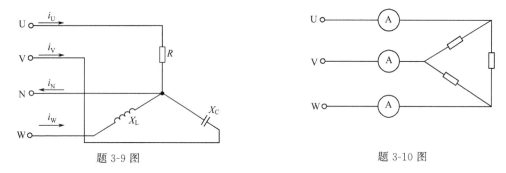

题 3-9 图　　　　　　　　　　　题 3-10 图

3-10 在题 3-10 图中，对称负载连成三角形，已知电源电压 $U_L = 380V$，电流表读数 $I_L = 17.3A$，三相功率 $P = 4.5kW$，试求（1）每相负载的电阻和感抗；（2）当 U、V 相断时，图中各电流表的读数和功率 P；（3）当 U 相断开时，图中各电流表的读数和功率 P。

3-11 在题 3-11 图中，电源的线电压 $U_L = 380V$，频率 $f = 50Hz$，对称电感性负载的功率 $P = 10kW$，功率因数 $\cos\varphi_1 = 0.5$。为了将线路的功率因数提高到 $\cos\varphi = 0.9$，试问在图示两种情况下每相并联的补偿电容的电容值各是多少？采用哪种方式较好？［提示：每相电容 $C = P(\tan\varphi_1 - \tan\varphi)/3\omega U^2$，式中 P 为三相功率，U 为每相电容上所加电压。］

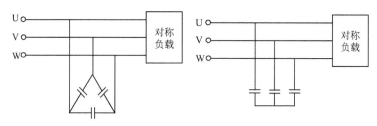

题 3-11 图

3-12 在题 3-8 中的三相异步电动机的电源上并联一组三角形连接的电力电容，以提高电路的功率因数，每相电容 $C = 20\mu F$，求线路总电流和提高后的功率因数，并画出电路图。（频率 $f = 50Hz$）。

3-13 如果电压相等，输送功率相等，距离相等，线路功率损耗相等，则三相输电线的用铜量为单相输电线的用铜量的 3/4，（设对称负载）试证明之。

第 **4** 章

电路的过渡过程

在前几章的讨论中，电路中的电压或电流，都是某一稳定值或某一稳定的时间函数。这种状态称为电路的稳定状态，简称稳态。当电路的工作条件发生变化时，电路中的电压或电流将从原来的稳定值或时间函数变为另一稳定值或时间函数，即电路将从原来的稳态变换到新的稳态。一般说来，这种变换需经历一定时间才能完成，这一变换过程称为电路的过渡过程（也叫暂态过程）。

电路的过渡过程虽然时间短暂，但对它的研究却十分重要。例如电子技术中电容充放电产生脉冲信号就是利用了电路的过渡过程，而感性电路断开过程中产生的过电压或过电流往往是有害的，必须加以防止。为此有必要认识和掌握过渡过程的客观规律。

4.1　过渡过程的产生和换路定律

4.1.1　过渡过程的产生

自然界物质的运动从一种稳定状态到另一种稳定状态的变化都有一个过渡过程。例如电动机从静止启动到某一恒定转速是需要加速的，电动机制动时转速由某一稳定值变为零则需要减速，这加速和减速的过程就是过渡过程。

产生过渡过程的原因在于物质能量不能跃变。道理很简单，能量如果能够跃变，就意味着能量的变化率（即功率）为无穷大，这显然是不可能的。同理，电路中有储能元件电感和电容时，它们所储存的能量也是不能发生跃变的。由于电感的储能为 $W_L = \frac{1}{2} L i_L^2$，电容的储能为 $W_C = \frac{1}{2} C U_C^2$，故电感中的电流 i_L 和电容中的电压 u_C 不能跃变，只能逐渐变化。

电路的过渡过程是由于电路的状态发生变化而产生的，例如电路发生接通、断开，或电路中的激励、参数发生突变，把这种电路状态的变化称为换路。

4.1.2　换路定律

当电路从一种稳定状态换路到另一种稳定状态的过程中，电感电流和电容电压必然是连续变化的，由此可以得出确定过渡过程初始值的换路定律。

设以换路瞬间作为计时起点，令此时 $t=0$，换路前终了瞬间以 $t=0_-$ 表示，换路后初始瞬间以 $t=0_+$ 表示，则可得出以下两条换路定律。

（1）在含有定值电容的支路中，从 $t=0_-$ 到 $t=0_+$ 瞬间，电容的端电压不能跃变。即换路后的瞬间电压 $u_C(0_+)$，等于换路前的瞬间电压 $u_C(0_-)$。可用数学式表达为

$$u_C(0_+) = u_C(0_-) \tag{4.1.1}$$

必须指出，不能跃变并不是不变，而是在换路瞬间（$t=0$）连续变化。

（2）在含有定值电感的支路中，从 $t=0_-$ 到 $t=0_+$ 瞬间，电感中的电流不能跃变。即换

路后的瞬间电流 $i_L(0_+)$，等于换路前的瞬间电流 $i_L(0_-)$。可表达为

$$i_L(0_+) = i_L(0_-) \tag{4.1.2}$$

根据换路定律求换路瞬时初始值的步骤如下：

(1) 按换路前的电路求出换路前瞬间（$t=0_-$）的电容电压 $u_C(0_-)$ 和电感电流 $i_L(0_-)$；

(2) 由换路定律确定换路后瞬间（$t=0_+$）的电容电压 $u_C(0_+)$ 和电感电流 $i_L(0_+)$；

(3) 按换路后的电路，根据电路的基本定律求出换路后瞬间（$t=0_+$）的各支路电流和各元件上的电压。

注意，换路定律只说明与储能有直接联系的和 i_L、u_C 在换路时不发生突变。而 u_L、i_C、u_R、i_R 则可能发生突变。如需要求这些量在 $t=0_+$ 时的值，必须根据 $u_C(0_+)$ 和 $i_L(0_+)$ 按换路后的电路由 KCL、KVL 或欧姆定律来确定。

4.2 RC 电路的过渡过程及三要素法

4.2.1 三要素法

只包含一个储能元件，或者可用串、并联方法简化后等效为只有一个储能元件的电路称为一阶电路，其暂态过程可用一阶线性微分方程来描述。求解微分方程较麻烦，现介绍一种简便的方法——三要素法，它可直接求得一阶电路暂态过程的电压和电流。

可以证明，对于直流电源作用下的任何一阶电路中的电压和电流，均可使用如下形式

$$f(t) = f(\infty) + [f(0_+) - f(\infty)]e^{-\frac{t}{\tau}} \tag{4.2.1}$$

式中，函数 $f(t)$ 可以代表电路中待求的电容电压 u_C，电容电流 i_C，电感电压 u_L，电感电流 i_L，电阻电压 u_R，电阻电流 i_R。

$f(0_+)$，代表相应的物理量在换路后的初始值，如换路后电容上电压的初始值 $u_C(0_+)$。

$f(\infty)$ 代表相应物理量在换路后 $t \to \infty$，电路达到新稳态后该物理量的值。例如，$u_C(\infty)$ 就是电路达到新稳态后电容的电压值。

τ 为时间常数：

(1) 在 RC 电路中，$\tau = RC$。其中，C 为电容的容量，R 为从 C 两端看整个网络的等效电阻。等效电阻的求法与戴维宁定理求等效电阻的方法完全相同。

(2) 在 RL 电路中，$\tau = \dfrac{L}{R}$，其中，L 为电感量，R 为从电感两端看整个网络的等效电阻。

需要特别指出，上述公式对求电容、电感、电阻的电流、电压都是适用的。但是，其中的 $f(0_+)$，只有 $u_C(0_+)$、$i_L(0_+)$ 可直接由换路定律求得，而电容中的电流、电感上的电压、电阻中的电流、电阻上的电压只能在换路后，应用电路的基本定律或其他方法分析求得。

4.2.2 RC 电路的充电过程

定值电容端电压的变化意味着电容器极板上电荷量的变化。若换路后电容电压增高，则电容有一个充电过程；若换路后其电压减小，则电容有一个放电过程。RC 电路的充、放电过程，主要是对电容电压随时间从初始值 $u_C(0_+)$ 变化到新的稳定值 $u_C(\infty)$ 过程的讨论。

如图 4.2.1 所示，当 $t<0$ 时，开关 S 处在 2 的位置，电路已处于稳态，电容初始储能为零，其电压 $u_C(0_-) = 0$；当 $t=0$ 时，开关 S 打在 1 的位置，根据换路定律，有 $u_C(0_+) = u_C(0_-) = 0$；当 $t>0$ 时，电压源 U 通过电阻 R 向 C 充电，形成充电电流 $i(t)$，设充电电流

方向如图 4.2.1 所示。$i(t)$ 随着时间 t 的增加逐渐减小，而电容电压 u_C 随着时间 t 的增加逐渐升高，直至充电完毕，也即电容电压 u_C 达到 U，$i(t)$ 降为零，即 $u_C(\infty)=U$，电路达到了一个新的稳态。由式（4.2.1）得

$$u_C=U(1-e^{-\frac{t}{\tau}}) \tag{4.2.2}$$

由 $i(0_+)=\dfrac{U}{R}$，$i(\infty)=0$ 可得

$$i=\frac{U}{R}e^{-\frac{t}{\tau}} \tag{4.2.3}$$

根据以上两式，可作出 $u_C(t)$ 和 $i_C(t)$ 随时间变化的曲线，如图 4.2.2 所示。它们都是随时间按指数规律变化的曲线，其中 u_C 是增长型的指数曲线，而 $i(t)$ 则为衰减型的指数曲线。

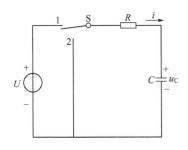

图 4.2.1　电容充放电电路

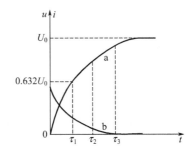

图 4.2.2　$u_C(t)$ 和 $i_C(t)$ 随时间变化的曲线

式中的 $\tau=RC$ 具有时间的量纲（单位为秒），故称 τ 为时间常数。它是表征过渡过程的快慢的量，τ 越大，则 u_C 上升越慢，过程越长，反之亦然。这是因为 τ 大，RC 的乘积大；C 大意味着电容所储存的最终能量大，R 大意味着充电电流小；能量储存慢，这都促使过程变长。改变电路参数（R、C）就可改变过渡过程的快慢。

由图 4.2.2 可以看出：

（1）时间常数 τ 的数值等于电容电压由初始值上升到稳态值的 63.2% 所需的时间。

（2）电压开始变化较快，而后逐渐缓慢。因此，虽然从理论上说，只有当 $t\rightarrow\infty$ 时，u_C 才能达到稳定值，充电过程才结束。但在工程上可认为，经过 $t=(3\sim5)\tau$ 的时间，过渡过程基本结束。

对于电容初始状态无储能，电路仅有外部施加激励 U 产生的响应，习惯上称为一阶 RC 电路的零状态响应。

4.2.3　RC 电路的放电过程

在图 4.2.1 的电路中，开关 S 先处在 1 的位置，给电容充电达到某一数值 U_0，在 $t=0$ 瞬时，将开关 S 由 1 拨到 2，使 RC 电路与外加电压断开并短接。此时电容将所储存的能量放出。

由于是一阶电路，只需求出换路后的初始值、稳态值和时间常数，便可用三要素法写出 RC 电路放电过程中的电压和电流。

由电路可知：$u_C(0_+)=u_C(0_-)=U_0$，$u_C(\infty)=0$，$\tau=RC$

将此三要素代入式（4.2.1）得　　　　$u_C=U_0e^{-\frac{t}{\tau}}$ $\tag{4.2.4}$

同理，$i(0_+)=-\dfrac{U_0}{R}$，$i(\infty)=0$，代入式（4.2.1）得

$$i=-\frac{U_0}{R}e^{-\frac{t}{\tau}} \tag{4.2.5}$$

由式(4.2.4)和式(4.2.5)，可以画出 $u_C(t)$ 和 $i_C(t)$ 随时间变化的曲线，如图 4.2.3 所示。可以看出，它们都是从初始值按指数规律衰减而趋于零的。

RC 电路放电过程的快慢同样由时间常数 $\tau=RC$ 来表征，改变电路参数（R、C）可以改变过渡过程的长短。τ 等于电容电压由初始值下降了初始值的 63.2% 所需的时间。当 $t=(3\sim5)\tau$ 时，即可认为基本达到了稳态，放电过程结束。

如果电路中有多个电阻，计算时间常数 τ 比较复杂，可在换路后的电路中将储能元件支路单独划出，其余部分成为一个线性有源二端网络，该有源二端网络的戴维宁等效电路中的内阻 R_0 即为计算时间常数的 R。对于与外加激励无关，电路中仅由电容初始储能产生的响应，习惯上称为一阶 RC 电路的零输入响应。

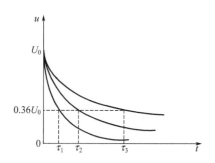

图 4.2.3 $u_C(t)$、$i_C(t)$ 随时间变化的曲线　　　图 4.2.4 例 4.2.1 图

例 4.2.1 电路如图 4.2.4 所示，开关处于"1"的位置，电路已处于稳态；当 $t=0$ 时，开关换路至"2"的位置，试求电容上的电压 u_C。已知：$R_1=1\text{k}\Omega$，$R_2=2\text{k}\Omega$，$C=3\mu\text{F}$，$U_1=3\text{V}$，$U_2=5\text{V}$。

解 将公式(4.2.1)变成

$$u_C(t)=u_C(\infty)+[u_C(0_+)-u_C(\infty)]e^{-\frac{t}{\tau}}$$

由题意可知

$$u_C(\infty)=\frac{R_2}{R_1+R_2}U_2=\frac{2}{1+2}\times5=\frac{10}{3}\text{V}$$

$$\tau=RC=\frac{R_1R_2}{R_1+R_2}C=\frac{1\times2}{1+2}\times3=2\text{ms}=2\times10^3\text{s}$$

（等效电阻 R 的计算，参看等效电路图 4.2.4）

$$u_C(0_+)=u_C(0_-)=\frac{R_2}{R_1+R_2}U_1=\frac{2}{1+2}\times3=2$$

代入

$$u_C(t)=u_C(\infty)+[u_C(0_+)-u_C(\infty)]e^{-\frac{t}{\tau}}=\frac{10}{3}+\left(2-\frac{10}{3}\right)e^{-\frac{t}{2\times10^{-3}}}$$

$$=\frac{10}{3}-\frac{10}{3}e^{-2\times10^3t}$$

电路的响应不仅与电容的初始储能有关，而且与外加激励有关的情况，习惯上称为一阶 RC 电路的全响应。

4.3 RL 电路的过渡过程

4.3.1 RL 电路与直流电压接通

图 4.3.1 所示为 RL 串联电路，在 $t=0$ 时，将开关 S 闭合，则电感 L 通过电阻 R 与直

流电压 U 接通。该电路也是一阶电路，可用三要素法求解。

将式(4.3.1) 变成求电流的形式

$$i(t)=i(\infty)+[i(0_+)-i(\infty)]e^{-\frac{t}{\tau}}$$

由换路定律得

$$i(0_+)=i(0_-)=0$$

根据 $t\to\infty$ 时的状态得

$$i(\infty)=\frac{U}{R}$$

$\tau=\dfrac{L}{R}$ 为 RL 电路的时间常数，L 的单位取亨（H），R 的单位取欧姆（Ω），τ 的单位为秒（s）。将三要素代入得

$$i(t)=\frac{U}{R}(1-e^{-\frac{t}{\tau}}) \tag{4.3.1}$$

同理可得电感的端电压为

$$u_L=u_L(\infty)+[u_L(0_+)-u_L(\infty)]e^{-\frac{t}{\tau}}=u_L(0_+)e^{-\frac{t}{\tau}}=Ue^{-\frac{t}{\tau}} \tag{4.3.2}$$

注意在换路瞬间，L 相当于开路，电源电压 U 全加在 L 上，$u_L(0_+)=U_0$

电阻的端电压为

$$u_R=R_i=U(1-e^{-\frac{t}{\tau}}) \tag{4.3.3}$$

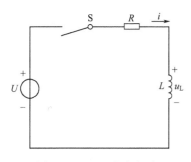

图 4.3.1　RL 充电电路

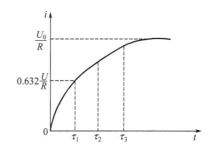

图 4.3.2　RL 电路充电时的电流波形

根据式(4.3.1) 可画出 RL 电路与直流电压接通时的电流波形，如图 4.3.2 所示。

RL 电路过渡过程的快慢由时间常数 $\tau=\dfrac{L}{R}$ 决定。L 大，意味着电感所储存的最终能量大，R 小，则电流大，也意味着电感所储存的最终能量大。故 τ 越大，过渡过程的时间越长。改变电路参数（R、L）也可改变过渡过程时间的长短。

同样，时间常数 τ 的数值等于电感电流由初始值上升到稳态值的 63.2% 所需的时间。工程上认为经过 $(3\sim5)\tau$ 的时间，电路基本达到稳态，过渡过程结束。

4.3.2　RL 电路的短接

如果电路中的电流达到某一数值 I_0，在 $t=0$ 时将 RL 电路短接，如图 4.3.3 所示，则有 $i(0_+)=i(0_-)=I_0$，$i(\infty)=0$，$\tau=\dfrac{L}{R}$ 是时间常数，反映过渡过程的快慢。故可求得通过电感的电流为

$$i=i(0_+)e^{-\frac{t}{\tau}}=I_0e^{-\frac{t}{\tau}} \tag{4.3.4}$$

电感的端电压为

$$u_L=L\frac{di}{dt}=-RI_0e^{-\frac{t}{\tau}} \tag{4.3.5}$$

电阻的端电压为

$$u_R=-u_L=RI_0e^{-\frac{t}{\tau}} \tag{4.3.6}$$

其电流波形如图 4.3.4 所示。

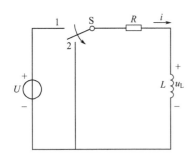

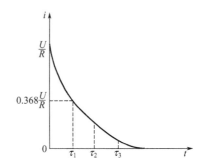

图 4.3.3　RL 放电电路　　　　　　图 4.3.4　RL 电路充电时的电流波形

4.3.3　RL 电路的断开

在图 4.3.5 所示的电路中，若在稳态的情况下切断开关 S，则电流变化率 $\mathrm{d}i/\mathrm{d}t$ 很大，致使电感两端产生很高的自感电动势 $e_{\mathrm{L}}(e_{\mathrm{L}}=-\mathrm{d}i/\mathrm{d}t)$，此时的电感相当于一个电压源，由楞次定律可知其极性如图 4.3.6 所示。该电压与电源电压一起加于开关 S 的两端，会使开关两触点间击穿，形成火花或电弧，延缓了电路的断开，还会烧毁开关的触头。

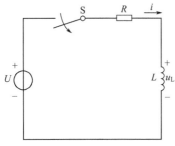

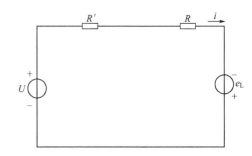

图 4.3.5　RL 电路的断开　　　　　　图 4.3.6　RL 电路断开时的等效电路

从过渡过程分析，开关 S 断开后电流的初始值 $i_{\mathrm{L}}(0_{+})=i_{\mathrm{L}}(0_{-})=U/R$，稳态值 $i_{\mathrm{L}}(\infty)=0$，设开关 S 断开处的电阻为 R'，则时间常数 $\tau=L/(R+R')$，故开关 S 断开后电流的变化规律为

$$i_{\mathrm{L}}=i_{\mathrm{L}}(\infty)+[i_{\mathrm{L}}(0_{+})-i_{\mathrm{L}}(\infty)]\mathrm{e}^{-\frac{t}{\tau}}=\frac{U}{R}\mathrm{e}^{-\frac{R+R'}{L}} \tag{4.3.7}$$

可见开关 S 断开后电流 i_{L} 总是从初始值 U/R 按指数规律下降的，此电流通过开关 S 断开处的初始电压降为 $U_{R'}=\dfrac{R'}{R}U$，由于 $R'\gg R$，故开关断开处的电压很高。为了防止高电压损坏开关及接在电路中的测量仪表或其他元器件，在设计或使用电感量比较大的电气设备时，应采取必要的措施。

图 4.3.7 是采取接入续流二极管的方法防止产生高电压的电路图。它利用了二极管正向电阻小，反向电阻高，单向导电的特点。在 RL 电路的正常工作时，二极管 D 处于反向截止状态，对电路工作没有影响；当开关 S 断开时，电感线圈中的电流通过二极管的正向构成放电回路，由于二极管的正向电阻小，它提供了一条通路，使得电流缓慢衰减，这就避免了高电压的产生。这个二极管称为续流二极管。在电感线圈两端并联续流二极管是工程实际中经常采用的一种安全措施。

例 4.3.1　电路如图 4.3.8 所示，已知电源电压 $U=6\mathrm{V}$，$R=6\Omega$，电压表的内阻 $R_{\mathrm{V}}=$

$2.5 \text{k}\Omega$，设换路前电路处于稳态，试求开关断开瞬间电压表两端的电压。

解 电路换路前
$$i_L(0_-) = \frac{U}{R} = \frac{6}{6} = 1\text{A}$$

由于在换路瞬间，电感中的电流不能突变，即
$$i_L(0_+) = i_L(0_-) = 1\text{A}$$

所以，开关断开瞬间，电压表两端的电压
$$u_V = -R_V i_L(0_+) = -2500 \times 1 = -2500\text{V}$$

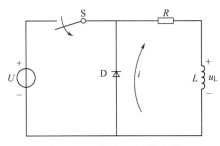
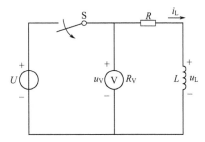

图 4.3.7 续流二极管电路　　　　图 4.3.8 例 4.3.1 图

这样高的电压将使电压表损坏，所以直流电压表不宜固定连接在电感线圈两端；若使用万用表测量大电感两端电压，拉闸前一定要将万用表先取下来。

以上讨论了许多电感突然断流而产生极高反电动势的弊端，然而事物总有两个方面。电视机显像管所需的 $2 \times 10^4 \text{V}$ 左右的直流高压，就是以 15.625kHz 的频率，不断地截断一种特制电感线圈"高压包"的电流，迫使它产生反高压，再通过升压、整流后得到的。另外，日光灯管启动时，就是利用启辉器的结点自动突然中断"镇流器"电感线圈中的电流，迫使它产生高压，电离灯管中的氩气，继而使汞蒸发并电离辐射出紫外线，紫外线使管壁荧光粉发光。普通日光灯是交流供电。可见不论直流、交流，只要电感电流被突然截断，当它没有别的释放回路时，就会产生高的反峰压。

4.4　微分电路与积分电路

RC 电路的过渡过程在电子技术中应用十分广泛，微分电路和积分电路就是应用 RC 电路充、放电规律的实例，它们可以将输入的矩形波变换为尖脉冲或锯齿波。

4.4.1　微分电路

图 4.4.1 所示为 RC 电路，输入信号是矩形脉冲电压 u_I，如图 4.4.2(a) 所示，脉冲电压的幅值为 U，宽度为 $t_p(t_p = t_2 - t_1)$。那么输出电压 u_O 的波形将是怎样的呢？

矩形脉冲波由电压源和开关 S 配合产生。初始状态电容没充电，开关 S 在 2 的位置；在 $t = t_1$ 的瞬时，开关 S 合到 1 位置，RC 电路与直流电压 U 接通，在 $t = t_2$ 的瞬时，开关 S 合到 2 位置，RC 电路短接，这样就可在输入端得到图 4.4.2(a) 所示的矩形脉冲波。但在实际上，矩形波电压是由脉冲发生器产生的。

现研究 RC 电路输入矩形脉冲波后，电阻端输出电压 u_O（即 u_R）的情况：

在 $t = t_1$ 瞬时，RC 电路接通直流电压 U，电容被充电，其端电压即由零按指数规律上升，$u_C = U(1 - e^{-\frac{t}{\tau}})$，而电阻端电压 $u_R = U - u_C = U e^{-\frac{t}{\tau}}$，故 u_R 由初始值按指数规律下降。当 $t = (3 \sim 5)\tau$ 时，u_C 接近于 U，u_R 趋于零。如果电路的时间常数 τ 很小，即 $\tau \ll t_p$，譬如

$\tau \leqslant t_p/(5 \sim 10)$，则电容电压很快充电至稳态值 u，其波形如图 4.4.2(b) 所示；而输出电压 u_O 的波形则为一正尖脉冲，其宽度 t'_p 远比矩形脉冲 t_p，如图 4.4.2(c) 所示。

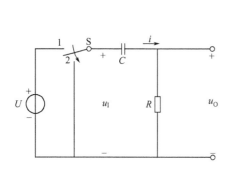

图 4.4.1　微分电路图　　　　　　图 4.4.2　微分电路波形图

在 $t = t_2$ 瞬时，RC 电路被短接，电容放电，电容端电压 u_C 自初始值 U 按指数规律衰减，电阻端电压 u_R 由初始值 $-U$ 按指数规律上升。同样是由于电路的时间常数 τ 很小，故在下一个脉冲来到之前，早已达稳态值（零），因而输出电压 u_O 为一负尖脉冲。若输入是一个周期性的矩形波脉冲电压，则输出就是周期性的正、负尖脉冲电压。

从图 4.4.2 中还可以看出，当时间常数 τ 很小时，电容的充放电过程很快，故电容电压基本与输入电压相平衡，即

$$u_I = u_R + u_C \approx u_C$$

因而输出电压

$$u_O = u_R = Ri = RC \frac{\mathrm{d}u_C}{\mathrm{d}t} \approx RC \frac{\mathrm{d}u_I}{\mathrm{d}t} \tag{4.4.1}$$

这表明输出电压与输入电压的微分成正比，因此这种 RC 电路一般称为微分电路。但应注意，该电路中输出、输入电压之间的近似微分关系，只是在时间常数 $\tau \ll t_p$ 的条件下才成立。微分电路应用很广，常用于将矩形脉冲信号变换为尖脉冲信号。

4.4.2　积分电路

在图 4.4.3 所示 RC 电路中，输入电压 u_I 也是一个矩形脉冲电压，其宽度为 t_p，幅值为 U，输出电压 u_O 从电容 C 两端取出，且电路的时间常数 $\tau \gg t_p$，譬如 $\tau \geqslant (5 \sim 10)t_p$。现在研究这个电路中输入电压 u_I 和输出电压 u_O 之间的关系。

由图 4.4.4(a)、(b) 可见，在 $t = t_1$ 瞬时，输入电压 u_I 从零突变到 U，电容 C 从零开始充电，其端电压按指数规律上升。但由于时间常数 τ 很大，因此充电很慢，电容端电压 u_C（即输出电压 u_O）的上升也很慢；在 $t = t_2$ 瞬时，电容端电压 u_C 远未达稳态值 U，脉冲就告终止。此后电容经电阻放电，同样由于时间常数很大，电容电压按指数规律缓慢衰减，在远未衰减完时，第二个矩形脉冲又来到，重复以上过程，因而电容电压的上升和下降都是指数曲线的起始阶段，可近似地认为是线性的。

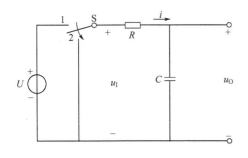

图 4.4.3　积分电路

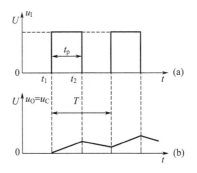

图 4.4.4　积分电路波形图

从图 4.4.3 和图 4.4.4 中还可看出，当时间常数 τ 很大时，由于电容的充放电缓慢，在整个脉冲宽度 t_p 的时间内，电容端电压的变化不大，其值很小，以致可近似认为电阻端电压基本上就是输入电压，即

$$u_I = u_R + u_C \approx u_R$$

因而输出电压

$$u_O = u_C = \frac{1}{C}\int i\,\mathrm{d}t = \frac{1}{C}\int \frac{u_R}{R}\,\mathrm{d}t \approx \frac{1}{RC}\int u_I\,\mathrm{d}t \tag{4.4.2}$$

这表明输出电压与输入电压的积分成正比，故图 4.4.3 所示的电路称为积分电路。但应注意，积分电路中输出、输入电压之间的近似积分关系，只是在时间常数 τ 足够大的条件下才成立。积分电路常用于将矩形脉冲信号变换成三角波或锯齿波信号。

小　结

因为能量不能突变，所以含储能元件的电路从一个稳态变到另一个稳态需要时间，此变换过程就是电路的过渡过程，也叫暂态过程，暂态过程在其起始瞬间产生换路。

常利用换路定律，即通过电容上的电压和电感中的电流在换路瞬间不能突变的原理，分别来确定电容的电压或电感中电流的初始值。

掌握当电路只含一个储能元件时，采用一阶电路三要素法求解过渡过程（暂态过程）的方法。要求能正确地确定三个要素，特别是如何利用换路定理或初始值等效电路确定电路中的初始条件，以及时间常数 τ 的计算方法。

能熟练定性绘出电容充放电的波形图，了解时间常数 τ 的变化对波形的影响。

熟悉将矩形波变成尖脉冲的 RC 微分电路；将矩形波变成三角波的 RC 积分电路。

理解含有大电感的电路突然断开时，可能产生造成危险的高电压的机理以及应采取的各项保护措施。

思　考　题

4-1　是否任何电路发生换路时都会产生过渡过程？

4-2　含电容或电感的电路在换路时是否一定产生过渡过程？

4-3　可否由换路前的电路求 $i_C(0_+)$ 和 $u_L(0_+)$？

4-4　在电路中，如果串联了电流表，换路前最好将电流表短接，这是为什么？

4-5　任何一阶电路的全响应是否都可用叠加定理由它的零输入响应和零状态响应求得，请自选一题试试看。

4-6　在一阶电路中，R 一定，而 C 或 L 越大，换路时的过渡过程进行得越快还是越慢？

4-7　常用万用表"$R\times1\mathrm{k}$"挡来检查容量较大的电容的质量。

（1）指针指向∞处不动；

（2）指针指向 0 处不动；

（3）指针偏转后又快速返回∞处；

（4）指针偏转后，返回的速度很慢；

（5）指针偏转后，只能返回中间位置。

试解释以上现象并说明电容器性能的好坏。

4-8　如果理想电路元件 R、L、C 的端电压 u 和电流 i 的参考方向选得不一致，其电压、电流的关系的表达式一样吗？

4-9　在根据换路定理求换路瞬间初始值时，电感和电容有时看作开路和短路，有时又看作电压源和电流源，试说明这样处理的条件和依据。

习　题

4-1　题 4-1 图所示电路已到稳态，求换路后瞬间各元件上的电压和电流。

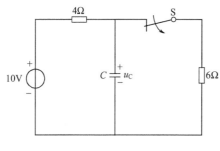
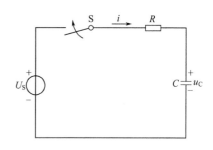

题 4-1 图　　　　　　　　　　　题 4-2 图

4-2　题 4-2 图所示电路，$R=10\Omega$，$C=10\mu F$，$U_S=10V$，在 $t=0$ 时闭合开关 S，且 $u_C(0_-)=0$。试求：(1) 电路的时间常数。(2) $t \geq 0$ 时的 u_C、u_R、i，并画出它们随时间变化的曲线。

4-3　在题 4-3 图所示电路中，开关 S 在 $t=0$ 瞬间闭合，若 $u_C(0_-)=-4V$，试求 u_C、i_C。

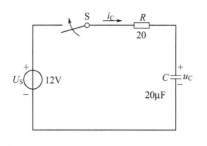
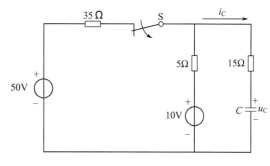

题 4-3 图　　　　　　　　　　　题 4-4 图

4-4　题 4-4 图所示电路原先处于稳态，$t=0$ 时开关 S 断开，求 $u_C(0_+)$、$i_C(0_+)$。

4-5　题 4-5 图所示电路，$U_S=12V$，$R_1=R_2=R_3=2k\Omega$，$C=1\mu F$，在 $t=0$ 时断开开关 S，且换路前电路处于稳态，试求 $t \geq 0$ 时的 u_C，画出 u_C 随时间变化的曲线。

4-6　题 4-6 图所示电路，$U_{S1}=18V$，$U_{S2}=12V$，$R_1=R_2=R_3=4k\Omega$，$C=10\mu F$，在 $t=0$ 时，开关 S 由位置 1 投向位置 2，且换路前电路处于稳态，试用三要素法求 $t \geq 0$ 时的 u_C，并画出其随时间变化的曲线。

4-7　题 4-7 图所示电路原已稳定，$R_1=R_2=40\Omega$，$C=50\mu F$，$I_S=2A$，$t=0$ 时开关 S 闭合，试求换路后的 u_C、i_C，并作出它们的变化曲线。

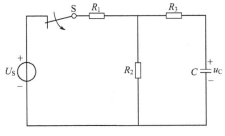

题 4-5 图

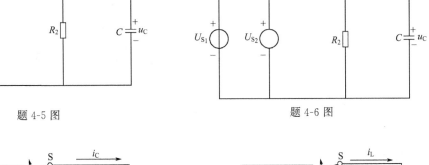

题 4-6 图

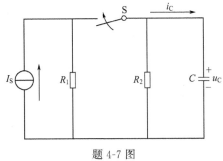

题 4-7 图

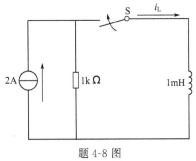

题 4-8 图

4-8 求题 4-8 图所示电路的零状态响应 i_L。

第 5 章

磁路与变压器

磁路是学习变压器、电机和电工仪表等所必需的基础。变压器是电力系统和电子线路中应用广泛的电气设备。它利用电磁感应原理，将一种交变电压转变为另一种或两种以上频率相同而数值不同的交变电压。在电能的传输、分配和使用中，变压器是关键设备，具有重要意义。除电力系统外，它在通信、广播、冶金、焊接、电子实验、电器测量、自动控制等方面，均有广泛应用。

本章首先简单介绍磁场的基础知识、基本物理量、磁性材料的特性，简单讨论交流铁芯线圈，然后主要学习变压器的工作原理及电压、电流和阻抗的变换，最后介绍自耦变压器和仪用互感器等特种变压器。

5.1 磁路的基本知识及其特性

5.1.1 磁路

在生产实践中，应用到很多能量转换的机电器件和设备，如变压器、发电机、电动机等，它们不仅与电路有关，还与磁路有着密不可分的联系。电机是一种机电能量转换装置，变压器是一种电能传递装置，它们的工作原理都以电磁感应原理为基础，且以电场或磁场作为其耦合场。磁场的强弱和分布，不仅关系到电机的性能，而且还将决定电机的体积和重量；所以磁场的分析和计算，对于认识电机是十分重要的。由于电机的结构比较复杂，加上铁磁材料的非线性性质，很难用麦克斯韦方程直接解析求解，因此在实际工作中常把磁场问题简化成磁路问题来处理，从工程观点来说，准确度已经足够。本节先说明磁路的基本定律，然后介绍常用铁磁材料及其性能，最后说明磁路的计算方法。

1. 磁路的概念

磁通所通过的路径称为磁路。图 5.1.1 表示几种常见的磁路，其中图（a）为交流接触器的磁路，图（b）为变压器的磁路，图（c）为磁电系仪表的磁路。

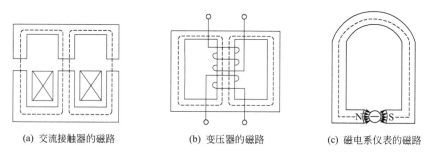

(a) 交流接触器的磁路　　　　(b) 变压器的磁路　　　　(c) 磁电系仪表的磁路

图 5.1.1　几种常见电器设备磁路

在电机、交流接触器和变压器里，常把线圈套装在铁芯上。当线圈内通有电流时，在线圈周围的空间（包括铁芯内、外）就会形成磁场。由于铁芯的导磁性能比空气要好得多，所以绝大部分磁通将在铁芯内通过，并在能量传递或转换过程中起耦合场的作用，这部分磁通称为主磁通。围绕载流线圈、部分铁芯和铁芯周围的空间，还存在少量分散的磁通，这部分磁通称为漏磁通。主磁通和漏磁通所通过的路径分别构成主磁路和漏磁路，图 5.1.1 中只表示了主磁通。

2. 磁场的基本物理量

表示磁场特性的基本物理量有磁感应强度、磁通、磁场强度和磁导率。

(1) 磁感应强度 **B**　表示磁场内某点的磁场强弱和方向的物理量，它是一个矢量。规定：其值等于垂直于 **B** 矢量的单位面积的磁力线数。即

$$B = \frac{\Phi}{S} \tag{5.1.1}$$

B 在数值上等于垂直于磁场方向长 1m，电流为 1A 的导线所受磁场力的大小，即

$$B = \frac{F}{lI} \tag{5.1.2}$$

磁感应强度单位：特斯拉（T），即韦伯/米^2，$1T = 1Wb/m^2$，如果各点的磁感应强度大小相等，方向相同，这样的磁场称为均匀磁场。

(2) 磁通 Φ　垂直穿过某一截面积 S 的磁力线总数称为磁通，用字母 Φ 表示，单位 Wb（韦伯），其表达式为

$$\Phi = \int_S B \cdot dS \tag{5.1.3}$$

如果是匀强磁场，且此磁场与截面积 S 垂直，则该面积上的磁通为

$$\Phi = BS \tag{5.1.4}$$

由此得 $B = \dfrac{\Phi}{S}$，所以磁感应强度又称为磁通密度。

(3) 磁场强度 **H**　磁场强度 **H** 是沿任何闭合路径的线积分等于贯穿由此路径所围成的面的电流的代数和。它是计算磁场时所引用的一个物理量，也是矢量，通过它来确定磁场与电流之间的关系。即

$$\oint H dl = \Sigma I \tag{5.1.5}$$

式 (5.1.5) 为安培环路定律（或称为全电流定律）的数学表示式，它是计算磁路的基本公式。单位：安/米（A/m）。

(4) 磁导率 **μ**　磁导率 **μ** 是一个用来表示磁场媒质磁性的物理量，也就是用来衡量物质导磁能力的物理量。它与磁场强度的乘积等于磁感应强度，即

$$B = \mu H \tag{5.1.6}$$

磁导率的国际单位制单位为 H/m（亨每米）。由实验测出，真空的磁导率 $\mu_0 = 4\pi \times 10^{-7}$ H/m。任意一种物质的磁导率 μ 和真空的磁导率 μ_0 的比值，称该物质的相对磁导率 μ_r，即

$$\mu_r = \frac{\mu}{\mu_0} \tag{5.1.7}$$

对非磁性材料而言，$\mu \approx \mu_0$，$\mu_r \approx 1$，差不多不具有磁化的特性；磁性材料中 $\mu \gg \mu_0$，即 $\mu_r \gg 1$。表 5.1.1 列出了几种常用磁性材料的磁导率。

表 5.1.1　几种常用磁性材料的磁导率

材料名称	铸铁	硅钢片	镍锌铁氧体	锰锌铁氧体	坡莫合金
相对磁导率 $\mu_r = \mu/\mu_0$	$200 \sim 400$	$7000 \sim 10000$	$10 \sim 1000$	$300 \sim 5000$	$2 \times 10^4 \sim 2 \times 10^5$

5.1.2 磁性材料的磁性能

磁性材料的磁导率很大，常用的磁性材料主要有由铁、镍、钴及其合金等。它们具有高导磁、磁饱和以及磁滞性等磁性能。

1. 高导磁性

磁性材料的磁导率很高，相对磁导率 $\mu_r \gg 1$，可达数百、数千乃至数万之值。所以当磁性材料放入磁场内时，铁磁材料受到强烈的磁化，使其内部的磁感应强度大大增强，其导磁率 μ 可达 $10^2 \sim 10^4$ 数量级。所以磁性物质的这一高导磁性能广泛地应用于电工设备中，例如电机、变压器及各种铁磁元件的线圈中都放有铁芯，在这种具有铁芯的线圈中通入不大的励磁电流，便可产生足够大的磁通和磁感应强度。

铁磁材料的磁化特性可用磁畴理论来说明。磁性材料中自发的磁化小区域称为磁畴。在没有外磁场的作用时，各个磁畴排列混乱，磁场相抵消，对外不显磁性，如图 5.1.2(a) 所示。在外磁场作用下（例如在铁芯线圈中的励磁电流所产生的磁场的作用下），其中的磁畴就顺着外磁场方向转动，显示出磁性来。随着外磁场的增强（或励磁电流的增大），磁畴就逐渐转到与外磁场相同的方向上。这样，便产生了一个很强的与外磁场同方向的磁化磁场，而使磁性物质内的磁感应强度大大增加，如图 5.1.2(b) 所示。这就是铁磁性材料在外磁场作用下所发生的磁化现象。而非铁磁性材料没有磁畴结构，所以不具有磁化现象。

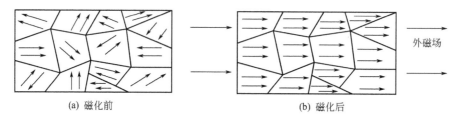

(a) 磁化前　　　　　　　　　　　　(b) 磁化后

图 5.1.2　磁性物质的磁化

2. 磁饱和性

磁性物质由于磁化所产生的磁化磁场不会随着外磁场的增强而无限增强。当外磁场（或励磁电流）增大到一定值时，全部磁畴的磁场方向都转向与外磁场的方向一致，磁化磁场的磁感应强度将趋向某一定值，此时磁化磁场的磁感应强度 B_J 即达饱和值，这种特性称为磁饱和性。

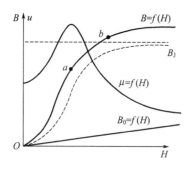

图 5.1.3　$B\text{-}H$ 曲线

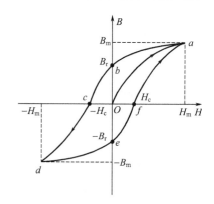

图 5.1.4　磁滞回线

如图 5.1.3 所示，从铁磁材料的 $B\text{-}H$ 磁化曲线可知，该曲线经过原点，在 Oa 段，B 随 H 近似线性增加；在 ab 段，B 增长趋势缓慢下来；b 点以后，B 增加得很少，达到饱和状态。由于铁磁材料的磁化率不是常数，B 和 H 的关系是非线性的，无法用准确的数学表达式表示，只能用 B-H 曲线表示。图 5.1.5 为几种常见铁磁材料的磁化曲线。

3. 磁滞性

磁滞性表现在铁磁材料在交变磁场中反复磁化时，磁感应强度的变化滞后于磁场强度的变化。若将铁磁材料进行周期性磁化，B 和 H 之间的变化关系就会变成如图 5.1.4 曲线 $abcdefa$ 所示。由图可见，当 H 开始从零增加到 H_m 时，B 相应地从零增加到 B_m；以后如逐渐减小磁场强度 H，B 值将沿曲线 ab 下降。当 $H=0$ 时，B 值并不等于零，而等于 B_r，这种去掉外磁场之后，铁磁材料内仍然保留的磁感应强度 B_r 称为剩磁感应强度，简称剩磁。要使 B 值从 B_r 减小到零，必须加上相应的反向外磁场，此反向磁场强度称为矫顽力，用 H_c 表示。B_r 和 H_c 是铁磁材料的两个重要参数。铁磁材料所具有的这种磁感应强度 B 的变化滞后于磁场强度 H 变化的现象，称为磁滞现象。呈现磁滞现象的 B-H 闭合回线，称为磁滞回线。磁滞现象是铁磁材料的另一个特性，磁滞性是由于分子的热运动产生的。

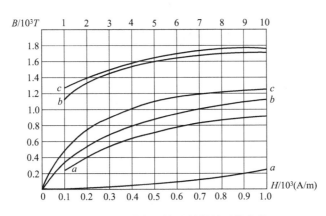

图 5.1.5　几种常见铁磁材料的磁化曲线

a—铸铁；b—铸钢；c—硅钢片

5.1.3　铁磁材料的分类及用途

不同的铁磁材料具有不同的磁滞回线，剩磁和矫顽力也不同。按磁性物质的磁性能，磁性材料可以分成三种类型。

1. 软磁材料

软磁材料的磁导率很大，剩磁和矫顽力都很小，易被磁化也易去磁，磁滞回线窄而长，如图 5.1.6(a) 所示。典型的材料有铸铁、硅钢、坡莫合金及铁氧体等。一般用来制造电机、变压器和各种电器的铁芯等。铁氧体在电子技术中应用也很广泛，例如可做录像机的磁芯、磁鼓以及录音机的磁带、磁头，高频磁路中的铁芯、滤波器等。

2. 硬磁材料

硬磁材料需要较强的外磁场的作用，才能使其磁化，而且磁化后不宜退磁，剩磁较强。磁滞回线较宽，具有较大的矫顽磁力，如图 5.1.6(b) 所示。常用的材料有碳钢、铁镍钴合金等。近年来稀土永久材料发展很快，像稀土钴、稀土、铁硼等，其矫顽磁力更大。一般用来制造永久磁铁及小型直流电机中的永久铁芯等。

3. 矩磁材料

矩磁材料在很弱的外磁场的作用下，就能被磁化，并达到磁饱和。当撤掉外磁场后，磁性仍保持与饱和状态相同。它具有较小的矫顽磁力和较大的剩磁。磁滞回线接近矩形，稳定性也良好，如图 5.1.6(c) 所示。常用于计算机和控制系统中的记忆元件和开关元件，以及录像机、录音机的磁带等。常用的矩磁材料有镁、锰、铁氧体等。

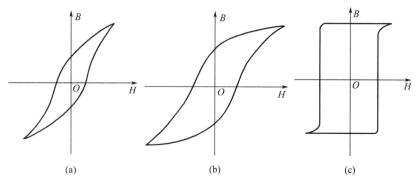

图 5.1.6　三类铁磁材料的磁滞回线

5.2　磁路的基本定律

5.2.1　磁路的欧姆定律

图 5.2.1 所示为绕有环形线圈的铁芯，当线圈中通入电流 I 时，在铁芯中就会有磁通 Φ 通过，通过实验可知，铁芯中的磁通 Φ 与通过线圈的电流 I、线圈的匝数 N、磁路的截面积 S 及磁导率 μ 成正比，与其平均长度 l 成反比，即

$$\Phi = \frac{NI}{\dfrac{l}{\mu S}} \tag{5.2.1}$$

一般将上式写成欧姆定律的形式，即磁路的欧姆定律

$$\Phi = \frac{F}{R_{\mathrm{m}}} \tag{5.2.2}$$

式中，$F = NI$ 为磁通势，由此产生磁通，单位安培匝。$R_{\mathrm{m}} = \dfrac{l}{\mu S}$ 称为磁阻，是表示磁路对磁通有阻碍作用的物理量，单位 1/亨利（1/H）；Φ 为磁通，单位韦伯（Wb）。

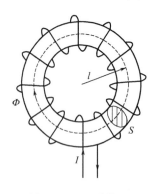

图 5.2.1　环形线圈

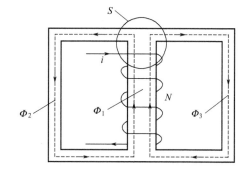

图 5.2.2　磁路的基尔霍夫第一定律

5.2.2　磁路的基尔霍夫第一定律

如果铁芯不是一个简单回路，而是带有并联分支的分支磁路，如图 5.2.2 所示，则当中

间铁芯柱上加有磁通势 F 时，磁通的路径将如图中虚线所示。如令进入闭合面 S 的磁通为负，穿出闭合面的磁通为正，从图 5.2.2 可见，对闭合面 S，显然有

$$-\Phi_1 + \Phi_2 + \Phi_3 = 0$$
$$或 \sum \Phi = 0 \tag{5.2.3}$$

上式表明：穿出（或进入）任一闭和面的总磁通量恒等于零（或者说，进入任一闭合面的磁通量恒等于穿出该闭合面的磁通量），这就是磁通连续性定律，该定律亦称为磁路的基尔霍夫第一定律。

5.2.3　磁路的基尔霍夫第二定律

电机和变压器的磁路总是由数段不同截面、不同铁磁材料的铁芯组成，而且还可能含有气隙。磁路计算时，总是把整个磁路分成若干段，每段为同一材料、相同截面积，且段内磁通密度处处相等，从而磁场强度亦处处相等。例如图 5.2.3 所示磁路由三段组成，其中两段为截面不同的铁磁材料，第三段为气隙。若铁芯上的励磁磁通势为 NI，根据安培环路定律（磁路欧姆定律）可得

$$NI = \sum_{k=1}^{3} H_k l_k = H_1 l_1 + H_2 l_2 + H_\delta \delta = \Phi_1 R_{m1} + \Phi_2 R_{m2} + \Phi_\delta R_{m\delta} \tag{5.2.4}$$

式中，l_1 和 l_2 分别为 1、2 两段铁芯的长度，其截面积分别为 A_1 和 A_2；δ 为气隙长度；H_1、H_2 分别为 1、2 两段磁路内的磁场强度；H_δ 为气隙内的磁场强度；Φ_1 和 Φ_2 分别为 1、2 两段铁芯内的磁通；Φ_δ 为气隙内磁通；R_{m1}、R_{m2} 分别为 1、2 两段铁芯磁路的磁阻；$R_{m\delta}$ 为气隙磁阻。

由于 H_k 是单位长度上的磁压降，$H_k l_k$ 则是一段磁路上的磁压降，NI 是作用在磁路上的总磁通势，故式（5.2.4）表明：沿任何闭合磁路的总磁通势恒等于各段磁路磁压降的代数和。类比于电路中的基尔霍夫第二定律，该定律就称为磁路的基尔霍夫第二定律。需要指出，磁

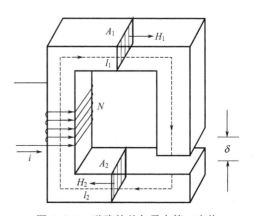

图 5.2.3　磁路的基尔霍夫第二定律

路和电路的比拟仅是一种数学形式上的类似，而不是物理本质的相似。

5.2.4　磁路的计算

在计算电机、电器等的磁路时，往往预先给定铁芯中的磁通（或磁感应强度），而后按照所给的磁通及磁路各段的尺寸和材料去求生产预定磁通所需的磁通势 $F = NI$。如已知磁通和各段的材料及尺寸，则可按下面表示的步骤去求磁通势：

① 由于各段磁路的截面积不同，但其中又通过同一磁通，因此各段磁路的磁感应强度也就不同，可分别按下列各式计算：

$$B_1 = \frac{\Phi}{S_1}, \quad B_2 = \frac{\Phi}{S_2}, \quad \cdots\cdots$$

② 根据各段磁路材料的磁化曲线 $B = f(H)$，找出与上述 B_1，B_2，……相对应的磁场强度 H_1，H_2，……。各段磁路的 H 也是不同的。

③ 计算各段的磁路的磁压降 Hl。

④ 求出磁通势 IN。

5.3 交流铁芯线圈电路及其损耗

铁芯线圈分为两种：直流铁芯线圈和交流铁芯线圈。直流铁芯线圈通直流电来励磁（如直流电机的励磁线圈、电磁吸盘及各种直流电器的线圈），交流铁芯线圈通交流电来励磁（如交流电机、变压器及各种交流电器的线圈）。

5.3.1 直流铁芯线圈电路

直流铁芯线圈比较简单，它的励磁电流是直流，产生的磁通是恒定的，因此在线圈和铁芯中不会感应出电动势来。在一定电压 U 下，线圈中的电流 I 只和线圈本身的电阻 R 有关，即

$$I=\frac{U}{R} \tag{5.3.1}$$

功率损耗也只是线圈电阻消耗的功率，即

$$P=UI=RI^2 \tag{5.3.2}$$

5.3.2 交流铁芯线圈电路

交流铁芯线圈和直流铁芯线圈不同。交流铁芯线圈存在电磁关系、电压电流关系及功率损耗等几个方面的关系。

1. 电磁关系

图 5.3.1 所示为交流铁芯线圈，线圈的匝数为 N，当在线圈两端加上正弦交流电压 u 时，就有交变电流 i 流过，在交变磁通势 Ni 的作用下产生交变磁通，其中磁通绝大部分通过铁芯而闭合，这部分磁通称为主磁通 Φ。此外还有很少的一部分磁通主要经过空气或其他非导磁媒质而闭合，这部分磁通称为漏磁通 Φ_σ。这两个磁通在线圈中产生两个感应电动势：主磁通电动势 e 和漏磁通电动势 e_σ。

因为漏磁通主要不经过铁芯，所以励磁电流 i 与 Φ_m 之间可以认为成线性关系，铁芯线圈的漏磁电感为 $L_\sigma=\frac{N\Phi_\sigma}{i}=$ 常数。

但主磁通通过铁芯，所以 i 与 Φ 之间不存在线性关系（图 5.3.2）。铁芯线圈的主磁电感 L 也不是一个常数，它们的关系如图 5.3.2 所示，可以看出铁芯线圈是一个非线性电感元件。

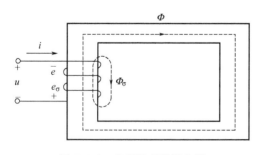

图 5.3.1　交流铁芯线圈电路

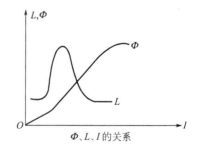

Φ、L、I 的关系

图 5.3.2　Φ、L、I 的关系

2. 电压电流关系

如图 5.3.1 所示，设线圈电阻为 R，主磁通电动势 e 和漏磁通电动势 e_σ，则铁芯线圈交流电路中电压和电流之间的关系可以由基尔霍夫电压定律得出，即

$$u + e + e_\sigma = Ri$$

$$u = Ri + (-e_\sigma) + (-e) = Ri + L_\sigma \frac{\mathrm{d}i}{\mathrm{d}t} + (-e) \tag{5.3.3}$$

$$= u_R + u_\sigma + u'$$

当 u 是正弦电压时，式中各量可视作正弦量，于是上式可用相量表示

$$\dot{U} = R\dot{I} + (-\dot{E}_\sigma) + (-\dot{E}) = R\dot{I} + \mathrm{j}X_\sigma \dot{I} + (-\dot{E})$$

$$= \dot{U}_R + \dot{U}_\sigma + \dot{U}' \tag{5.3.4}$$

上式中漏磁感应电动势 $\dot{E}_\sigma = -\mathrm{j}X_\sigma \dot{I}$，其中 $X_\sigma = \omega L_\sigma$，称为漏磁感抗，它是由漏磁通引起的；$R$ 是铁芯线圈的电阻。主磁感应电动势，由于主磁电感或相应的主磁感抗不是常数，应按下法计算。

设主磁通 $\Phi = \Phi_\mathrm{m} \sin\omega t$，则

$$e = -N \frac{\mathrm{d}\Phi}{\mathrm{d}t} = -N \frac{\mathrm{d}(\Phi_\mathrm{m}\sin\omega t)}{\mathrm{d}t} = -N\omega\Phi_\mathrm{m}\cos\omega t$$

$$= 2\pi f N \Phi_\mathrm{m} \sin(\omega t - 90°) = E_\mathrm{m} \sin(\omega t - 90°) \tag{5.3.5}$$

上式中 $E_\mathrm{m} = 2\pi f N \Phi_\mathrm{m}$，是主磁电动势的幅值，而其有效值则为

$$E = \frac{E_\mathrm{m}}{\sqrt{2}} = \frac{2\pi f N \Phi_\mathrm{m}}{\sqrt{2}} = 4.44 f N \Phi_\mathrm{m} \tag{5.3.6}$$

由以上分析可知，电源电压 u 可分为三个分量：$u_R = Ri$，是线圈电阻上的电压降；$u_\sigma = -e_\sigma$，是平衡漏磁电动势的电压分量；$u' = -e$，是与主磁电动势相平衡的电压分量。因为根据楞次定律，感应电动势具有阻碍电流变化的物理性质，所以电源电压必须有一部分来平衡它们。通常由于线圈的电阻 R 和感抗 X_σ 较小，因而它们上边的电压降也较小，与主磁电动势相比较，可以忽略不计。于是

$$\dot{U} \approx \dot{E}$$

$$U \approx E = 4.44 f N \Phi_\mathrm{m}$$

$$= 4.44 f N B_\mathrm{m} S [\mathrm{V}] \tag{5.3.7}$$

式中，B_m 是铁芯中磁感应强度的最大值，单位用特［斯拉］（T）；S 是铁芯截面积，单位用米²（m²）。

3. 铁芯损耗

在交流铁芯线圈中，线圈电阻 R 上的功率损耗 RI^2 称为铜损 ΔP_Cu，而处于交变磁化下的铁芯也会逐渐发热产生功率损耗，这种损耗称为铁损 ΔP_Fe（铁芯损耗）。铁芯损耗是由磁滞和涡流产生的。

（1）磁滞损耗 ΔP_h　铁磁材料置于交变磁场中时，材料被反复交变磁化。与此同时，磁畴相互间不停地摩擦、消耗能量引起铁芯发热、造成损耗，这种损耗称为磁滞损耗。分析表明，铁芯的单位体积内所产生的磁滞损耗 ΔP_h 与磁滞回线所包围的面积成正比，即磁滞损耗 ΔP_h 与磁场交变的频率、铁芯的体积和磁滞回线的面积成正比。因此，为了减少磁滞损耗，应选用磁滞回线狭小的磁性材料制造铁芯。由于硅钢片磁滞回线的面积较小，故电机和变压器的铁芯常用硅钢片叠成。

（2）涡流损耗　铁磁物质不仅有导磁能力，同时也有导电能力，故当通过铁芯的磁通随时间变化时，根据电磁感应定律，铁芯中将产生感应电动势，并引起环流。这些环流在铁芯内部围绕磁通作旋涡状流动，称为涡流（图 5.3.3）。涡流在铁芯中引起的损耗，称为涡流

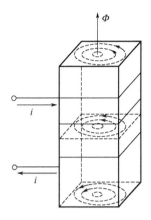

图 5.3.3　铁芯中的涡流

损耗 ΔP_{e}。

涡流损耗也要引起铁芯发热，分析表明，频率越高，磁通密度越大，感应电动势越大，涡流损耗亦越大；铁芯的电阻率越大，涡流所流过的路径越长，涡流损耗就越小。为了减少涡流损耗，在顺磁场方向铁芯可由彼此绝缘的硅钢片叠成，这样可以限制涡流，使其只能在较小的截面内流通。因此，为减小涡流损耗，电机和变压器的铁芯都用含硅（电阻率较大，可以使涡流减小）量较高的薄硅钢片（0.35～0.5mm）叠成。

（3）铁芯损耗　铁芯中磁滞损耗和涡流损耗之和，称为铁芯损耗，用 ΔP_{Fe} 表示，即 $\Delta P_{Fe} = \Delta P_{h} + \Delta P_{e}$。它使铁芯发热，使交流电机、变压器及电气设备功率增加，温升增加，效率降低。在实际中，可以利用涡流的热效应来冶炼金属，利用涡流和磁场的相互作用产生电磁力的原理制造感应式传感器，用于电动机的测距等。

铜损和铁损称为交流铁芯线圈电路的功率损耗 ΔP，即

$$\Delta P = \Delta P_{Cu} + \Delta P_{Fe} = \Delta P_{Cu} + \Delta P_{h} + \Delta P_{e}$$

5.4　电　磁　铁

电磁铁是利用通电的铁芯线圈吸引衔铁而工作的一种电器。如果衔铁带动其他机件，则产生机械联动；如果衔铁是被加工的工件，则可使工件固定在某一位置上。

磁铁由三部分组成：线圈、铁芯和衔铁，如图 5.4.1 所示。

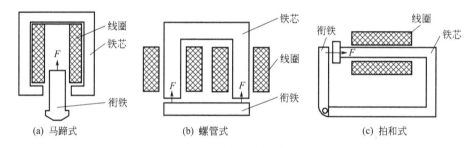

（a）马蹄式　　　　　（b）螺管式　　　　　（c）拍和式

图 5.4.1　电磁铁

电磁铁在生产上应用很广泛，它可用来装卸各种钢、铁材料及其制件；在机床中也常用电磁铁操纵气动或液压传动机构的阀门和控制变速机构；在磨床上，用电磁铁来固定钢制工件；尤其在自动化和半自动化的装置中，经常用来控制电路的接通或断开，以实现各种控制和保护作用。

电磁铁的主要技术数据有：

（1）额定行程 δ_{N}，指刚启动时衔铁和铁芯之间的距离。

（2）额定吸力 F_{N}，指衔铁处在额定行程时衔铁受到的吸力。

（3）额定电压 U_{N}，指电磁铁线圈上规定应施加的电压值。

电磁铁线圈通电后，铁芯吸引衔铁的力，称为电磁吸力。其大小与气隙的截面积 A_{0} 及气隙中磁通 Φ_{0} 有关。根据能量的转换原理，可推导出计算吸力的公式为

$$F = \frac{10^{7}}{8\pi} \times \frac{\Phi_{0}^{2}}{A_{0}} \tag{5.4.1}$$

式中，Φ_0 的单位是 Wb，A_0 的单位是 m^2，F 的单位是 N。

电磁铁按其励磁电流种类的不同可分为直流电磁铁和交流电磁铁两种。

5.4.1　直流电磁铁

直流电磁铁的励磁电流是恒定不变的，其大小只决定于线圈上所加的直流电压 U 和线圈电阻 R 的大小，即 $I = \dfrac{U}{R}$，所以磁通势 NI 也是恒定的。但是随着衔铁的吸合，空气隙要变小，吸合后空气隙将消失，磁路的磁阻要显著减小，因此磁通 Φ_0 要增大。由式(5.4.1)可知，吸合后的电磁力要比吸合前大得多。

在直流电磁铁中，为了消除铁芯损耗，铁芯应用整块软钢制成。

5.4.2　交流电磁铁

交流电磁铁、交流继电器等电器的供电电源极为方便，故在生产中应用很广。由于在这些电器的铁芯上有一很短的空气隙 δ，所以这些电器的电路就成为具有空气隙的铁芯线圈的交流电路。在这种电路中，电流的大小不仅与它的外加电压有关，而且还和空气隙的长短有关。

交流电磁铁两磁极间的吸力 F 与两极间磁感应强度 B 的平方成正比。当磁感应强度等于零时，极间的吸力基本上也等于零（因为铁芯选用软磁材料，剩磁很小；当磁感应强度为最大值时，吸力也为最大）。由此可见，吸力在零和最大值之间脉动，如图 5.4.2 所示。

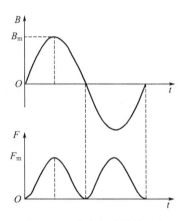

图 5.4.2　交流电磁铁的吸力

在交流电磁铁中，为了减少铁芯损耗，铁芯是由硅钢片叠成的。

5.5　变压器的分类、作用和构造

变压器是在电力系统和电子线路中应用广泛的电气设备。它是根据电磁作用原理制成的静止电气设备，具有变电压、变电流、变阻抗等作用。

5.5.1　变压器的分类与作用

为了达到不同的使用目的，并适应不同的工作条件，变压器有很多类型，可按相数、冷却方式、用途、绕组结构、铁芯结构、容量等进行分类。

（1）按相数分　单相变压器，用于单相负荷和三相变压器组；三相变压器，用于三相系统的升、降电压。

（2）按冷却方式分　干式变压器，依靠空气对流进行冷却，一般用于局部照明、电子线路等小容量变压器，同时还广泛应用于配电、电力变压器等系统中；油浸式变压器，依靠油作冷却介质，如油浸自冷、油浸风冷、油浸水冷、强迫油循环等。

（3）按用途分　电力变压器，用于输配电系统的升、降电压；仪用变压器，如电压互感器、电流互感器，用于测量仪表和继电保护装置；试验变压器，能产生高压，对电气设备进行高压试验；特种变压器，如电炉变压器、整流变压器、调整变压器等。

（4）按绕组结构分　双绕组变压器，用于连接电力系统中的两个电压等级；三绕组变压器，一般用于电力系统区域变电站中，连接三个电压等级；自耦变电器，用于连接不同电压的电力系统，也可作为普通的升压或降后变压器用。

（5）按铁芯结构分　芯式变压器，用于高压的电力变压器；壳式变压器，用于大电流的特殊变压器，如电炉变压器、电焊变压器，或用于电子仪器及电视、收音机等的电源变压器。

（6）按容量不同分　小型变压器，容量为 630kV·A 及以下；中型变压器，容量为 800～6300kV·A；大型变压器，容量为 8000～63000kV·A；特大型变压器，容量为 90000kV·A 及以上。

上述变压器有不同的用途，但其作用都相同——变换交流电压、变换交流电流、变换阻抗以及改变相位等。作用相同的原因在于变压器的结构原理基本相同。

5.5.2　变压器的基本结构

变压器主要由铁芯和绕组两部分组成，基本构造如图 5.5.1 所示。为了提高铁芯导磁性能，减少磁滞损耗和涡流损耗，变压器的铁芯一般用厚度为 0.35mm 或 0.55mm，两面涂有绝缘漆或氧化处理的硅钢片叠装而成。绕组一般用绝缘扁（或圆）铜线、绝缘铝线或铝箔绕制而成。

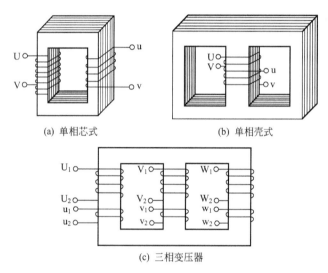

(a) 单相芯式　　　　　　(b) 单相壳式

(c) 三相变压器

图 5.5.1　变压器的基本结构

单相变压器有一、二次两个绕组。工作时，连接电源的线圈称为一次绕组，匝数用 N_1 表示；连接负载的线圈称为二次绕组，匝数用 N_2 表示 ［如图 5.5.1(a)、（b）所示］。三相变压器是电力系统的重要设备，基本结构 ［如图 5.5.1(c) 所示］与单相变压器相似，闭合的铁芯上共有六个线圈，三个一次绕组，分别记为 U_1U_2、V_1V_2、W_1W_2；另三个为二次绕组，分别记为 u_1u_2、v_1v_2、w_1w_2。U_1U_2、u_1u_2 称为 U_1 相绕组，V_1V_2、v_1v_2 称为 V_1 相绕组，W_1W_2、w_1w_2 称为 W_1 相绕组。$U_1(u_1)$、$V_1(v_1)$、$W_1(w_1)$ 称为首端，其余称为末端。

正确使用变压器，必须首先搞清楚变压器的有关技术数据。

1. 型号

由字母和数字组成，字母表示的意义为：S 表示三相，D 表示单相，K 表示防爆，F 表示风冷等。例如，S9-500/10，S9 表示三相变压器的系列，它是我国统一设计的高效节能变压器，500 表示容量，单位为千伏安（kV·A），10 表示高压侧的电压，单位为千伏（kV）。

2. 阻抗电压（U_d）

变压器的一个绕组短路，另一个绕组输入电压使一、二次绕组的电流分别达到额定值，则该输入电压为阻抗压降，或称为短路电压。

3. 额定电压（U_{1N}、U_{2N}）

变压器铭牌上有两个额定电压，即一次额定电压和二次额定电压。一次额定电压是指一次侧正常工作的电压值，它是根据变压器的绝缘程度和允许的发热条件确定的，使用时，电源的电压必须与一次电压相等。否则，变压器不能正常工作。二次额定电压是指原边加上额定电压后二次侧的空载电压。

4. 额定电流（I_{1N}、I_{2N}）

额定电流是指根据变压器允许的发热条件而规定的电流值，使用时变压器的电流不应超过额定值。

5. 额定容量（S_N）

额定容量表示在额定工作条件下变压器输出功率的保证值，是变压器的视在功率，也是变压器输出最大电功率的能力。单位为 kV·A。忽略损耗，单相变压器的额定容量可表示为

$$S_N = U_{2N} I_{2N} \approx U_{1N} I_{1N} \tag{5.5.1}$$

式中，U_{1N}、U_{2N} 及 I_{1N}、I_{2N} 为一、二次额定线电压、线电流。

三相变压器的额定容量为

$$S_N = \sqrt{3} U_{2N} I_{2N} \approx \sqrt{3} U_{1N} I_{1N} \tag{5.5.2}$$

式中，额定电压和额定电流均为线电压和线电流。

6. 额定频率（f_N）

变压器额定运行时，一次绕组外加电压的频率。我国的标准工频为 50Hz。

5.6　变压器的工作原理

5.6.1　变压器的空载运行

将变压器一次绕组接交流电源，二次绕组开路，这种运行方式称为变压器的空载运行，这时一次绕组通过的电流为空载电流 $\dot{I}_0$，空载电流在一次绕组中产生交变磁势 $N_1 \dot{I}_0$，如图 5.6.1 所示，图中各量的参考方向按照关联方向标定。磁通势产生的磁通绝大部分交链一、二次绕组，称为主磁通 Φ_0，它在一、二次绕组中产生感应电动势 e_1 和 e_2；另一部分磁通只与一次绕组交链，称为漏磁通 $\Phi_{\sigma 1}$，它在一次绕组中产生漏磁电动势 $e_{\sigma 1}$。

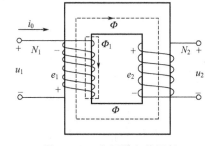

图 5.6.1　变压器空载运行

设主磁通 $\Phi = \Phi_m \sin\omega t$，则

$$e_1 = -N_1 \frac{d\Phi}{dt} = -N_1 \omega \cos\omega t \tag{5.6.1}$$

$$= 2\pi f N_1 \Phi_m \sin(\omega t - 90°) = E_{m1} \sin(\omega t - 90°)$$

式中，$E_{m1} = 2\pi f N_1 \Phi_m$，其有效值为

$$E_1 = \frac{E_{m1}}{\sqrt{2}} = 4.44 f N_1 \Phi_m \tag{5.6.2}$$

同理

$$E_2 = 4.44 f N_2 \Phi_m \qquad (5.6.3)$$

根据基尔霍夫电压定律，对一次绕组的电路可列出方程

$$u_1 + e_1 + e_{\sigma 1} = R_1 i_0 \qquad (5.6.4)$$

其向量表示为

$$\dot{U}_1 + \dot{E}_1 + \dot{E}_{\sigma 1} = R_1 \dot{I}_0 \qquad (5.6.5)$$

由于一次绕组的直流电阻 R_1 及漏感电动式 $\dot{E}_{\sigma 1}$ 很小，可忽略不计，故得

$$\dot{U}_1 \approx -\dot{E}_1 \qquad (5.6.6)$$

所以

$$U_1 = 4.44 f N_1 \Phi_m \qquad (5.6.7)$$

由式可以看出，只要电源电压不变，铁芯中的主磁通最大值 Φ_m 也不变。

对于变压器二次绕组，$I_2 = 0$，开路电压等于二次绕组的电动势

$$\dot{U}_{20} = \dot{E}_2 \qquad (5.6.8)$$

根据式(5.6.3)，有

$$U_{20} = 4.44 f N_2 \Phi_m \qquad (5.6.9)$$

由式(5.6.7)和式(5.6.9)可得

$$\frac{U_1}{U_{20}} = \frac{N_1}{N_2} = k \qquad (5.6.10)$$

式中，$k = \dfrac{N_1}{N_2}$ 为变压器的变比。

例 5.6.1 变压器一次绕组的匝数为 400 匝，电源电压为 5000V，频率为 50Hz，求铁芯中的最大磁通 Φ_m。

解 根据式(5.6.7)得

$$\Phi_m = \frac{U_1}{4.44 f_1 N_1} = \frac{5000}{4.44 \times 50 \times 400} \text{Wb} = 0.565 \text{Wb}$$

5.6.2 变压器的有载运行

变压器一次绕组接在电源上，二次绕组与负载连接时的运行情况，称为变压器的负载运行，如图 5.6.2 所示，图中各量的参考方向为关联方向。

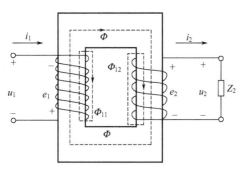

图 5.6.2 变压器的有载运行

在二次绕组接通负载以后，在 e_2 的作用下，二次绕组流过负载电流 i_2，并产生相应的磁动势 $N_2 \dot{I}_2$，产生新的磁通来削弱一次绕组的电流产生的磁通，因此将会影响 e_1，使其有所减小，当电源电压 U_1 和频率 f 不变时，e_1 的减小会导致一次绕组电流 i_1 增加，但最终使主磁通 Φ_m 保持不变 $\left(\Phi_m = \dfrac{U_1}{4.44 f N_1} \right)$，因此可以推得不论空载或有载时 Φ_m 都保持不变，其磁通势平衡方程，即

$$N_1 \dot{I}_1 + N_2 \dot{I}_2 = N_1 \dot{I}_0 \qquad (5.6.11)$$

改写成

$$\dot{I}_1 + \frac{N_2}{N_1}\dot{I}_2 = \dot{I}_0$$

空载时，$\dot{I}_0$ 很小（约为额定电流的 $2\% \sim 10\%$），可忽略不计，则

$$\dot{I}_1 \approx -\frac{N_2}{N_1}\dot{I}_2 \tag{5.6.12}$$

由上式可知，$\dot{I}_1$ 与 $\dot{I}_2$ 的相位相反，说明有去磁作用。它们的数值关系为

$$I_1 = \frac{N_2}{N_1}I_2 = \frac{1}{k}I_2 \tag{5.6.13}$$

即变压器有变换电流作用。

变压器不仅有变换电压和变换电流的作用，还具有变换阻抗的作用。如图 5.6.3(a) 所示，在变压器的二次侧接上负载阻抗 Z，则从一次侧看进去，可用一个阻抗来等效，如图 5.6.3(b) 所示。其等效条件是：电压、电流及功率不变。

$$\frac{U_2}{I_2} = |Z|$$

$$\frac{U_1}{I_1} = |Z'|$$

两式相比，得

$$\frac{|Z'|}{|Z|} = \frac{U_1}{U_2} \times \frac{I_2}{I_1}$$

根据式(5.6.10) 和式(5.6.13) 得

$$|Z'| = k^2|Z| \tag{5.6.14}$$

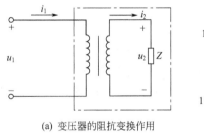 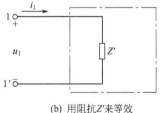

(a) 变压器的阻抗变换作用　　　　　　(b) 用阻抗 Z' 来等效

图 5.6.3　变压器的等效电路

匝数不同，变换后的阻抗不同。在电子电路中常采用改变变压器的匝数比，达到阻抗匹配的目的，这时，负载上可获得最大功率。

例 5.6.2　在图 5.6.4 中，正弦交流电源的端电压 $U = 20\mathrm{V}$，内阻 $R_0 = 180\Omega$，负载阻抗 $R_L = 5\Omega$，(1) 当等效电阻 $R_L' = R_0$ 时，求变压器的匝数比及电源的输出功率；(2) 求负载直接与电源连接时，电源的输出功率。

解　(1) 变压器的匝数比为

$$k = \frac{N_1}{N_2} = \sqrt{\frac{R_L'}{R_L}} = \sqrt{\frac{180}{5}} = 6$$

电源输出功率为

$$P = \left(\frac{U}{R_0 + R_L'}\right)^2 R_L' = \left(\frac{20}{180+180}\right)^2 \times 180\mathrm{W} = 0.55\mathrm{W}$$

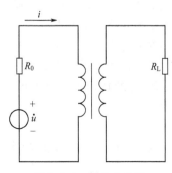

图 5.6.4　例 5.6.2 图

(2) 当负载直接接在电源上时，输出功率为

$$P=\left(\frac{U}{R_0+R_L}\right)^2 R_L=\left(\frac{20}{180+5}\right)^2\times5\,\mathrm{W}=0.058\,\mathrm{W}$$

5.7 变压器的外特性及其损耗

对于负载而言，变压器相当于一个电源。对于电源，所关心的是它的输出电压与负载电流大小的关系，即一般所说的外特性。

5.7.1 变压器的外特性和电压调整率

1. 变压器的外特性

当一次绕组电压 U_1 和负载功率因数 $\cos\varphi_2$ 一定时，二次绕组输出的电压 U_2 随负载电流 I_2 的变化关系，称为变压器的外特性，此关系用曲线 $U_2=f(I_2)$ 来表示，可得变压器的外特性曲线，如图 5.7.1 所示。图中表明，当负载为电阻性和电感性时，U_2 随 I_2 的增加而下降，且感性负载比阻性负载下降更明显；对于容性负载，U_2 随 I_2 的增加而上升。

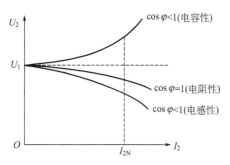

图 5.7.1 变压器的外特性曲线

二次绕组的电压变化程度说明了变压器的性能，此性能用电压调整率来表示。

2. 变压器的电压调整率

一般情况下，当负载波动时，变压器的输出电压也波动。当负载变动时，二次绕组输出电压的变化程度可用电压调整率 $\Delta U\%$ 来描述，即

$$\Delta U\%=\frac{U_{2N}-U_2}{U_{2N}}\times100\% \qquad (5.7.1)$$

式中，U_{2N} 为变压器二次额定电压，即空载电压；U_2 为当负载为额定负载（即二次侧电流为额定电流）时的二次侧输出电压。它是变压器的主要性能指标之一，表征了电网电压的稳定性，在一定程度上反映了供电的质量。电压变化率越小，变压器的稳定性越好。一般电力变压器的电压变化率约为 $4\%\sim6\%$。

5.7.2 变压器的损耗与效率

变压器是应用电磁感应原理，把输入的交流电压升高或降低为同频率的交流电压后输出。在输变电过程中，不可避免地要产生损耗，虽然很少，但还是不能忽略。

变压器内部的损耗包括铁损耗和铜损耗两部分。当变压器铁芯中的磁通交变时，在铁芯中便要产生铁损耗（磁滞损耗和涡流损耗），当电源电压一定时，铁损耗基本上恒定，故也可将铁损耗称为不变损耗，它与负载电流的大小和性质无关。变压器一、二次绕组中电阻上消耗的电能称为铜损耗，铜损耗是可变损耗，它与负载电流和绕组的电阻有关。

铁损耗和铜损耗均要转化为热量，而使变压器温度升高。当变压器二次绕组接负载后，在电压 U_2 的作用下，有电流通过，负载吸收功率。对于单相变压器，负载吸收的有功功率为

$$P_2=U_2 I_2 \cos\varphi_2 \qquad (5.7.2)$$

式中，$\cos\varphi_2$ 为负载的功率因数。这时一次绕组从电源吸收的有功功率为

$$P_1=U_1 I_1 \cos\varphi_1 \qquad (5.7.3)$$

式中，φ_1 是 U_1 与 I_1 的相位差。

变压器从电源得到的有功功率 P_1 不会全部由负载吸收，因为传输过程中有能量损耗，

即铜损耗 ΔP_{Cu} 和铁损耗 ΔP_{Fe}。这些损耗均变为热量，使变压器温度升高。根据能量守恒定律

$$P_1 = P_2 + \Delta P_{Cu} + \Delta P_{Fe} \tag{5.7.4}$$

将变压器输出有功功率与输入有功功率之比称为变压器的效率，它一般用百分数表示，即

$$\eta = \frac{P_2}{P_1} \times 100\% = \frac{P_2}{P_2 + P_{Cu} + P_{Fe}} \times 100\% \tag{5.7.5}$$

变压器的效率很高，对于大容量的变压器，其效率一般可达 $95\% \sim 99\%$。

例 5.7.1　有一台 $50kV \cdot A$，6600/230V 的单相变压器，测得铁损耗 $\Delta P_{Fe} = 500W$，额定负载时铜损耗 $\Delta P_{Cu} = 1486W$，供照明负载用电，满载时二次电压为 220V。求：（1）额定电流 I_{1N}，I_{2N}；（2）电压变化率 $\Delta U\%$；（3）额定负载时的效率 η。

解　（1）根据 $S_N = I_{2N} U_{2N}$ 得

$$I_{2N} = \frac{S_N}{U_{2N}} = \frac{50000}{230} A = 217A$$

$$I_{1N} = \frac{S_N + \Delta P}{U_{1N}} = \frac{S_N + \Delta P_{Fe} + \Delta P_{Ce}}{U_{1N}} = \frac{50000 + 500 + 1486}{6600} A \approx 7.88A$$

（2）根据式（5.7.1）得

$$\Delta U\% = \frac{U_{2N} - U_2}{U_{2N}} \times 100\% = \frac{230 - 220}{230} \times 100\% \approx 4.3\%$$

（3）根据式（5.7.2）得

$$P_2 = I_{2N} U_{2N} \cos\varphi_2 = 217 \times 220W = 47740W$$

根据式（5.7.5）得

$$\eta = \frac{P_2}{P_1} \times 100\% = \frac{P_2}{P_2 + P_{Cu} + P_{Fe}} \times 100\%$$
$$= \frac{47740}{47740 + 1486 + 500} \times 100\% = 96\%$$

5.8　三相变压器

5.8.1　三相变压器的连接组

变压器绕组连接时，必须要明确其同名端。所谓同名端，就是在同一交变磁通 Φ 作用下，两绕组中产生的感应电动势，在任何瞬间，电动势极性都相同的端子，或称同极性端，通常用黑点"·"或星号"＊"来标明同名端。

三相变压器的三相绕组可采用不同的连接方法，使得一、二次绕组中的线电压具有不同的相位差，故可把三相变压器绕组的连接方法分成各种不同的连接组。

三相变压器的连接组用时钟表示法，就是把高压绕组线电压相量看成时钟的分针，低压绕组线电压相量看成时钟的时针，并且规定高压绕组线电压相量永远指向钟面上的"12"，低压绕组线电压相量指向钟面上哪一个数字，该数字则为三相变压器连接组标号中的时钟序数。

三相电力变压器共有 12 种连接组，为了制造和并联运行的方便，国家标准规定：对于三相电力变压器只生产 Y/Y0-12、Y/D-11、Y0/D-11、Y0/Y-12 以及 Y/Y-12 共五种连接组（Y—星形、D—三角形、0 有中性线）。

下面介绍常用的 Y/Y0-12 和 Y/D-11 两种连接组。

1. Y/Y0-12 连接组

这种连接组的低压绕组可引出中性线，成为三相四线制，用作配电变压器时兼供动力和照明负载。一、二次绕组都是星形连接，它们的中性点分别由末端连接而成，如图 5.8.1 所示。$\dot{U}_{U}$ 与 $\dot{U}_{u}$、$\dot{U}_{V}$ 与 $\dot{U}_{v}$、$\dot{U}_{W}$ 与 $\dot{U}_{w}$ 分别同相位，所以 $\dot{U}_{UV}$ 相量作为时钟的长针与 $\dot{U}_{uv}$ 相量作为时钟的短针同相位，即长针指向 12 时，短针也指向 12，因此表示为 Y/Y0-12。

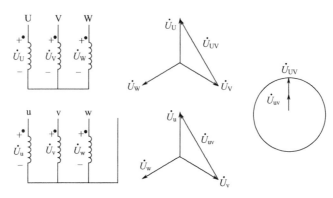

图 5.8.1　Y/Y$_0$-12 连接组

三相变压器的变比是一、二次线电压之比，因此，当绕组为 Y/Y0 连接时，其变比为

$$k=\frac{U_{1N}}{U_{2N}}=\frac{\sqrt{3}U_{1NP}}{\sqrt{3}U_{2NP}}=\frac{N_1}{N_2} \tag{5.8.1}$$

式中，U_{1NP}、U_{2NP} 分别是一、二次绕组的相电压。

2. Y/D-11 连接组

这种连接组的接法用于三相三线制二次绕组电压超过 400V 的电路，这时有一边接成 D 形，对运行有利。如图 5.8.2 所示，高压绕组三个末端连接在一起，为 Y 形连接，低压绕组的 u_1 接 v_2、v_1 接 w_2、w_1 接 u_2，为 D 形连接。由于 $\dot{U}_{UV}=\dot{U}_{U}-\dot{U}_{V}$ 滞后于 $-\dot{U}_{V}30°$，而 $\dot{U}_{uv}=-\dot{U}_{v}$ 与 $-\dot{U}_{V}$ 同相位，则它的相位比 $\dot{U}_{UV}$ 超前 30°，所以长针指向 12 时，$\dot{U}_{uv}$ 短针指向 11，所以用 Y/D-11 表示。这种连接组别的变压器常作为降压输电变压器使用，其变比为

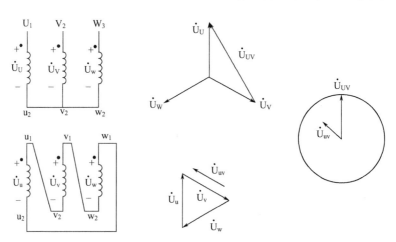

图 5.8.2　Y/D-11 连接组

$$k=\frac{U_{1N}}{U_{2N}}=\frac{\sqrt{3}U_{1NP}}{U_{2NP}}=\sqrt{3}\frac{N_1}{N_2} \tag{5.8.2}$$

5.8.2　变压器的并联运行

变压器并联运行，在国民经济建设中有着重要的意义：保证了供电的可靠性，当某台变压器发生故障后需要检修时可以将它进行解列，即切断电源停止运行，将备用的变压器并列，参加运行，以便连续供电，保证供电质量；能提高运行的经济性，根据负载在较长时间内的周期变化，调整并联运行变压器的台数，使变压器负载系数 β 对应效率 η 的最大值；可减少初期的投资等。

为了达到变压器的安全可靠并联运行，必须满足额定电压相等（即变比相等），相序必须一致，短路压降（阻抗压降）必须相等，连接组别必须相同等条件。否则，变压器容量不能充分发挥，甚至不能投入并联运行，严重时将会使变压器烧毁。

5.9　特殊用途的变压器

随着工业的不断发展，相应地出现了适用于各种用途的特种变压器，本节就几种常用的特种变压器进行讲述。

5.9.1　仪用互感器

仪用互感器是配合测量仪表专用的小型变压器，使用互感器可以扩大仪表的测量范围，使仪表与高压、大电流隔开，保证仪表安全使用。根据用途不同，仪用互感器分为电压互感器和电流互感器两种。

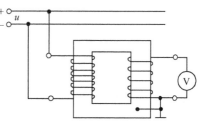

图 5.9.1　电压互感器

1. 电压互感器

电压互感器是一台一次绕组匝数较多而二次绕组匝数较少的小型降压变压器。一次侧与被测电压的负载并联，而二次侧与电压表相接，其额定电压为 100V，如图 5.9.1 所示。电压互感器一次与二次电压关系为

$$U_1=kU_2$$

式中，$k=\frac{N_1}{N_2}$，可知高压侧的电压为电压表读出 U_2 再乘以匝数比。

使用电压互感器，正常运行时二次绕组不允许短路，否则会产生很大的短路电流而烧坏互感器，为此，电压互感器的一、二次绕组都要装设熔断器。同时为了保证人身和设备安全，二次侧必须可靠接地，以免一次侧高压窜入二次回路，引起触电及损坏设备。

2. 电流互感器

电流互感器是一台一次绕组匝数很少而二次绕组匝数很多的小型变压器。其一次侧与被测电压的负载串联，二次侧与电流表相接，如图 5.9.2 所示。电流互感器一、二次电流关系为

$$I_1=\frac{N_2}{N_1}I_2$$

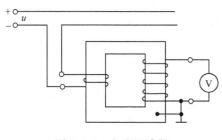

图 5.9.2　电流互感器

电流互感器二次额定电流一般为 5A、3A、1.5A 或 1A。

使用电流互感器时应注意：二次绕组不能开路，否则会产生高压危险，而且会使铁芯温度升高，严重时烧毁互感器；同时要求二次绕组一端与铁芯共同接地。

3. 电压-电流组合互感器

电压-电流组合互感器能将高压线路中的高压和大电流变成低压及小电流，并可直接连接测量仪表和继电器等进行测量和控制，适合农村户外变电所和高压线路上作计量用。此型互感器为三相油浸式，使用 25 号变压器油，箱盖上设有注油塞，并有防护盖。其内部结构原理是由单相电压互感器和单相电流互感器组合而成的三相电流互感器，采用 Y/Y-12 接线方式。

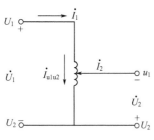

图 5.9.3 自耦变压器原理图

5.9.2 自耦变压器

自耦变压器的结构特点是：二次绕组是一次绕组的一部分，而且一、二次绕组不仅有磁的耦合，还有电的联系，上述变压、变流和变阻抗关系都适用于它。如图 5.9.3 所示，有

$$k_A = \frac{U_1}{U_2} = \frac{N_1}{N_2} = \frac{I_2}{I_1}$$

式中，U_1、I_1 为一次绕组的电压和电流；U_2、I_2 为二次绕组的电压和电流；k_A 为自耦变压器的变比。

实验室中常用的调压器就是一种可改变二次绕组匝数的特殊自耦变压器，它可以均匀地改变输出电压。除了单相自耦调压器之外，还有三相自耦调压器。

使用自耦调压器时应注意：输入端应接交流电源，输出端接负载，不能接错，否则，将使变压器烧坏；使用完毕后，手柄应退回零位。

5.9.3 电焊变压器

电焊变压器的工作原理与普通变压器相同，但它们的性能却有很大差别。电焊变压器的一、二次绕组分别装在两个铁芯柱上，两个绕组漏抗都很大。电焊变压器与可变电抗器组成交流电焊机，如图 5.9.4 所示。电焊机具有如图 5.9.5 所示的陡降外特性，空载时，$I_2 = 0$，I_1 很小，漏磁通也很小，可变电抗器无压降，有足够的电弧点火电压，其值约为 $60 \sim 80V$；焊接开始时，交流电焊机输出端被短路，但由于漏磁抗和可变电抗器的感抗作用，短路电流虽然较大但并不会剧烈增大。

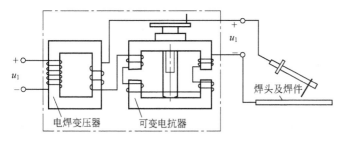

图 5.9.4 电焊变压器

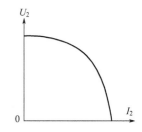

图 5.9.5 电焊变压器的外特性

焊接时，焊条与焊件之间的电弧相当于一个电阻，电阻上的压降约 30V。当焊件与焊条之间的距离发生变化时，相当于电阻的阻值发生了变化，但由于电路的电抗比电弧的电阻值

大很多，所以焊接时电流变化不明显，保证了电弧的稳定燃烧。

5.9.4　脉冲变压器

　　脉冲数字技术已广泛应用于计算机、雷达、电视、数字显示仪器和自动控制等许多领域。在脉冲电路中常利用变压器进行电路之间的耦合、放大和阻抗变换等。此种变压器称为脉冲变压器，如图5.9.6所示为一个脉冲变压器的原理图。

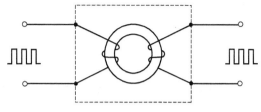

图 5.9.6　脉冲变压器原理图

　　对于脉冲变压器的要求是输出电压和电流的脉冲波形畸变最小。为此应尽量增加励磁电感，减小漏磁电感，所以它的线圈匝数很少，铁芯作为高频下导磁率较高的坡莫合金的磁心。

小　　结

　　磁路由导磁性能良好的铁磁材料构成。铁磁材料具有高导磁性、磁饱和性及磁滞性等特点。按其磁滞形状不同可分为软磁材料、硬磁材料和矩磁材料三类。

　　变压器是利用电磁感应原理制成的一种静止的电气设备，由铁芯和绕组组成。其基本作用是改变交流电压、电流和阻抗的大小。分别用式 $\dfrac{U_1}{U_2} \approx \dfrac{E_1}{E_2} = \dfrac{N_1}{N_2} = k$、$\dfrac{I_1}{I_2} \approx \dfrac{N_2}{N_1} = \dfrac{1}{k}$ 和 $Z' = k^2 Z$ 来分析和计算。

　　变压器的电压变化率一定程度上反映了其供电的质量，表征了电网电压的稳定性，是变压器的主要性能指标之一。

　　变压器在使用中有时需要把绕组串联以增大电流，但只有额定电流相同的绕组才能串联，额定电压相同的绕组才能并联。

　　自耦变压器一次、二次侧之间有直接的电联系，使用时应小心。一次侧、二次侧不可接错，否则很容易造成电源被短路或烧坏变压器。如将接地端误接到相线时，有触电的危险。电流互感器的二次侧不可以开路，电压互感器的二次侧不可以短路。

思　考　题

　　5-1　分别举例说明剩磁和涡流的有利一面和有害一面。

　　5-2　如果线圈的铁芯由彼此绝缘的钢片在垂直磁场方向叠成，是否也可以？

　　5-3　铁芯线圈中通过直流，是否有铁损？

　　5-4　在电压相等（交流电压指有效值）的情况下，如果把一个直流电磁铁接到交流上使用，或者把一个交流电磁铁接到直流上使用，将会发生什么后果？

　　5-5　变压器的结构主要由哪几部分组成？它们各起什么作用？

　　5-6　变压器按用途可分为哪几类？按冷却方式分为哪几类？

　　5-7　什么是变压器的变比？

　　5-8　变压器有哪些作用？具体说明变压器的阻抗变换作用。

　　5-9　什么是变压器的外特性和电压调整率？

　　5-10　如果变压器一次绕组的匝数增加一倍，而所加电压不变，试问励磁电流将有何变化？

　　5-11　变压器铭牌上标出的额定容量是"千伏安"，而不是"千瓦"，为什么？额定容量是指什么？

5-12 变压器并行运行必须满足何种规则？

5-13 使用电压互感器、电流互感器时，有哪些注意事项？

5-14 自耦变压器用毕后为什么必须转到零位？

习　题

5-1 有一个交流铁芯线圈，接在 $f=50\mathrm{Hz}$ 的正弦交流电源上，在铁芯中得到磁通的最大值为 $\Phi_{\mathrm{m}}=2.25\times10^{-3}\mathrm{Wb}$。现在在铁芯上再绕一个线圈，其匝数为 200 匝。当此线圈开路时，求其两端电压。

5-2 将一个铁芯线圈接于电压 $U=100\mathrm{V}$，频率 $f=50\mathrm{Hz}$ 的正弦电源上，其电流 $I_1=5\mathrm{A}$，$\cos\varphi_1=0.7$。若将此铁芯线圈中的铁芯抽出，再接于上述电源上，则线圈中的电流 $I_1=10\mathrm{A}$，$\cos\varphi_1=0.05$。试求此线圈在具有铁芯时的铜损和铁损。

5-3 有一线圈，其匝数为 1000 匝，绕在由铸铁制成的闭合铁芯上，铁芯的截面积 $A_{\mathrm{Fe}}=20\mathrm{cm}^2$，铁芯的平均长度 $l_{\mathrm{Fe}}=50\mathrm{cm}$。如要在铁芯中产生磁通 $\Phi=0.002\mathrm{Wb}$，试问线圈中应通入多大的直流电流？

5-4 有一台单相照明变压器，容量为 10kV，电压为 3300/220V。欲在二次侧接上 60W、220V 的白炽灯，若要变压器在额定负载下运行，这种电灯可接多少个？并求一、二次电流。

5-5 在题 5-5 图中的输出变压器的二次绕组由中间抽头，以便接 8Ω 或 3.5Ω 的扬声器，两者都能达到阻抗匹配，试求二次绕组两部分匝数比 N_2/N_3。

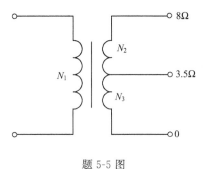

题 5-5 图

第 6 章

三相异步电动机

三相异步电动机是交流电动机的一种，又称感应电动机，它是实现能量转换的电磁装置。它具有结构简单、制造容易、坚固耐用、维修方便、成本较低、价格便宜等一系列优点，因此被广泛应用于工业、农业、国防、航天、科研、建筑、交通以及人们的日常生活当中。但它的功率因数较低，在应用上受到了一定的限制。

本章主要介绍三相交流异步电动机基本构造、转动原理、运行特性以及启动、调速、制动的方法和常见的故障及处理方法。

6.1 三相异步电动机的结构和铭牌

6.1.1 三相异步电动机的结构

电动机都是由固定不动的定子和可以转动的转子两个基本部分组成，定、转子之间有空气隙。如图 6.1.1 所示是三相交流笼型异步电动机的结构图。

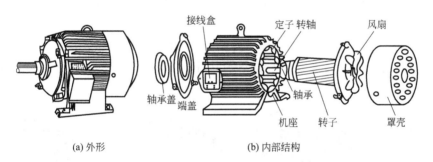

(a) 外形　　　　　　　　　　　(b) 内部结构

图 6.1.1 三相交流笼型异步电动机的结构

1. 定子

异步电动机的定子由定子铁芯、定子绕组以及机座、端盖、轴承等组成。

（1）定子铁芯　定子铁芯是电动机磁路的一部分，由于异步电动机的磁场是旋转的，铁芯中每一点都处于反复磁化状态，为了减少磁场在铁芯中引起的涡流损耗和磁滞损耗，硅钢片的厚度一般在 0.35～0.5mm 之间，铁芯是采用硅钢片叠装压紧而成的，如图 6.1.2 所示。

（2）定子绕组　定子铁芯内圆周上均匀分布一定形状的槽，槽内嵌放有绝缘铜（或铝）导线绕成三相绕组 U_1U_2、V_1V_2、W_1W_2，称为定子绕组。异步电动机定子绕组是 3 个匝数、形状和尺寸都相等，而轴线在空间互差

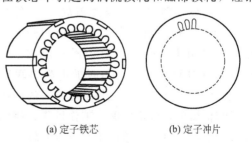

(a) 定子铁芯　　　　　　(b) 定子冲片

图 6.1.2 定子铁芯及冲片示意图

120°电角度的对称绕组。如图 6.1.3 所示，U_1、U_2是第一相绕组的首末端；V_1、V_2是第二相绕组的首末端；W_1、W_2是第三相绕组的首末端。

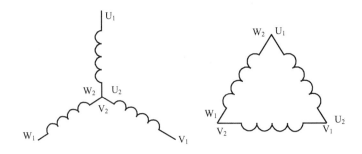

图 6.1.3　定子绕组星形连接和三角形连接

（3）机座和端盖　定子铁芯固定在机座内，机座起着固定定子铁芯的作用，基座应该有足够的强度和刚度，以承受加工、运输及运行中的各种作用力，同时还要满足同等散热的需要，机座还作为主磁路的组成部分。电动机的端盖装在机座两端，它起着保护电动机铁芯和绕组等部分的作用，在中小型电动机中它还与轴承一起支撑转子。

2. 转子

异步电动机的转子主要由转子铁芯、转子绕组和轴承组成。

转子铁芯呈圆筒形，是主磁路的一部分，它也是用相互绝缘的硅钢片叠成。在转子铁芯的外圆上均匀分布着嵌放线圈或导条的槽，槽内嵌放转子绕组。转子绕组的形式有两种：一种是笼型绕组；另一种是绕线型绕组。

（1）笼型转子　在转子铁芯的槽中，穿一根根未包绝缘的铜条，在铁芯两端的槽的出口处用短路铜环把它们连接起来，这个铜环称为端环。绕组形状像一个笼子，故称为笼型转子，如图 6.1.4 所示。

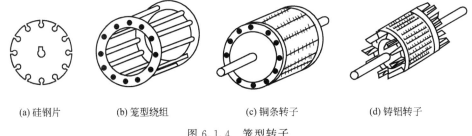

(a) 硅钢片　　　(b) 笼型绕组　　　　(c) 铜条转子　　　　(d) 铸铝转子

图 6.1.4　笼型转子

（2）绕线型转子　绕线型转子（图 6.1.5）是用绝缘导线做线圈，嵌入转子槽中，再连接成三相绕组，一般都连成星形，转子的一端装有三个滑环，称集电环。三相绕组的首端引出线分别与三个滑环相接。每个滑环上各有一个电刷，通过电刷将转子绕组与外部电路相连（如与附加电阻串联），以改善启动性能或调节电动机的转速。笼型与绕线型转子异步电动机只是在定子的构造上不同，它们的工作原理是一样的。笼型电动机由于结构简单，价格低廉，工作可靠，使用方便，成为生产上应用最广泛的一种电动机。绕线型转子异步电动机是用于要求具有较大启动转矩及一定调速范围的场合，如起重设备和大型立式车床等。

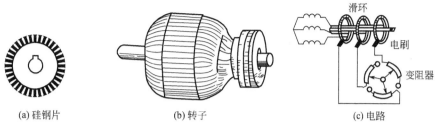

(a) 硅钢片　　　　　　　　(b) 转子　　　　　　　　(c) 电路

图 6.1.5　绕线型转子

6.1.2　三相异步电动机的铭牌

每台电动机的机座上都钉有一块铭牌，如图 6.1.6 所示，上面标出该电动机型号、额定值和额定运行情况下的有关数据。

三相异步电动机				
型　号　Y90S-4B	编　号	——	Δ	Y
额定功率　1.1kW	额定电流	2.7A	Z_1　X_1　Y_1	Z_1　X_1　Y_1
额定电压　380V	额定转速	1400r/min		
防护等级　IP44	L_W	61 dB(A)		
工作方式　S_1　绝缘等级　B	额定频率　50Hz		A_1　B_1　C_1	A_1　B_1　C_1
接　法　Y	重　量　21kg			
ZBK22007-88	生产日期			
×××电机厂				

图 6.1.6　三相异步电动机铭牌

按铭牌上所规定的额定值和工作条件下运行称为额定运行。了解铭牌上数据的意义，才能正确选择、使用和维修电动机，下面就来讲述三相异步电动机铭牌的含义。

1. 型号

为适应不同用途和不同工作环境的需要，电动机制成不同系列，每种系列用各种型号表示。型号主要包括产品代号和规格代号两部分，说明如下：

（笼型）三相异步电动机（YR 绕线型）　　　磁极数（极对数 = 2）

相座中心高(160mm)　　　　机座长度代号(L：长；M：中；S：短)

部分国产异步电动机产品代号及其汉字见表 6.1.1。

表 6.1.1　部分国产异步电动机产品代号及其汉字

产品名称	新代号	汉字意义	老代号
异步电动机	Y	异	J、JO
绕线式异步电动机	YR	异绕	JR、JRO
防爆型异步电动机	YB	异爆	JB、JBO
高启动转矩异步电动机	YQ	异起	JQ、JQO
多速异步电动机	YD	异多	JD、JDQ

2. 额定功率

指在满载运行时三相电动机轴上所输出的额定机械功率，用 P_N 表示，单位为千瓦（kW）或瓦（W）。三相异步电动机的额定功率

$$P_N = \sqrt{3} U_N I_N \eta_N \cos \varphi_N \tag{6.1.1}$$

式中　$\cos\varphi_N$——额定功率因数；

　　　η_N——额定效率。

3. 额定电压

指在额定运行状态下运行时，接到电动机定子绕组上的线电压，用 U_N 表示，单位为伏［特］（V）。三相电动机要求所接的电源电压值的变动一般不应超过额定电压的 $\pm 5\%$。电压过高，电动机容易烧毁；电压过低，电动机难以启动，即使启动后电动机也可能带不动负载，容易烧坏。

4. 额定电流

指三相电动机在额定情况下运行时，流入定子绕组的线电流，用 I_N 表示，单位为安［培］（A）。若超过额定电流过载运行，三相电动机就会过热乃至烧毁。

5. 额定频率

指在额定情况下运行时，电动机定子侧所接的交流电的频率，用 f_N 表示。我国规定标准电源频率为 50Hz。

6. 额定转速

指三相电动机在额定工作情况下运行时每分钟的转速，用 n_N 表示，一般是略小于对应的同步转速 n_1。如 $n_1 = 1500r/min$，则 $n_N = 1440r/min$。

7. 绝缘等级

指三相电动机所采用的绝缘材料的耐热能力，它表明三相电动机允许的最高工作温度，分为 A、E、B、F、H、C 几个等级，见表 6.1.2。

表 6.1.2　三相电动机的绝缘等级

绝缘等级	A	E	B	F	H	C
最高允许温度/℃	105	120	130	155	180	＞180

8. 接法

三相电动机定子绕组的连接方法有星形（Y）和三角形（△）两种，如图 6.1.7 所示。定子绕组的连接只能按规定方法连接，不能任意改变接法，否则会损坏三相电动机。

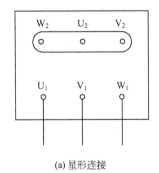
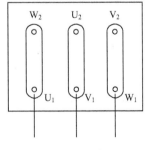

(a) 星形连接　　　　　　　　(b) 三角形连接

图 6.1.7　定子绕组的连接

6.2　三相异步电动机的工作原理

6.2.1　异步电动机的基本原理

如图 6.2.1 所示，一个装有手柄的蹄形磁铁，在它的两极间放着一个可以自由转动的，由许多铜条组成的导体。铜条两端分别用金属环短接，与笼型相似，称为鼠笼转子，蹄形磁铁和鼠笼转子之间没有摩擦力和机械连动关系，二者均可各自独立自由转动或保持静止。

当摇动手柄使蹄形磁铁顺时针方向旋转时，磁场的磁感线就切割鼠笼转子上的铜条，相当于转子铜条逆时针方向切割磁感线，闭合的铜条中就会产生感生电流，其方向可用右手定则判定，如图 6.2.2 所示。由于感生电流处在蹄形磁铁的磁场中，因此铜条要受到磁场力 F 的作用而使转子转动，磁场力 F 的方向可根据左手定则判定，从判定的结果可知转子转动方向与蹄形磁铁旋转方向一致。手柄摇得快，转子转得也快；手柄摇得慢，转子转得也慢。同理，让蹄形磁铁逆时针方向旋转时，转子也随之按逆时针方向旋转。因为这种电动机转子导体中的电流是靠电磁感应产生的，所以这种电动机又称感应电动机。

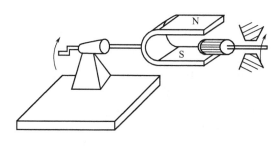

图 6.2.1　旋转磁场拖动笼型转子模型　　　　图 6.2.2　异步电动机电磁作用原理

6.2.2　旋转磁场

在上述演示过程中，是由蹄形磁铁旋转产生的旋转磁场使鼠笼转子转动的，而在实际的异步电动机中，并没有永久磁铁旋转，其旋转磁场是如何产生的呢？以下讨论三相异步电动机定子绕组产生旋转磁场的具体过程。

1. 旋转磁场的产生

如图 6.2.3 所示，三相异步电动机定子铁芯中放有三相对称绕组 $U_1 U_2$、$V_1 V_2$、$W_1 W_2$，它们在空间互差 120°电角度。若将三相绕组连接成 Y 形后接在三相电源上，则绕组中便有三相对称电流流过，电流波形如图 6.2.4 所示。若 U 相初相位为 0，则三相电流的函数式分别为：

$$i_U = I_m \sin\omega t$$
$$i_V = I_m \sin(\omega t - 120°)$$
$$i_W = I_m \sin(\omega t - 240°)$$

通电后导体周围是存在着磁场的。由于三相电流随时间的变化是连续的，且极为迅速，为了考察三相对称电流通入定子绕组后产生的合成磁效应，选 $\omega t = 0°$，120°，240°，360° 几个特定瞬间分析。规定电流的参考方向是从绕组首端流向末端，在波形的正半周其值为正，即电流实际方向与参考方向一致，是从绕组首端流入末端流出；在负半周时其值为负，电流实际方向是从绕组末端流入首端流出。

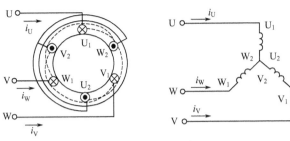

图 6.2.3　三相定子绕组

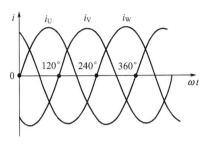

图 6.2.4　三相定子电流波形

当 $\omega t = 0°$ 瞬间，$i_U = 0$，$i_V = -\sqrt{3}I_m/2$，$i_W = \sqrt{3}I_m/2$，将各相电流方向表示在线圈剖面图上。U 相电流为 0，此时无电流通过；V 相为负值，电流从末端 V_2 流入，首端 V_1 流出；W 相为正值；电流从首端 W_1 流入，末端 W_2 流出。三相绕组里电流所产生的合成磁场方向根据右手螺旋定则确定。从整个磁感应线图看就是一对磁极所产生的磁场效果，S 极在上，N 极在下，如图 6.2.5(a) 所示。

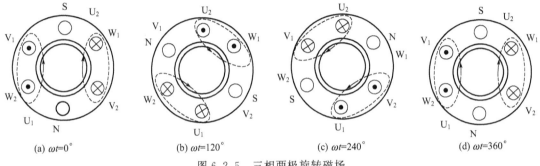

(a) $\omega t = 0°$　　　(b) $\omega t = 120°$　　　(c) $\omega t = 240°$　　　(d) $\omega t = 360°$

图 6.2.5　三相两极旋转磁场

用同样的方法可绘出 $\omega t = 120°$，$240°$，$360°$ 等瞬间的电流方向和其产生的磁感应线的分布情况，分别如图 6.2.5(b)、(c)、(d) 所示。可见，对称三相电流通入对称三相绕组后所建立的合成磁场，不是静止不动的，也不是方向交变的，而是犹如一对磁极旋转产生的磁场，即旋转磁场。

2. 旋转磁场的转向

由图 6.2.4 可得，三相定子电流出现最大值的顺序为 U→V→W→U。当三相电流按相序 U→V→W→U 变化时，分析可知，旋转磁场也按此顺序转动，如图 6.2.5 所示。可见旋转磁场的转向决定于输入绕组三相电流的相序，若改变旋转磁场的转向，只要改变定子三相绕组中电流的相序即可。试自行分析旋转磁场反向转动原理，如图 6.2.6 所示。

3. 旋转磁场的极数和转速

以上得到的旋转磁场是一对磁极，即对数是 1，由前面分析可知，当定子电流从 $\omega t = 0$ 到 $\omega t = 2\pi$ 交变一次（一个周期），磁场在空间也恰好旋转一周。若电流每秒交变 f_1 次，那么两极旋转磁场转速为 $n_0 = f_1 (\text{r/s}) = 60 f_1 (\text{r/min})$。

如果每相都有两个线圈串联组成，每组线圈在空间相隔 60° 排列，如图 6.2.7 所示。采用与前面相同的分析方法，可得到如图 6.2.8 所示的四极旋转磁场，即 $p = 2$。不过，当电流变化一次，磁场仅转过 1/2 转，转速

$$n_0 = \frac{60 f_1}{2} (\text{r/min})$$

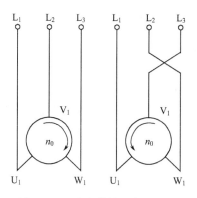

图 6.2.6　改变旋转磁场的转向

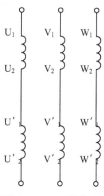

图 6.2.7　三相绕组

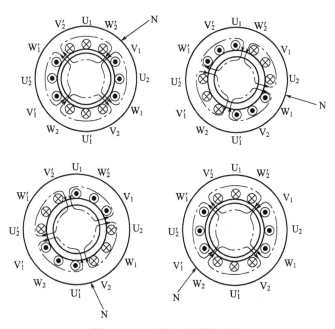

图 6.2.8　三相四极旋转磁场

由此可推知，当旋转磁场具有 p 对磁极时，磁场的转速为

$$n_0 = \frac{60 f_1}{p}$$

可见旋转磁场的转速 n_0 决定于通入定子电流的频率 f_1 和磁场的极对数 p。旋转磁场的转速 n_0 称为同步转速。对已制成的电动机来说 p 是固定的。当供电电流频率为工频 50Hz，不同极对数时旋转磁场的同步转速如表 6.2.1 所示。

表 6.2.1　不同极对数时旋转磁场的同步转速

磁极对数 p	1	2	3	4	5	6
$n_0/(\text{r/min})$	3000	1500	1000	750	600	500

6.2.3　转子的转动原理

1. 电磁转矩的产生

如图 6.2.9 所示，当电动机的定子绕组通以三相交流电时，便在气隙中产生一对旋转磁场。当旋转磁场以 n_0 的速度顺时针旋转时切割转子导条，导条中就产生感应电动势和感应电流。这相当于磁场不动，转子导条逆时针方向切割磁感应线。感应电动势的方向可根据右手定则判断（假定磁场不动，导体以相反的方向切割磁力线）。由于转子电路为闭合电路，在感应电动势的作用下，产生了感应电流。由于载流导体在磁场中要受到力的作用，因此，可以用左手定则确定转子导体所受电磁力的方向。这些电磁力对转轴形成一电磁转矩，其作用方向同旋转磁场的旋转方向一致。这样，转子便以一定的速度沿旋转磁场的旋转方向转动起来。可见，异步电动机转子转动方向与旋转磁场的旋转方向相同。

2. 转差率

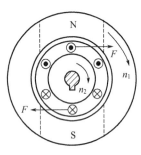

图 6.2.9 转子的转动原理

转子的转动方向虽然与旋转磁场的转动方向相同，但转子转速 n 不可能达到旋转磁场的同步转速 n_0，因为如果两者相等，则转子与旋转磁场之间就不存在相对运动，因而转子导体就不能切割磁感线，转子上也就不再产生感生电流及电磁转矩，可见，转子的转速与旋转磁场的同步转速之间必须存在差值而不能同步，这也正是异步电动机名称的由来。

异步电动机的转子转速 n 低于同步转速 n_0，两者的差值 (n_0-n) 称为转差。转差就是转子与旋转磁场之间的相对转速。

转差率就是相对转速（即转差）与同步转速之比，用 s 表示，即

$$s=\frac{n_0-n}{n_0} \tag{6.2.1}$$

则转子转速亦可由转差率求得

$$n=(1-s)n_0 \tag{6.2.2}$$

转差率是分析异步电动机运转特性的一个重要参数。在电动机启动瞬间，$n=0$，$s=1$；当电动机转速达到同步转速（为理想空载转速，电动机实际运行中不可能达到）时，$n=n_0$，$s=0$。由此可见，异步电动机在运行状态下，转差率的范围为 $0<s\leqslant 1$；在额定状态下运行时，转差率通常在 $0.02\sim 0.09$ 的范围内。

例 6.2.1 一台三相异步电动机，其额定转速 $n_N=735\text{r/min}$，电源频率 $f_1=50\text{Hz}$。试求电动机的极对数 p 和额定负载下的转差率 s_N。

解 根据异步电动机转子转速与旋转磁场同步转速的关系可知：

$n_0=750\text{r/min}$，即 $p=4$

转差率为 $\qquad s_N=\dfrac{n_0-n_N}{n_0}=\dfrac{750-735}{750}=0.02$

6.2.4 三相异步电动机的电路分析

从电磁关系来看，异步电动机和变压器相似，定子绕组相当于变压器的一次绕组，从电源吸取电流和功率；转子绕组（一般是短路的）相当于二次绕组，通过电磁感应产生电动势和电流。当转子电流增加时，根据磁动势平衡关系，定子电流也会相应增加。与变压器不同的是，异步电动机的转子在电磁转矩的作用下是旋转的。旋转磁场与定、转子绕组的相对速度不同，因此三相异步电动机电路分析会复杂一些。如图 6.2.10 所示，取一相定子、转子绕组

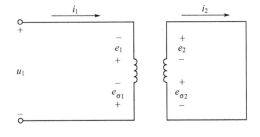

图 6.2.10 三相异步电动机的每相电路

来分析。

1. 定子电路

定子每相绕组的电动势平衡方程为

$$u_1 = (-e_1) + (-e_{\sigma 1}) + R_1 i_1 \qquad (6.2.3)$$

式中　e_1——定子每相绕组的感应电动势。

三相异步电动机的旋转磁场在气隙空间近似呈正弦分布，并以同步转速 n_0 旋转。由电磁感应定律可推出在定子绕组中感应电动势 e_1 的有效值为

$$E_1 = 4.44 f_1 K_1 N_1 \Phi \qquad (6.2.4)$$

式中　Φ——异步电动机每极磁通；

　K_1——定子绕组的绕组系数，与定子绕组（分布、短距）结构相关，一般 K_1 略小于 1；

　N_1——定子绕组一条支路串联总匝数；

　f_1——定子电动势 e_1 的频率。

因为旋转磁场切割定子绕组的转速为 n_0，所以 e_1 的频率

$$f_1 = \frac{p n_0}{60} \qquad (6.2.5)$$

即与电源或定子电流的频率相等。

和变压器一次绕组电路一样，定子绕组的电阻压降 $R_1 i_1$ 和漏磁电动势 $e_{\sigma 1}$ 也可以忽略不计。于是得出

$$u_1 \approx -e_1, \dot{U} \approx -\dot{E}_1$$

和
$$U_1 \approx E_1 = 4.44 f_1 K_1 N_1 \Phi \qquad (6.2.6)$$

即当忽略定子绕组的电阻及漏磁通影响时，定子每相绕组的感应电动势与外加电压相平衡。异步电动机三相定子绕组接通电源后，每极磁通

$$\Phi = \frac{E_1}{4.44 f_1 K_1 N_1} \approx \frac{U_1}{4.44 f_1 K_1 N_1} \qquad (6.2.7)$$

可见影响旋转磁场每极磁通 Φ 大小的因素有两种：一种是电源因素，电压 U_1 和频率 f_1；另一种是结构因素，K_1 和 N_1。

2. 转子电路

由于转子是转动的，转子电路的各个物理量都与电动机转速有直接关系。

（1）转子电动势 e_2 及其频率 f_2　与定子绕组的形式类似，旋转磁场切割转子绕组时，在转子绕组中的感应电动势有效值为

$$E_2 = 4.44 f_2 K_2 N_2 \Phi \qquad (6.2.8)$$

式中　f_2——转子电动势的频率。

当转子以转速 n 旋转时，旋转磁场与转子绕组的相对速度为 $n_0 - n$，所以转子电动势的频率为

$$f_2 = \frac{p(n_0 - n)}{60} \qquad (6.2.9)$$

上式也可以写成

$$f_2 = \frac{p n_0}{60} \times \frac{n_0 - n}{n_0} = \frac{p n_0}{60} s = f_1 s \qquad (6.2.10)$$

可见转子电动势的频率 f_2 与转差率 s 有关，也就是与转速 n 有关。

当转子静止时（例如电动机接通电源而尚未运动，即启动瞬间），$n=0$，$s=1$。与定子绕组相同，磁场与转子绕组的相对速度为 n_0，则转子绕组感应电动势的有效值为

$$E_{20}=4.44f_2K_2N_2\Phi=4.44sf_1K_2N_2\Phi=4.44f_1K_2N_2\Phi \qquad (6.2.11)$$

可见静止时转子电动势 E_{20} 的频率与定子电动势 E_1 频率相同，即 $f_1=f_2$。

进一步推导

$$E_2=4.44f_2K_2N_2\Phi=4.44sf_1K_2N_2\Phi=s4.44f_1K_2N_2\Phi=sE_{20} \qquad (6.2.12)$$

得出三相异步电动机旋转时，转子的感应电动势 E_2 和频率 f_2 都与转差率成正比。

（2）转子漏电动势 $e_{\sigma2}$ 及转子感抗 X_2　与定子电流一样转子电流也会产生一定的仅与转子绕组相交链的漏磁通 $\Phi_{\sigma2}$，并在转子绕组中感应转子漏电动势。漏磁通的磁路一般无饱和现象，是线性的，线圈的自感磁链与通过线圈的电流成正比，即 $\Phi=Li$；并且它不参与机电能量转换，只在线路中产生压降。于是根据楞次定律 $e=-\dfrac{d\Phi}{dt}$，转子漏电动势为

$$e_{\sigma2}=-L_{\sigma2}\frac{di_2}{dt} \qquad (6.2.13)$$

式中　$L_{\sigma2}$——转子漏电感系数。

用向量表示为

$$\dot{E}_{\sigma2}=-jX_2\dot{I}_2 \qquad (6.2.14)$$

式中　X_2——转子每相绕组的漏磁感抗，它表征了转子漏磁通对电路的电磁效应。

转子每相绕组的电动势平衡方程为

$$e_2=(-e_{\sigma2})+R_2i_2=L_{\sigma2}\frac{di_2}{dt}+R_2i_2 \qquad (6.2.15)$$

用向量表示为

$$\dot{E}_2=-\dot{E}_{\sigma2}+R_2i_2=R_2\dot{I}_2+jX_2\dot{I}_2=(R_2+jX_2)\dot{I}_2 \qquad (6.2.16)$$

式中　R_2——转子每相绕组的电阻。

进一步分析

$$X_2=\omega_2L_{\sigma2}=2\pi f_2L_{\sigma2}=s2\pi f_1L_{\sigma2}=sX_{20} \qquad (6.2.17)$$

当时 $n=0$，$s=1$，转子感抗为

$$X_2=X_{20}=2\pi f_1L_{\sigma2} \qquad (6.2.18)$$

可见转子感抗 X_2 也与转差率 s 成正比。

（3）转子电流和转子功率因数　由转子电动势平衡方程（6.2.16）可得转子电路的阻抗为

$$Z_2=R_2+jX_2=R_2+jsX_{20} \qquad (6.2.19)$$

转子电路的电流和功率因数为

$$I_2=\frac{E_2}{|Z_2|}=\frac{sE_{20}}{\sqrt{R_2^2+(sX_{20})^2}} \qquad (6.2.20)$$

$$\cos\varphi_2=\frac{R_2}{|Z_2|}=\frac{R_2}{\sqrt{R_2^2+(sX_{20})^2}} \qquad (6.2.21)$$

可见转子电流和功率因数也与转差率 s 有关。当 $n\approx n_0$，$s\approx0$ 时，$I_2\approx0$，$\cos\varphi_2\approx1$；随着转速 n 下降，s 增大，E_2 增加。在 s 较小时，$R_2\geqslant sX_{20}$，$I_2\approx\dfrac{sE_{20}}{R_2}$，所以

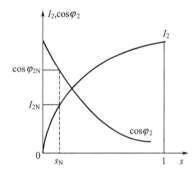

图 6.2.11　I_2、$\cos\varphi_2$ 与 s 的关系

I_2 几乎随 s 线性增加，$\cos \varphi_2$ 则降低；当 $n=0$，$s=1$ 时，$E_2=E_{20}$，$X_2=X_{20}$，转子电流很大，功率因数 $\cos \varphi_2$ 却很低。异步电动机转子电流和转子功率因数与转差率的关系可用图 6.2.11 表示的曲线表示。

6.3 三相异步电动机的转矩和机械特性

电磁转矩是驱动转子转动的拖动转矩，它是异步电动机最重要的物理量之一。机械特性是异步电动机的主要运行特性。

6.3.1 三相异步电动机的电磁转矩

异步电动机转子电流 $\dot{I}_2$ 受到气隙合成磁场的电磁力作用而产生的转动力矩称为电磁转矩，它使电动机旋转。显然，电磁转矩的大小和转子电流的大小、气隙磁场的强弱有直接关系。由于转子有感抗 X_2，转子电路是电感性的，转子电流 $\dot{I}_2$ 比转子电动势 $\dot{E}_2$ 滞后 φ_2 角。电磁转矩 T 的大小反映电动机做功的能力，它与电磁功率成正比，和分析有功功率性质相同，也要引入 $\cos \varphi_2$，于是得出

$$T=K_T \Phi I_2 \cos \varphi_2 \tag{6.3.1}$$

即三相异步电动机电磁转矩与旋转磁场的每极磁通 Φ 及转子电流有功分量 $I_2 \cos \varphi_2$ 的乘积成正比。其中 K_T 是一个常数，与电动机的结构有关。

式(6.3.1) 中电磁转矩 T 与电动机的 Φ、I_2、$\cos \varphi_2$ 各物理量的关系，反映了一部电动机电磁转矩产生的物理本质，它是电磁力定律在异步电动机中的具体体现。因此也称该式为电磁转矩的物理表达式。

根据式(6.2.7)、式(6.2.20) 和式(6.2.21) 可知

$$\Phi=\frac{E_1}{4.44 f_1 K_1 N_1} \approx \frac{U_1}{4.44 f_1 K_1 N_1}$$

$$I_2=\frac{s E_{20}}{\sqrt{R_2^2+(s X_{20})^2}}$$

$$\cos \varphi_2=\frac{R_2}{\sqrt{R_2^2+(s X_{20})^2}}$$

将以上三式代入 (6.3.1) 得

$$T=K \frac{s R_2 U_1^2}{R_2^2+(s X_{20})^2} \tag{6.3.2}$$

式中，K 为一个常数。

式(6.3.2) 表明，电磁转矩 T 是转差率 s 的函数。它与定子每相电压 U_1 的平方成正比，所以当电源电压变化时对转矩的影响很大；并且转矩 T 还与转子绕组的电阻 R_2 有关。该式反映出电磁转矩与电动机参数之间的关系，又称为电磁转矩的参数表达式。

6.3.2 三相异步电动机的机械特性

在电源电压 U_1 和频率 f_1 等保持不变时，三相异步电动机的转速 n 与转矩 T 的关系曲线 $n=f(T)$ 或转矩 T 与转差率 s 的关系曲线 $T=f(s)$ 称为电动机的机械特性曲线。

根据式 $T=K_T \Phi I_2 \cos \varphi_2$，在不同的 s 值下将图 6.2.11 中 $\cos \varphi_2=f(s)$ 和 $I_2=f(s)$ 两条曲线相乘，并乘以 $K_T \Phi$ 即可得到 $T=f(s)$。将 $T=f(s)$ 曲线顺时针转过 $90°$，再将 T 轴

由 $n=n_0$ 移至 $n=0$ 处，便得到 $n=f(T)$ 特性曲线。如图 6.3.1 所示。如果定子电压 U_1 和频率 f_1 都是额定值，电动机按规定的方式接线，定子及转子电路中不另外串接电阻，这时的机械特性称为固有特性，否则称为人为特性。

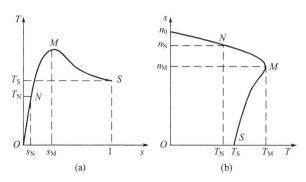

图 6.3.1 三相异步电动机的固有机械特性

1. 固有机械特性

电动机在旋转时作用在轴上的有三种转矩，一种是电动机产生的电磁转矩 T，一种是空载转矩 T_0（由风阻及轴承摩擦等形成，T_0 一般很小，电动机在满载或接近满载运行时可忽略），另一种是生产机械的负载阻转矩 T_L，当 $T=T_L+T_0$ 时，电动机便应某种转速稳定运行；当 $T>T_L+T_0$ 时，电动机则转速提高；当 $T<T_L+T_0$ 时，电动机则转速降低。

（1）启动点 S 和启动转矩 T_{ST}　电动机在接通三相电源时的启动瞬间转速 $n=0$，转差率 $s=1$，电动机的电磁转矩为启动转矩 T_{ST}，定子线圈电流 I_{ST} 为异步电动机的启动电流。将 $s=1$ 代入式（6.3.2）中得

$$T_{ST}=K\frac{U_1^2 R_2}{R_2^2+X_{20}^2} \tag{6.3.3}$$

启动转矩 T_{ST} 的大小反映了电动机的直接启动能力。若 $T_{ST}<T_L$ 电动机将无法启动，称为堵转；若 $T_{ST}>T_L$，电动机的转速 n 将不断上升，电动机的电磁转矩 T_{ST} 也将从 T_S 开始沿着特性曲线的 SM 段上升，经过最大转矩 T_M 后又沿着曲线 Mn_0 段逐渐减小，到达 $T=T_N$ 时，电动机以稳定的转速 n 运行在 N 点。启动时，T_{ST} 大，电动机能重载启动；T_{ST} 小，电动机只能轻载甚至空载启动。通常将起动转矩 T_{ST} 与额定转矩 T_N 的比值称为启动转矩倍数，用 K_S 表示

$$K_S=\frac{T_{ST}}{T_N} \tag{6.3.4}$$

K_S 是衡量异步电动机启动能力的一个重要指标，K_S 值大，电动机启动快，一般异步电动机启动能力较弱，$K_S=1.0\sim1.2$。只有 $K_S>1$ 时，电动机才能带额定负载启动。

（2）临界点 M 和最大转矩 T_M　由以上分析知，当 $T_{ST}>T_L$，电动机的转速 n 从 0 将不断上升，当经过 M 点（临界点）时，电磁转矩最大，用 T_M 表示。从机械特性曲线上可以看出，T_M 是电动机所提供的极限转矩，它对应的转速 n_M 和转差率 s_M 称为临界转速和临界转差率。

由电磁转矩的参数表达式（6.3.2）可求得 s_M，即令 $\dfrac{dT}{dS}=0$ 求得

$$s_M=\frac{R_2}{X_{20}} \tag{6.3.5}$$

将上式代入式（6.3.2）则得最大转矩

$$T_M=K\frac{U_1^2}{2X_{20}} \tag{6.3.6}$$

最大转矩 T_M 的大小反映了电动机的短时过载能力。因为电动机虽然不允许长期过载运行，但是只要是过载时间较短，电动机的温度还没有超过允许值，就停止工作或负载又减小

了。在这种情况下，从发热角度看，由于热惯性，电动机不至于立即过热，短时过载是允许的。

另一方面，过载时负载转矩必须小于最大转矩。当负载转矩超过最大转矩时，电动机带不动负载，转速会越来越低，直至停转，出现所谓"闷车"（堵转）现象，闷车后电动机的电流马上升高六、七倍，电动机会严重过热，以致烧坏。

通常将最大转矩 T_M 与额定转矩 T_N 的比值，称为过载系数，用 λ 表示，即

$$\lambda = \frac{T_M}{T_N} \tag{6.3.7}$$

λ 是衡量异步电动机过载能力的重要指示，一般异步电动机的过载系数为 $1.8 \sim 2.2$。

在拖动系统中选用电动机时，必须考虑可能出现的最大负载转矩。将所选电动机的额定转矩与其过载系数相乘，算出电动机的 T_M，它必须大于负载的最大转矩，否则应重新选择电动机。

（3）额定运行点 N 和额定转矩 T_N　当 $T = T_N$ 时，电动机以稳定的转速 n 运行在 N 点，电动机工作在此点时，其转速、电磁转矩、轴上输出转矩、输出功率、定子电流和转子电流都是额定值。这时转差率 s_N、转速 n_N 和转矩 T_N 分别称为额定转差率、额定转速和额定转矩。

额定值的大小说明了电动机长期运行时的带负载能力。按照规定条件在额定点工作，能使电动机得到充分利用。若 $T > T_N$，则电流和功率都会超过额定值，电动机处于过载状态。长期过载运行，电动机的温度超过允许值，这会加快电动机结构材料绝缘老化，降低使用寿命，甚至烧坏电动机，这是不允许的。因此，长期运行时电动机的工作范围应在固有特性的 $n_0 N$ 段。国产动机的 n_N 非常接近而又略小于 n_0，$s_N = 0.02 \sim 0.09$。

应当指出，电磁转矩减去空载转矩是电动机的轴上输出转矩 T_2，即

$$T_2 = T - T_0 \tag{6.3.8}$$

也就是说，只有在 $T_2 = T_L$ 时，电动机才能等速运转。当电动机稳定运转时 T_0 可忽略不计，则 $T \approx T_2 = T_L$。

电动机轴上输出的机械功率 P_2 等于输出转矩 T_2 与角速度 ω 的乘积，$P_2 = T_2 \omega$，则

$$T \approx T_2 = \frac{P_2}{\omega} = \frac{P_2}{\dfrac{2\pi n}{60}} \tag{6.3.9}$$

在额定运行状态下，$P_2 = P_N$，$n = n_N$，若取转矩 T 的单位为牛·米（N·m）；功率 P_N 单位为千瓦（kW）；转速 n_N 单位为转每分（r/min）时，由上式可求得额定转矩为

$$T_N = 9550 \frac{P_N}{n_N} \tag{6.3.10}$$

额定转矩 T_N 是电动机带额定负载，在额定电压下，以额定转速运行，输出额定功率时，电动机轴上的输出转矩。

实际运行时，负载一般在空载与额定值之间变化，电动机输出转矩 T 也随之改变，电动机的转速却变化不大。如 $n_0 N$ 段所示，像这种转矩增加时，转速下降不多的特性，称为硬的机械特性。三相异步电动机的这种硬特性，非常适用于一般金属切削机床。

2. 人为机械特性

由式（6.3.3）可知，通常情况，电源频率不变，影响启动转矩大小的只有电源电压 U_1 和转子电路中的电阻 R_2，把改变电源电压和转子电阻等参数时，电动机的机械特性称为人为机械特性。

（1）电源电压降低时的人为特性 R_2 一定，减小 U_1 时，如图 6.3.2 所示，s_M 与 U_1 无关，临界转差率不变。T_M 及 T_{ST} 均与 U_1^2 成正比，T_M 和 T_{ST} 都下降得很快，机械特性左移、电动机的过载能力和启动能力大大降低。

（2）转子电阻增加时的人为特性 当 U_1 一定时，增大 R_2，如图 6.3.3 所示，T_M 与 R_2 无关，最大转矩不变。s_M 与 R_2 成正比，R_2 增大时，s_M 增大，机械特性曲线下移而变软。对启动点 S 来说当适当增大转子电阻 R_2 时，T_{ST} 会同时增大；当增大 R_2 到与 X_{20} 相等时，$s_M = 1$，此时 $T_{ST} = T_M$ 达最大值；此后 R_2 继续增大，启动转矩 T_{ST} 反而会减小。

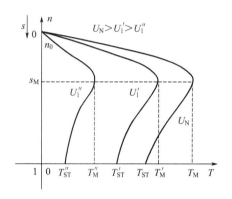

图 6.3.2 电源电压变化的机械特性

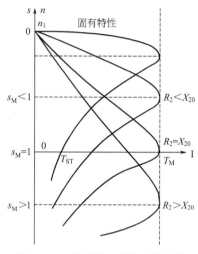

图 6.3.3 转子串电阻的机械特性

6.4 三相异步电动机的运行

6.4.1 三相异步电动机的启动

1. 启动存在问题

电动机从接通电源开始，转速从零增加到对应负载下的稳定转速（或额定转速）的过程称为启动过程，简称启动。异步电动机启动时存在两方面的问题：

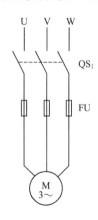

图 6.4.1 电动机直接启动

（1）启动电流大 异步电动机在启动瞬间转子是静止的，转速 $n = 0$，相当于堵转状态。旋转磁场相对于静止的转子有很大的转速，转子绕组中的感应电势和电流都很大。和变压器原理一样，定子绕组中的电流必然增大。一般中小型笼型电动机启动电流（指定子线电流）是其额定电流的 5～7 倍。大的启动电流是不利的，主要危害是：对频繁启动的电动机，会出现热量积累，使电动机过热受损；同时启动电流的冲击会影响供电网络，造成电网短时间内出现较大的电压降落，会影响同一供电网络中的其他用电设备正常工作，因此要限制电动机的启动电流。

一般异步电动机的启动时间都很短，多在几秒之内，对于不频繁启动的电动机，短时启动电流的发热不会影响电动机。

（2）启动转矩不大 根据上节中转子功率因数的分析，异步电动机在启动时，虽然转子电流大，但转子的功率因数是很低的，由式 $T=$

$K_T \Phi I_2 \cos \varphi_2$ 和固有特性曲线均可以得出，异步电动机启动转矩并不大，$K_S = 1.0 \sim$ 2.0。若启动转矩过小，则带负载启动就很困难，或虽然可以启动，但势必造成启动过程过长，使电动机发热。可见异步电动机启动时主要问题是启动电流过大，启动转矩不太大。为了限制启动电流，并得到适当的启动转矩，对不同容量不同类型的电动机应采用不同的启动方法。

2. 笼型电动机的启动方法

笼型异步电动机的启动有直接启动（全压启动）和降压启动两种。

（1）直接启动 一般情况下，当异步电动机的容量小于 10kW 或满足以下经验公式时，可采用直接启动

$$\frac{I_{ST}}{I_N} \geqslant \frac{3}{4} + \frac{S}{4P} \tag{6.4.1}$$

式中，I_{ST} 为电动机的全压启动电流，A；I_N 为电动机的额定电流，A；S 为电源变压器的容量，kV·A；P 为电动机的功率，kW。

直接启动的优点是启动设备简单，启动迅速，缺点是启动电流大，如图 6.4.1 所示为电动机直接启动。

（2）降压启动 笼型异步电动机不能直接启动时，采用降压启动。降压启动就是在启动时降低加在电动机定子绕组上的电压，以减少启动电流，启动后再把电压恢复到额定值。由式（6.3.3）可知，启动转矩与每相绕组电压的平方成正比，所以当定子端电压下降时，启动转矩也随之减小，故降压启动只适用于对启动转矩要求不高的场合。

① Y-△降压启动。这种启动方法只适用于定子绕组为△接法运行的电动机。启动时，可将定子绕组接成 Y 形而使每项绕组的电压下降到 $1/\sqrt{3}$ 的正常工作电压。当电动机转速上升到一定程度后，再换接成△形进入正常运行。图 6.4.2 所示为电动机 Y-△启动接线图。

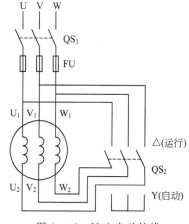

图 6.4.2 Y-△启动接线

定子绕组每相阻抗为 $|Z|$，电源额定电压为 U_N，当采用△形连接直接启动时的线电流为

$$I_{ST\triangle} = \sqrt{3} \frac{U_N}{|Z|}$$

当采用 Y 形连接降压启动时，每相绕组的相电压 $U_{PY} = \frac{1}{\sqrt{3}} U_N$，线电流为

$$I_{STY} = I_{PY} = \frac{U_{PY}}{|Z|} = \frac{1}{\sqrt{3}} \frac{U_N}{|Z|}$$

比较上面两式可得

$$\frac{I_{STY}}{I_{ST\triangle}} = \frac{\frac{1}{\sqrt{3}} \frac{U_N}{|Z|}}{\sqrt{3} \frac{U_N}{|Z|}} = \frac{1}{3}$$

可见，降压启动时的电流是直接启动时的 $\frac{1}{3}$ 倍。

以上分析看出，采用 Y-△降压启动来限制启动电流的同时，必须同时牺牲启动转矩。故这种启动方法只适用于空载或轻载启动。

Y-△降压启动的优点是：启动方法简单可靠，价格低，因此在轻载启动的条件下，应优先考虑 Y-△启动。

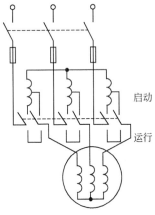

图 6.4.3　自耦降压启动

② 自耦变压器降压启动。自耦变压器降压启动适用于容量较大或正常运行时连成 Y 形启动的笼型异步电动机。

在自耦变压器降压启动的控制线路中，限制电动机启动电流是依靠自耦变压器的降压作用来实现的。自耦变压器的初级和电源相接，自耦变压器的次级与电动机相连。自耦变压器的次级一般有 3 个抽头，可得到 3 种数值不等的电压（例如分别为电源电压的 55％、64％、73％）。使用时，可根据启动电流和启动转矩的要求灵活选择。自耦变压器降压启动接线如 6.4.3 所示。电动机启动时，定子绕组得到的电压是自耦变压器的二次电压，一旦启动完毕，自耦变压器便被切除，电动机直接接至电源，即得到自耦变压器的一次电压，电动机进入全电压运行。通常称这种自耦变压器为启动补偿器。

分析可知，在自耦变压器降压启动过程中，启动电流与启动转矩的比值按变比平方倍降低。在获得同样启动转矩的情况下，采用自耦变压器降压启动从电网获取的电流，比采用电阻降压启动要小得多，对电网电流冲击小，功率损耗小。所以自耦变压器被称为启动补偿器。换句话说，若从电网取得同样大小的启动电流，采用自耦变压器降压启动会产生较大的启动转矩。这种启动方法常用于容量较大、正常运行为星形接法的电动机。其缺点是自耦变压器价格较贵，相对电阻结构复杂，体积庞大，且是按照非连续工作制设计制造的，故不允许频繁操作。

例 6.4.1　有一台笼型三相异步电动机 $P_N = 35\text{kW}$，△形连接，$U_N = 380\text{V}$，$I_N = 72\text{A}$，$\cos\varphi_N = 0.85$，$n_N = 1450\text{r/min}$，$I_{ST}/I_N = 6$，$K_S = 1.2$，$\lambda = 2.2$。供电变压器要求启动电流 $I_{ST} < 180\text{A}$，负载启动转矩为 $T_L = 80\text{N·m}$。试求：

① 电动机能否直接启动。

② 电动机能否采用 Y-△启动。

③ 若采用自耦变压器降压启动，抽头有 55％、64％、73％ 三种，应选用哪个抽头。

解　① 电动机的启动要求是 $T_{ST} \geq 1.1 T_L$，$I_{ST} < 180\text{A}$

电动机额定转矩为　$T_N = 9550\dfrac{P_N}{n_N} = 9550 \times \dfrac{35}{1450} = 230.52\text{N·m}$

直接启动要求启动转矩

$$T_{ST} = K_S T_N = 1.2 \times 230.52 = 276.62\text{N·m} > 1.1 T_L = 1.1 \times 80\text{N·m}$$

直接启动电流　　　　　　$I_{ST} = 6 I_N = 6 \times 72\text{A} = 432\text{A} > 180\text{A}$

启动转矩虽然比负载转矩大，但是启动电流大于供电系统要求的限定电流，所以不能采用直接启动。

② 采用 Y-△降压启动

启动转矩为　$T_{STY} = \dfrac{1}{3} T_{ST} = \dfrac{1}{3} \times 276.6\text{N·m} = 92.2\text{N·m} > 1.1 T_L = 88\text{N·m}$

启动电流为 $$I_{STY} = \frac{1}{3} \times 432A = 144A < 180A$$

启动转矩和启动电流都能满足启动要求，所以可采用 Y-△启动。

③ 自耦降压启动时，启动转矩和启动电流分别为

$$55\% : T_{ST1} = (0.55)^2 T_{ST} = (0.55)^2 \times 276.6N \cdot m = 83.67N \cdot m < 88N \cdot m$$

$$I_{ST1} = (0.55)^2 I_{ST} = (0.55)^2 \times 432A = 130.68A < 180A$$

$$64\% : T_{ST2} = (0.64)^2 \times 276.6N \cdot m = 113.3N \cdot m > 88N \cdot m$$

$$I_{ST2} = (0.64)^2 \times 432A = 176.95A < 180A$$

$$73\% : T_{ST3} = (0.73)^2 \times 230.52N \cdot m = 147.41N \cdot m > 88N \cdot m$$

$$I_{ST3} = (0.73)^2 \times 432A = 230.21A > 180A$$

可见，只有采用 64% 的抽头，启动转矩和启动电流都能满足启动要求；而 55% 的抽头启动转矩小，不能满足要求；73% 的抽头启动电流过大，不能满足要求。

(3) 三相绕线式异步电动机启动

① 转子串电阻分级启动。根据前面所述三相异步电动机的人为机械特性，对于三相绕线式异步电动机启动时，转子回路串接适当的三相对称电阻，既能限制启动电流，又能增大启动转矩，且能使启动转矩 T_{ST} 等于最大转矩 T_M。启动结束后，可以切除外串电阻，电动机的效率不受影响。

如图 6.4.4 所示，通过滑环和电刷将启动变阻器与转子绕组串联，启动时将变阻器调至最大值串入转子电路，随着转速的升高逐渐减小电阻，直至全部切除，转子绕组短接，电动机进入正常运行。

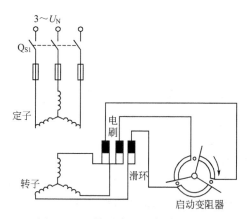

图 6.4.4　转子串电阻启动接线图

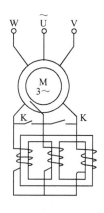

图 6.4.5　转子串频敏变阻器的启动

② 转子串频敏变阻器启动。转子串频敏变阻器启动的三相绕线式异步电动机接线原理图如图 6.4.5 所示，启动开始，开关 K 断开，电动机转子串入频敏变阻器启动。电动机转速达到稳定值后，开关 K 接通，切除频敏变阻器，电动机进入正常运行。

频敏变阻器是一个三相铁芯线圈，它的铁芯由实芯铁板或钢板叠成，板的厚度为 30～50mm 时，称为板式铁芯结构；它的铁芯由厚壁钢板制成的铁芯发和上下层厚钢板制成的铁轭组成时，称为发式铁芯结构。

转子回路串频敏变阻器启动过程是随着转子回路频率 $f_2 = sf_1$ 的降低，频敏变阻器的阻抗自动减小的过程，从而启动过程中，既限制了启动电流，又得到较大的启动转矩。

对于重载和频繁启动的生产机械，三相笼型异步电动机难以满足要求时，才选用三相绕

线式异步电动机。因为，绕线式异步电动机与鼠笼式异步电动机相比较，结构较复杂，控制维护较困难，制造成本较高，价格较贵。

6.4.2 三相异步电动机的调速

为了提高生产效率或满足生产工艺的要求，许多生产机械在工作中都需要调速。

电动机在额定负载下所能得到的最高转速和最低转速之比，称为调速范围。如果在一定范围内转速可以连续调节，称为无级调速，无级调速的平滑性好。调速不连续时，级数有限，称为有级调速。

异步电动机的转速为

$$n=(1-s)n_0=(1-s)\frac{60f_1}{p}$$

根据上式可知，改变电源频率 f_1、极对数 p 和转差率 s 都能达到调节电动机转速的目的。笼型电动机主要应用变频调速和变极调速，改变转差率调速多用于绕线型异步电动机。

1. 变频调速

变频调速是改变电源频率从而使电动机的同步转速变化达到调速的目的，如图 6.4.6 所示。通过变频器把频率为 50Hz 工频的三相交流电源变换成为频率和电压均可调节的三相交流电源，然后供给三相异步电动机，从而使电动机的速度得到调节。变频调速属于无级调速，具有机械特性曲线较硬的特点。

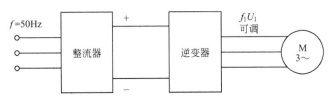

图 6.4.6 变频调速装置

（1）在 $f<f_{1N}$，即低于额定转速时，应保持 $\dfrac{U_1}{f_1}$ 的比值不变，也就是两者要成比例配合调节。由 $U_1=4.44f_1N_1\varPhi$ 和 $T=K_T\varPhi\cos\varphi_2$ 两式可知，这时磁通和转矩近似不变，接近恒转矩调速，这说明变频调速特别适合于恒转矩负载。

如果把转速调低时 U_1 保持不变，减小 f_1 时，磁通将大于额定值，电动机磁路会越来越饱和，从而使励磁电流增大，功率因数降低。磁密及铁损增大，导致电动机过热，这是不允许的。

（2）在 $f>f_{1N}$，即高于额定转速时，应保持 $U_1\approx U_{1N}$。这时磁通将小于额定值，电源频率越高，转速越高，磁通越小，按照电流为额定值所产生转矩也越小，近似恒定功率。

变频调速可在较宽范围内实现平滑的无级调速，且有硬的机械特性，图 6.4.7 所示为基频 f_{1N} 以下调节的特性曲线。

近年来，交流变频调速在国内外发展非常迅速。由于晶闸管变流技术的日趋成熟和可靠，变频调速在生产实际中应用非常普遍，它打破了直流拖动在调速领域中的统治地位。交流变频调速需要有一套专门的变频设备，所以价格较高。但由于其调速范围大，平滑性好，适应面广，能做到无级调速，因此它

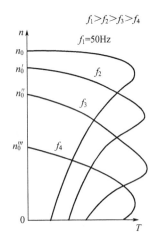

图 6.4.7 变频调速的
机械特性

的应用将日益广泛。

2. 变极调速

当电源的频率不变时，若改变定子旋转磁场的磁极对数，可实现电动机的有级调速。由

式 $n_0 = \dfrac{60 f_1}{p}$ 可知，如果极对数 p 减小一半，则同步转速 n_0 便提高一倍，转子转速 n 也几乎提高一倍。这种通过改变电动机定子绕组的接线，改变电动机的磁极对数，从而达到调速目的的调速方法称为变极调速。变极调速方法一般适于笼型异步电动机。因为笼型异步电动机转子绕组本身没有固定的极对数，能自动地与定子绕组相适应。

如图 6.4.8 所示，每相有两个半绕组组成。例如 U 相由 $U_1 U_2$ 和 $U_1' U_2'$ 构成。用图 6.4.8(a) 中顺序串接的方法，可得到四极磁场分布；用图 6.4.8(b) 中并联连接的方法，可得到两极磁场分布。

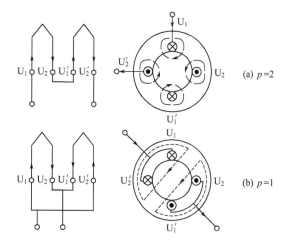

图 6.4.8 变极调速的绕组接线图

换极时，极对数为 p 及 $2p$ 下的电流相序相反，V、W 两端必须对调以保持变速前后电动机的转向相同。

由于极对数 p 只能成倍变化，所以变极调速属于有极调速。在实际应用中，常将变极调速与其他调速方法混合使用，以改善调速的平滑性和扩大调速范围。

3. 变转差率调速

改变外加电源电压或者改变转子电路的电阻，都可以使转差率得到改变，从而改变电动机的转速，此处只讲绕线式异步电动机转子串电阻调速的方法。

该方法仅适用于绕线式异步电动机，其机械特性如图 6.4.9 所示。图示中，当负载转矩不变时，随着转子电阻的增大，电动机的转差率增大，转速下降。当转子电阻可平滑调节时，变转差率调速也可实现无级调速。转子串电阻调速的优点是方法简单，设备投资不高，工作可靠。但调速范围不大，稳定较差，平滑性也不是很好，调速的能耗比较大。在对调速性能要求不高的地方得到广泛的应用，如运输、起重机械等。

6.4.3 三相异步电动机的制动

正常运行的电动机，断开电源后，由于转子本身惯性的作用，不能立即停止转动，还要经过一段时间才能停转。为了提高生产效率或从安全角度考虑，有的机械要求电动机能准确及时地停转。为此，就必须对电动机进行制动控制。电动机的制动方法有机械制动和电气制动两种：机械制动的制动转矩靠摩擦获得，常见的制动方式是电磁抱闸；电气制动是制动时产生与惯性转速方向相反的电磁转矩，即制动转矩，以增加减速度，使系统较快地停下来，常见的电气制动方法有能耗制动、反接制动等。

1. 能耗制动

能耗制动是在电动机切断三相交流电源以后，用一直流电源接入任意两相定子绕组中，使其产生一个静止磁场，与转子导条相互作用，从而使电动机停止转动。其制动原理接线图如图 6.4.10 所示。

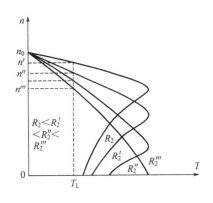

图 6.4.9　转子串电阻的机械特性

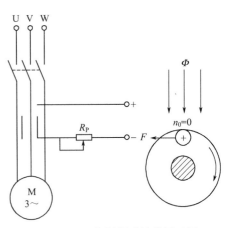

图 6.4.10　能耗制动接线原理图

电动机切断交流电源后,转子因惯性仍继续旋转,这时立即在两相定子绕组中通入直流电,在定子中产生一个静止磁场。转子中的导条由于惯性继续切割这个静止磁场而产生感应电流,这个电流在静止磁场中必然受到电磁力的作用。这里产生的力矩与转子惯性旋转方向相反,称为制动转矩,它迫使转子转速下降。当转子转速降至 0 时,转子不再切割磁场,转子中感应电流为 0,作用力消失,电动机停转,制动结束。

这种制动方法是利用转子转动的能量切割磁通而产生制动转矩的,实质是将转子的动能消耗在转子回路的电阻上,所以称为能耗制动。

能耗制动的优点是制动平稳、准确、能耗小;缺点是需要直流电源、低速时制动力矩小。

2. 反接制动

反接制动是在电动机切断交流电源的同时,使三相电源任意调换两相后再加在定子绕组上,使其产生与原旋转方向相反的制动转矩,而使转子迅速停止的制动方法,如图 6.4.11 所示。

反接制动的过程是当电动机处于正转时,此时电动机定子内产生的速度为 n_0 的旋转磁场,转子以速度 n 与 n_0 同方向旋转;在需要制动停车时,将手柄扳至"反接制动"位置,这时电动机端电压相序改变,产生转速为 n_1 的旋转磁场,其方向与 n_0 相反,大小相等,但这时转子仍近于速度 n 按原方向转动,所以转子导条以 $n_1 + n$ 的相对速度切割旋转磁场,转子电流激增,受到很大的作用力 F,形成制动转矩,使电动机转速迅速下降,实现了制动过程。当转速接近于 0 时,立即切断电源(否则电动机会反转),反接制动结束。

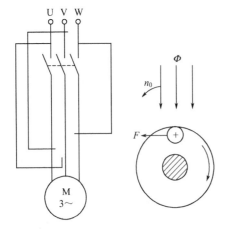

图 6.4.11　反接制动接线原理图

反接制动的优点是操作简单,制动效果好,在一些频繁正、反转的生产机械中常采用反接制动。但是反接制动时,由于磁场反转,使转子与磁场的相对速度增大为 $n_1 + n$,转子绕组中的感应电动势和电流都很大,能耗较大,因此对较大功率的电动机采用反接制动时,为了限流,必须在定子电路（笼型）或转子电路（绕线式）中串入一个功率大电阻。

3. 发电回馈制动

当电动机转子转速 n 大于同步转速 n_0 时，转子绕组与旋转磁场的相对运动方向将反向，这时所产生的电磁转矩也是一制动转矩。其作用是使电动机的转速下降。例如：起重机下放重物，电动机变极调速高速向低速变速等过程，都会出现 $n > n_1$ 的情况。制动过程中，电动机将一部分能量回送给电网，相当于工作在发电机状态。

除了上面三种制动方式外还有电容制动，它是在运行着的异步电动机切断电源后，迅速在定子绕组的端线上接入电容器而实现制动的一种方法。

6.5　三相异步电动机的选择及其运行中常见故障的处理

6.5.1　三相异步电动机的选择

电力拖动系统中，三相异步电动机应用最为广泛，选择合适的电动机可获得良好的技术指标，使设备得到充分利用而达到较高的效率。电动机选择的主要内容有：种类、转速和功率。

1. 种类的选择

种类的选择首先考虑电动机的性能应满足生产机械的要求，如启动、调速等指标。其次再优先选择结构简单、价格便宜、运行可靠和维修方便的电动机，这些方面笼型优于绕线式。大部分生产机械如水泵、通风机、普通机床等，都没有特殊要求，可选普通的笼型异步电动机。要求启动转矩较大的机械如皮带运输机、搅拌机等，可选用高启动转矩的深槽或双笼型异步电动机。而频繁启动、制动且有调速要求的生产机械，如起重机、压缩机、轧钢机等，可选用绕线式异步电动机。

在一些特殊环境下，应注意合理选择电动机的结构形式。例如：潮湿有粉尘、有易燃易爆气体等环境下，需选用封闭式或防爆式的异步电动机。

2. 转速的选择

电动机的额定转速是根据生产机械要求而选定的，通常转速不低于 $500r/min$。但是对额定功率相同的电动机转速越高，体积越小，造价低，效率却较高。所以异步电动机多选用 4 极的，即同步转速 $n_0 = 1500r/min$ 的，因为它具有较高的性价比。

3. 功率的选择

选择电动机时，功率的选择是最为重要的。所选电动机的功率要由生产机械所需要的功率确定。功率选择过小，电动机易过载发热损坏。功率选择过大，电动机不能得到充分利用，效率和功率因数也都不高。因此，电动机的额定功率应选为

$$P_N \geqslant \frac{P_L}{\eta_1 \eta_2} \tag{6.5.1}$$

式中，P_L 为生产机械的负载功率，η_1 为生产机械的效率，η_2 为电动机与生产机械之间的传动效率，直接连接时 $\eta_2 = 1$，有传动系统时 $\eta_2 < 1$。

除此之外，还应同时考虑电动机的工作方式。电动机的工作方式可分为三类：连续工作方式，短时工作方式，周期性断续工作方式。由于发热惯性，在短时运行时电动机可以允许过载。也就是说电动机功率的选择要根据负载大小和工作制不同综合考虑。

6.5.2　三相异步电动机常见故障处理

在电力拖动系统中，驱动各类生产机械运行的主要是三相异步电动机，电动机在运行过

程中会出现各种异常和故障，为保证安全，正常的生产，需及时对故障进行检修。下面就介绍几种中、小型三相异步电动机的常见故障及处理方法（表6.5.1）。

表 6.5.1 三相异步电动机常见故障判断及检修方法

故障现象	原因分析	处理方法
电动机通电后不启动或转速低	(1)电源电压过低 (2)熔丝熔断，电源缺相 (3)定子绕组或外部电路有一相断路，绕线式转子内部或外部断路，接触不良 (4)电机联接方式错，△形误接成Y形 (5)电机负载过大或机械卡住 (6)笼式转子断条或脱焊	(1)检查电源 (2)检查原因，排除故障，更换熔丝 (3)用摇表或万用表检查有无断路或接触不良，查出后并作处理 (4)改正接线方式 (5)调整负载，处理机械部件 (6)更换或补焊铜条，或更换铸铝转子
电动机过热或内部冒烟、起火	(1)电动机过载 (2)电源电压过高 (3)环境温度过高，通风散热障碍 (4)定子绕组断路或接错 (5)缺相运行 (6)电机受潮或修后烘干不彻底 (7)定转子相摩擦 (8)电动机接法错误 (9)启动过于频繁	(1)降低负载或更换大容量电动机 (2)检查调整电源电压 (3)更换B或F级绝缘电机。降低环境温度，改善通风条件 (4)检查绕组直流电阻、绝缘电阻、处理短路点 (5)分别检查电源和电机绕组，查出故障点，加以修复 (6)若过热不严重，绝缘尚好，应彻底烘干 (7)测量气隙、检查轴承磨损情况，查出原因修复 (8)改为正确接法 (9)按规定频率启动
电刷火花过大、滑环过热	(1)电刷火花太大 (2)内部过热 (3)滑环表面有污垢、杂物 (4)滑环不平，电刷与滑环接触不严 (5)电刷牌号不符，尺寸不对 (6)电刷压力过大或过小	(1)调整、修理电刷或滑环 (2)消除过热原因 (3)消除污垢、杂物，使其表面与电刷接触良好 (4)修理滑环、研磨电刷 (5)更换合适的电刷 (6)调整电刷压力到规定值
三相电流过大或不平衡电流超过允许值	(1)定子绕组某一相首尾端错 (2)三相电源电压不平衡 (3)定子绕组有部分短路 (4)单相运行 (5)定子绕组有断路现象	(1)重新判别首尾端，再接线运行 (2)检查电源 (3)查出短路绕组，检修或更换 (4)检查熔丝，控制装置各接触点，排故 (5)查出短路绕组，检修或更换
振动过大	(1)电机机座不平 (2)轴承缺油、弯曲或损坏 (3)定子或转子绕组局部短路 (4)转动部分不平衡，连接处松动 (5)定子、转子相摩擦	(1)重新安装，调平机座 (2)清洗加油、校直或更换轴承 (3)查出短路点，修复 (4)校正平衡，查出松动处拧紧螺栓 (5)检查、校正动、静部分间隙

小　结

本章阐述了三相异步电动机的基本结构、转动原理、机械特性、启动、调速、制动、电动机的选择以及常见故障的处理，以上各方面要点如下：

（1）三相异步电动机又称感应式电动机，其结构包括定子和转子两大部分。定、转子铁芯与空气隙形成电动机的磁路，定、转子线圈分别组成定、转子的电路。按转子绕组构造的不同可分为笼型和绕线式两种。异步电动机铭牌上有型号和额定值，额定电压、电流是指的线电压、线电流，额定功率为轴上输出的机械功率。

（2）定子三相对称绕组中，通入三相对称交流电流时，产生旋转磁场，旋转磁场的转速决定于电源的频率 f_1 和磁极对数 p，即 $n_1 = \dfrac{60 f_1}{p}$，n_1 又称为同步转速。旋转磁场的方向由通入绕组的三相电流的相序决定。把三相绕组接到电源的三根导线中的任意两根对调一下位置可改变其旋转方向。

（3）异步电动机转子的转动原理：三相对称定子绕组中通入的三相对称电流产生的旋转磁场切割转子绕组，并在转子绕组中产生感应电势和电流，感应电流再与旋转磁场相互作用产生电磁力和转矩，电磁转矩的方向和旋转磁场的转向相同，于是就驱动转子随磁场旋转方向转动。转子转速 n 小于同步转速 n_1，用转差率 s 表示，$s = \dfrac{n_1 - n}{n_1}$。

（4）电路的平衡方程

定子电路：
$$\dot{U}_1 = -\dot{E}_1 + \dot{I}_1 (R_1 + jX_1)$$
式中，$X_1 = 2\pi f_1 L_{\sigma 1}$。

$$E_1 = 4.44 f_1 K_1 N_1 \Phi$$

当外加电压 U_1 一定时，磁通 Φ 基本不变。

$$\Phi = \frac{E_1}{4.44 f_1 K_1 N_1} \approx \frac{U_1}{4.44 f_1 K_1 N_1}$$

转子电路：

静止时，转子绕组相当于变压器二次绕组，感应电动势 E_{20} 的频率 f_{20} 与定子电源频率 f_1 相同，即 $f_{20} = f_1$。

$$E_{20} = 4.44 f_0 K_2 N_2 \Phi = 4.44 f_1 K_2 N_2 \Phi$$

转子旋转时，转子绕组与旋转磁场的相对速度为 $(n_1 - n)$，转子绕组感应电动势 E_2 的频率 $f_2 = s f_1$。

$$E_2 = 4.44 f_2 K_2 N_2 \Phi = s E_{20}$$

电动势平衡方程
$$\dot{E}_2 = \dot{I}_2 (R_2 + jX_2)$$
式中，$X_2 = s X_{20} = 2\pi s f_1 L_{\sigma 2}$

转子电流
$$I_2 = \frac{E_2}{|Z|} = \frac{s E_{20}}{\sqrt{R_2^2 + (s X_{20})^2}}$$

功率因数
$$\cos \varphi_2 = \frac{R_2}{|Z|} = \frac{R_2}{\sqrt{R_2^2 + (s X_{20})^2}}$$

（5）电磁转矩 T 与转子电流有功分量 $I_2 \cos \varphi_2$ 和每极磁通 Φ 的大小成正比，电磁转矩的物理表达式 $T = K_T \Phi I_2 \cos \varphi_2$，参数表达式 $T = K \dfrac{s R_2 U_1^2}{R_2^2 + (s X_{20})^2}$。

（6）机械特性 $n = f(T)$ 或 $s = f(T)$。

如果定子电压 U_1 和频率 f_1 都是额定值，电动机按规定的方式接线，定子及转子电路中不另外串接电阻，这时的机械特性称为固有特性。改变电动机的电源电压 U_1 或转子电阻 R_2 可得到不同的人为机械特性。

特性曲线上有额定转矩 T_N，最大转矩 T_M 和启动转矩 T_{ST}。

额定转矩 $T_N = 9550 \dfrac{P_N}{n_N}$ 反映电动机长期负载能力。

最大转矩 $T_M = K \dfrac{U_1^2}{2X_{20}}$，$s_M = \dfrac{R_2}{X_{20}}$，过载系数 $\lambda = \dfrac{T_M}{T_N}$，反映电动机的过载能力。

启动转矩 $T_{ST} = K \dfrac{R_2 U_1^2}{R_2^2 + X_{20}^2}$，启动转矩倍数 $K_S = \dfrac{T_{ST}}{T_N}$，反映电动机的启动能力。

（7）异步电动机的工作特性是指电动机的转速 n、定子电流 I、功率因数 $\cos\varphi_1$、电磁转矩 T、效率 η 与输出功率 P_2 的关系。

（8）小功率三相异步电动机可采用直接启动。频繁启动和功率较大的电动机不能直接启动，笼型电动机采用 Y-△ 降压启动、自耦降压启动。结构上可采用深槽和双笼型转子来改善启动性能。绕线式电动机采用转子串电阻启动，电阻可兼作调速电阻。

（9）异步电动机的调速方法主要有变频调速、变极调速和转子串电阻变转差率调速。变频调速需一套专用设备，可达到无级调速，是异步电动机调速的理想方法。变极调速为有极调速，通过改变绕组接线达到变极目的。转子串电阻调速用于绕线式电动机，可达到无级调速，但机械特性变软，运行的稳定性下降。

（10）异步电动机的电气制动常采用能耗制动、反接制动以及发电回馈制动。能耗制动是在断开交流电源的同时，接入直流建立固定磁场，切割转子绕组产生制动转矩。反接制动改变定子绕组电流相序，使旋转磁场反向产生制动转矩。当电动机的 $n > n_1$ 时，电磁转矩成为制动转矩，工作于发电机状态，这种制动称为发电回馈制动。

（11）三相异步电动机的选择主要考虑种类、转速和功率，其中功率的选择最重要。

（12）电动机的常见故障主要有：无法启动或启动困难；定子绕组断路、短路和接地；笼型转子绕组笼条开焊或断条；绕线式转子集电环发热或有刷火；电动机运行时过载发热。

思 考 题

6-1 什么是三相电源的相序？就三相异步电动机本身而言，有无相序？

6-2 旋转磁场的旋转速度和方向与什么因素有关？当一相电源断线而只有两相供电时，能产生旋转磁场么？

6-3 为什么异步电动机转速不能等于同步转速？

6-4 异步电动机定、转子绕组间没有直接的电联系，为什么负载转矩增加时，定子电流也会增大？

6-5 在三相异步电动机启动初始瞬间，即 $s=1$ 时，为什么转子电流 I_2 大，而转子电路的功率因数小？

6-6 三相异步电动机在一定的负载转矩下运行时，如电源电压降低，电动机的转矩、电流及转速有无变化？

6-7 三相异步电动机在满载和空载下启动时，启动电流和启动转矩是否一样？

6-8 三相异步电动机在正常运行时，如果转子突然被卡住而不能转动，试问这时电动机的电流有何变化？对电动机有何影响？

6-9 为什么三相异步电动机不在最大转矩处或在接近最大转矩处运行？

6-10 三相异步电动机的启动电流为什么很大？启动电流大有什么危害？

6-11 笼型异步电动机有哪些启动方法？各有什么优缺点？

6-12 三相异步电动机断一根电源线时，能否启动？为什么？

6-13 绕线转子异步电动机串电阻启动时，是否转子绕组所串电阻越大越好？为什么？

6-14 三相异步电动机调速的方法有哪些？

6-15 三相异步电动机反接制动时，为什么要在定子或转子绕组中串入一个大电阻？

6-16 定子绕组发生接地故障时，会造成什么不良后果？

6-17 怎样才能使三相异步电动机反转？频繁反转对电动机有何影响？为什么？

6-18 三相异步电动机有哪几种制动方法？各有什么优缺点？各使用于哪些场合？

6-19 在电源电压不变的情况下，如果电动机的三角形连接误接成星形连接，或者星形连接误接成三角形连接，其后果如何？

习 题

6-1 Y180-4 型异步电动机额定技术数据如下：$P_N = 30kW$，$U_N = 380V$，$f = 50Hz$，$n_N = 2940r/min$，$\eta_N = 89.5\%$，$\cos \varphi_N = 0.89$，Y 形连接。试求：（1）定子相电流、线电流的额定值；（2）输入功率；（3）额定转差率。

6-2 一台三相异步电动机的电源频率为 50Hz，额定转速 $n_N = 1440r/min$，试求额定负载运行时的转差率，转子电流频率和磁极对数。

6-3 一台六极三相异步电动机负载运行，电源频率为 50Hz，转差率 $s = 0.05$，试求电动机的同步转速和实际转速。

6-4 一台三相绕线式异步电动机，电源频率为 50Hz，$U_N = 380V$，$n_N = 1440r/min$，转子绕组 Y 形连接，转子静止时得 $E_{20} = 210V$，转子每相的 $R_2 = 0.05\Omega$、$X_{20} = 0.3\Omega$。试求电动机额定运行时，转子电动势 E_2、转子电流有效值 I_2、转子电流频率 f_2 和转子功率因数 $\cos \varphi_2$。

6-5 Y250S-4 型异步电动机，铭牌数据为：$P_N = 75kW$，$U_N = 380V$，$f = 50Hz$，Y 形连接，$n_N = 1470r/min$，$\eta_N = 92\%$，$\cos \varphi_N = 0.88$，$I_{ST}/I_N = 7.0$，$T_{ST}/T_N = 2.0$，$T_M/T_N = 2.2$。试求：（1）额定转矩 T_N；（2）额定转差率 s_N；（3）最大转矩 T_M；（4）启动转矩 T_{ST}；（5）直接启动电流 I_{ST}。

6-6 一台 Y280S-8 型异步电动机，$P_N = 55kW$，$U_N = 380V$，$f_N = 50Hz$，$n_N = 740r/min$ $T_{ST} = 1277.6N \cdot m$，$T_M = 1419.6N \cdot m$，试求电动机的启动转矩倍数和过载系数。

6-7 一台三相异步电动机，额定功率 5kW，额定电压 380/220V，接法 Y/△，额定转速 1460r/min，额定功率因数 0.86，额定效率 0.88，试求定子绕组分别接成 Y 形和△形，电动机额定运行时的输入功率、额定转矩、定子绕组电流。

6-8 一台三相异步电动机定子绕组△形连接，$I_{ST}/I_N = 6.0$，$n_N = 1450r/min$，额定功率 15kW，额定电压 380V，额定电流 52A，$K_S = 1.6$。试求：

（1）采用 Y-△启动时的启动转矩和启动电流；

（2）启动时负载转矩分别为额定转矩的 60% 和 30% 时，电动机能否启动？

6-9 一台四极三相异步电动机，$P_N = 25kW$，$U_N = 380V$，△形连接，$f_N = 50Hz$，$s_N = 0.03$，$\eta_N = 92\%$，$I_{ST}/I_N = 7.0$，$\cos \varphi_N = 0.85$，$K_S = 1.5$，要求电动机启动转矩为 80% 额定转矩。试求：

（1）自耦变压器的变比；

（2）电动机的启动电流；

（3）线路上的启动电流。

6-10 一台六极三相笼型异步电动机，$P_N = 30kW$，$U_N = 380V$，△形连接，$f_N = 50Hz$，$\cos \varphi_N = 0.87$，$n_N = 980r/min$，$I_{ST}/I_N = 6.5$，$K_S = 1.7$，$\lambda = 2.0$，启动时负载转矩 $T_L = 170N \cdot m$，供电变压器要求 $I_{ST} < 165$。试求：

（1）电动机能否直接启动？

（2）电动机能否采用 Y-△启动？

（3）有抽头为 80%，60%，40%的自耦变压器，可选用哪一抽头降压启动。

6-11 现有额定功率分别为 40kW 和 50kW 两台三相异步电动机，其刨床加工工件时，需最大功率 25kW，刨床的加工效率 $\eta_1 = 0.65$，传动机构效率 $\eta_2 = 0.85$，试选择一台功率合适的电动机作为拖动电动机。

第 **7** 章

直流电动机

直流电机分为直流电动机和直流发电机两种。其中能将直流电能转换成机械能的称为直流电动机，将机械能转换成直流电能的称为直流发电机。直流电动机和直流发电机的工作是可逆的，结构基本相同。本章主要介绍直流电动机。

与交流三相异步电动机相比较，直流电动机调速性能好，它的转速可以根据需要在很宽的范围内方便均匀地得到调节，另外，直流电动机的启动转矩比较大。因此，尽管直流电动机的构造比较复杂，生产成本较高，使用和维护要求也比较高，但在对电动机的调速性能和启动性能要求高的生产机械上仍得到广泛的应用。

本节主要介绍直流电动机的基本结构和工作原理，机械特性和使用方法（如启动、调速、反转等）。

7.1 直流电机的结构

直流电机的结构形式很多，但总体上总不外乎由定子（静止部分）和转子（运动部分）两大部分组成。图 7.1.1 即为普通直流电机的结构图。

1. 定子部分

直流电机的定子用于安放磁极和电刷，并作为机械支撑，它包括主磁极、换向极、电刷装置、机座等。

主磁极由主磁极铁芯和励磁绕组两部分构成，通过螺钉固定在机座上，主要用于产生气隙磁场。主极铁芯一般用1~1.5mm 厚的低碳钢板冲片叠压而成。极靴与电枢表面形成的气隙通常是不均匀的，并有极靴中部圆弧与电枢外圆同心、但两侧极尖间隙稍大的同心式气隙，和极靴圆弧半径大于电枢外圆半径的偏心式气隙两种。由于电机中磁极的 N 极和 S 极只能成对出现，故主极的极数一定是偶数，并且要以交替极性方式沿机座内圆均匀排列。

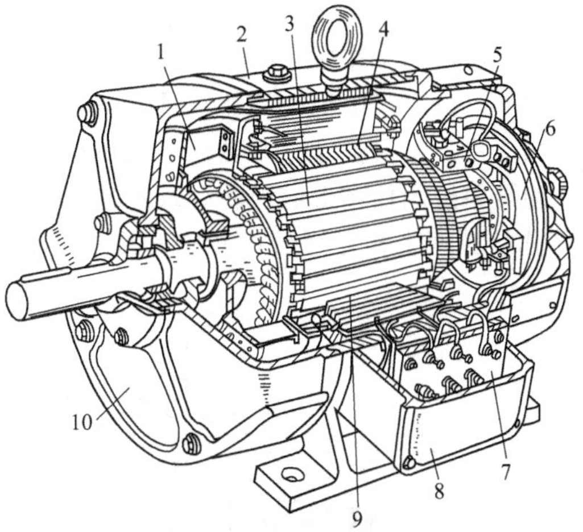

换向极由换向极铁芯及换向绕组组成，主要用于改善换向，减小换向火花（小容量电机不一定装设），通常安装在相邻两主磁极之间，换向绕组与电枢绕组串联。

机座中有磁通通过的部分称为磁轭。主极、换向器一般都直接固定在磁轭上，机座一般

图 7.1.1 直流电机的结构
1—风扇；2—机座；3—电枢；4—励磁绕组；5—电刷；
6—换向器；7—接线板；8—出线盒；
9—换向磁极；10—端盖

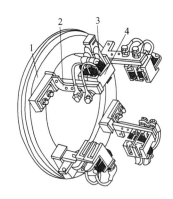

图 7.1.2　电刷装置
1—刷杆座；2—刷杆；
3—电刷；4—刷握

用铸钢或薄钢板焊接成圆形或多边形，既有较好的导磁性能，又能满足机械强度的要求。通常，电机借机座的底脚部分与基础固定。

电刷装置主要由电刷 3、刷握 4、刷杆 2 及刷杆座 1 等构成，如图 7.1.2 所示。主要是为通过固定的电刷和换向器作滑动接触，使电枢绕组与外部电路接通。

2. 转子（电枢）部分

转子一般称为电枢，主要包括电枢铁芯、电枢绕组、换向器等。电枢铁芯是用来构成磁通路径并嵌放电枢绕组的。为了减少涡流损耗，电枢铁芯一般用厚 0.35～0.5mm 的涂有绝缘漆的硅钢片叠压而成。嵌放绕组的槽型通常有矩形和梨形两种。

电枢绕组由一些线圈单元均匀分布在电枢铁芯槽内，按一定规律与换向器的换向片连接而成，并通过电磁关系实现能量的转换（机械能、电能之间的相互转换）。

换向器主要由绝缘层（云母片）相隔的换向片等构成。通过换向器与电刷的配合，可以使直流电动机处于同一极性主磁极下的电枢绕组的导体电流方向始终维持不变，确保了电磁转矩方向不变，使电动机能正常旋转；对于发电机是通过换向器与电刷的配合，确保从各电刷引出感应电动势的极性始终不变。其他还有风扇、轴等。

7.2　直流电机的工作原理

7.2.1　工作原理

任何电机的工作原理都是建立在电磁感应和电磁力定律基础上的，直流电机也是如此。

为了讨论直流电机的工作原理，把复杂的直流电机结构图简化为图 7.2.1 和图 7.2.2 的工作原理图。电机具有一对磁极，电枢绕组只有一个线圈，N、S 为定子磁极，abcd 是固定在可旋转导磁圆柱体上的线圈，线圈连同导磁圆柱体称为电机的转子或电枢。线圈的首末端 a、d 连接到两个相互绝缘并可随线圈一同旋转的换向片上。

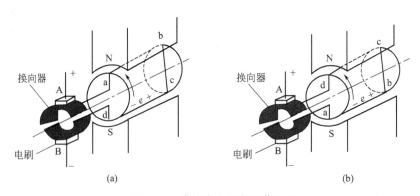

图 7.2.1　直流发电机的工作原理

转子线圈与外电路的连接是通过放置在换向片上固定不动的电刷进行的。当原动机驱动电机转子逆时针旋转时同，线圈 abcd 将感应电动势。如图（a）所示，导体 ab 在 N 极下，a

点高电位，b点低电位；导体cd在S极下，c点高电位，d点低电位；电刷A极性为正，电刷B极性为负。若在电刷A和B之间接上负载，电枢电路中就有电流通过，电流的方向和电动势的方向相同。

当原动机驱动电机转子逆时针旋转180°后，如图（b）所示。导体ab在S极下，a点低电位，b点高电位；导体cd在N极下，c点低电位，d点高电位；电刷A极性仍为正，电刷B极性仍为负。与电刷A接触的导体总是位于N极下，与电刷B接触的导体总是位于S极下，电刷A的极性总是正的，电刷B的极性总是负的，在电刷A、B两端可获得直流电动势。由此可以看出，直流电机电枢绕组所感应的电动势是极性交替变化的交流电动势，只是由于换向器配合电刷的作用才把交流电动势"换向"成为极性恒定的直流电动势。正因为如此，通常把这种类型的电机称之为换向器式直流电机。

直流电机电刷间的电动势常用下式表示

$$E_a = K_E \Phi n \tag{7.2.1}$$

式中，Φ为每极磁通量，Wb；n为电枢的转速，r/min；K_E是与电动机结构有关的常数；E_a的单位是V。

直流电动机是将电能转变成机械能的旋转机械。在图7.2.1中若把电刷A、B接到直流电源上，电刷A接电源的正极，电刷B接电源负极。此时电枢线圈中将有电流流过。在磁场作用下，N极性下导体ab受力方向从右向左，S极下导体cd受力方向从左向右。该电磁力形成逆时针方向的电磁转矩。当电磁转矩大于阻转矩时，电机转子逆时针方向旋转。

当电枢旋转过180°时，原N极性下导体ab转到S极下，受力方向从左向右，原S极下导体cd转到N极下，受力方向从右向左。该电磁力形成逆时针方向的电磁转矩。线圈在该电磁力形成的电磁转矩作用下继续逆时针方向旋转。因与电枢绕组相连的换向器随电枢一起旋转，而电刷的位置是固定不变的，所以确保了处于N、S极下电枢绕组的有效边电流的方向始终不变，使电动机能不断旋转。

7.2.2　直流电动机中的反电动势

电动机电枢绕组通电后在磁场中受力而转动，这是问题的一个方面。另一个方面，当电枢在磁场中转动时，线圈中也要产生感应电动势，根据磁场方向和电枢旋转方向用右手定则判定，这个电动势的方向与外加电压或电流的方向总是相反（用箭头表示在图7.2.2中），有阻止电流流入电枢绕组中的作用，所以称为反电动势。它与发电机的电动势作用不同，后者是电源电动势，由此产生电流。

直流电动机电枢绕组中的电流与磁通Φ相互作用产生电磁力和电磁转矩。直流电机的电磁转矩用下式表示

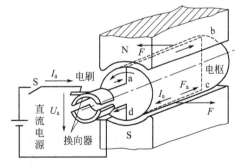

图7.2.2　直流电动机工作原理

$$T = K_T \Phi I_a \tag{7.2.2}$$

式中，I_a为电枢电流，A；Φ为每极磁通量，Wb；K_T是与电动机结构有关的常数；T的单位是N·m。

7.2.3 发电机和电动机中的电磁转矩

直流发电机和直流电动机两者的电磁转矩的作用是不同的。

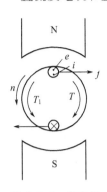

图 7.2.3 发电机中的电磁转矩

当直流发电机向负载输出电功率时，负载电流流过电枢线圈，根据前面分析可知，发电机中电动势方向和电流方向相同，如图7.2.3所示。由于载流导体在磁场中要受到电磁力作用，用左手定则判断，电枢转子便受到一个电磁转矩 T 的作用。由图7.2.3可知，电磁转矩 T 和外转矩（原动机拖动转矩）T_1 方向相反，也与转速方向相反，所以电磁转矩 T 为制动转矩。直流发电机同样有机械摩擦，电枢旋转后铁芯中也会产生磁滞、涡流损耗，因此当电机以某一转速旋转时，原动机转矩 T_1 必须与发电机的电磁转矩 T 及空载损耗转矩 T_0 相平衡。

当发电机的负载（即电枢电流）增大时，电磁转矩和输出功率也随之增加，这时原电动机的拖动转矩和所输入的机械功率也必须相应增加，以保持转矩之间和功率之间的平衡，而转速能够基本不变。

电动机的电磁转矩是驱动转矩，它使电枢转动。因此匀速运动时，电动机的电磁转矩 T 必须与机械负载转矩 $T_2(T_L)$ 及空载损耗转矩 T_0 相平衡。当轴上的机械负载发生变化时，例如负载转矩增加时，由于电动机转矩小于负载转矩，所以转速要降低，转速降低使电枢电动势（反电动势）减小，从而使电枢电流增加，电磁转矩增大。这个转速降低，电磁转矩增大的过程，一直进行到满足新的转矩平衡条件为止，电动机以较低的转速匀速运行。这时的电枢电流已大于原来的，也就是说从电源输入的功率增加了（电源电压保持不变）。

通过以上分析还可以看出，电动机的稳态转矩是决定于负载的，如果不带负载，轴上输出转矩就等于零，电动机只能产生克服自身空载转矩的电磁转矩。电动机的稳态转矩也能够自动地与静负载转矩相平衡，而不需要通过任何操作去调节电压、电阻或磁通，这种可贵的性能是其他一些原动机（如内燃机、蒸汽机）所不具备的。

综上所述，直流发电机和直流电动机是直流电机在不同外界条件下的两种运行状态，即发电运行状态和电动机运行状态。归纳为两点：

(1) 发电机和电动机都存在感应电势和电磁转矩，而且感应电势和电磁转矩的表达式相同，即 $E_a = K_E\Phi n$，$T = K_T\Phi I_a$，但 E_a、T 在两种运行状态中的作用却相反。对比如下

发电机运行   电动机运行状态

E_a 和 I 方向相同 E_a 和 I 方向相反

E_a 为正电动势 E_a 为反电动势

T——制动转矩 T——驱动转矩

(2) 发电机和电动机中都同时存在以下两种平衡关系：

电压平衡方程式——反映了直流电机和外部电源或外电路的联系；

转矩平衡方程式——反映了直流电机和外部机械的联系。

这两者平衡关系在这两种运行状态中也不是相同的，如图7.2.4和图7.2.5所示，比较如下：

发电机运行 $U = E_a - I_a R_a (E_a > U_a)$；$T_1 = T + T_0$ （T_1 为发电机输入转矩）

电动机运行　　　　$U=E_a-I_aR_a(E_a<U_a)；T_2=T-T_0$　　（T_2 为电动机轴上输出转矩）

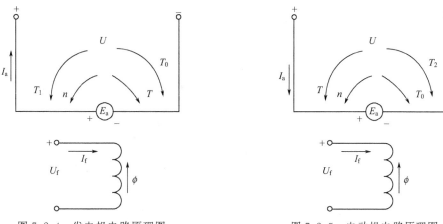

图 7.2.4　发电机电路原理图　　　　　　　图 7.2.5　电动机电路原理图

7.3　直流电动机的铭牌和分类

7.3.1　直流电动机的分类

直流电动机可按结构、用途、容量大小和励磁方式的不同进行分类。这里仅介绍按励磁方式分类的方法。所谓励磁方式就是指励磁绕组的供电方式。直流电动机按励磁绕组供电方式可分为四类：他励、并励、串励和复励四种。

他励式电动机构的励磁绕组由其他直流电源单独供电，如图 7.3.1（a）所示，主磁场与电动机电流无关。电动机构造比较复杂，适用于要求大范围平滑调速的负载。

并励直流电动机的励磁绕组与电枢绕组并联，电枢电压即励磁电压，如图 7.3.1（b）所示，电源电流 I 的大小等于电枢电流 I_a 与励磁电流 I_f 的和。

$$I=I_a+I_f \tag{7.3.1}$$

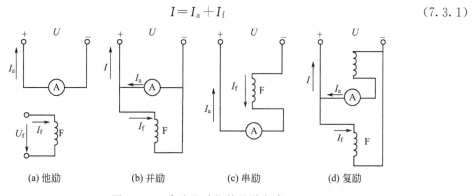

(a) 他励　　　　　(b) 并励　　　　　(c) 串励　　　　　(d) 复励

图 7.3.1　直流电动机的几种方式

并励式电动机在外加电压一定的情况下，励磁电流产生的磁通将保持恒定不变。启动转矩大，负载变动时转速比较稳定，转速调节方便，调速范围大。广泛用来拖动要求转速可在一定范围内调节，且变化较小的负载，如大型车床、造纸机、轧钢机等。

串励直流电机的励磁绕组与电枢绕组串联，电枢电流与励磁电流相同，如图 7.3.1（c）所示。串励式电动机的转速随转矩的增加，呈显著下降的软特性，用于要求启动转矩和过载能力大的恒转矩负载。

$$I = I_a \qquad (7.3.2)$$

复励直流电机的励磁绕组分为两部分，一部分与电枢绕组串联，另一部分与电枢绕组并联。适用于要求启动转矩较大，而转速变化又不显著的负载，如冲床、刨床、印刷机等。

7.3.2 直流电机的铭牌数据

电机根据设计数据和试验数据而确定的正常运行状况称为额定运行工况。表征电机额定运行工况的物理量，如电压、电流、功率、转速等，称为电机的额定值。直流电机的额定值主要有以下几项：

（1）额定功率 P_N 指电机在额定条件下所能提供的功率，对于电动机指轴上输出的机械功率的额定值；对于发电机是指电刷间输出的额定电功率，单位为 W 或 kW。

（2）额定电压 U_N 指在额定工况下，直流电机的平均电压，发电机：是指输出额定电压；电动机：是指输入额定电压，单位为 V。

（3）额定电流 I_N 指在额定电压和额定负载时，允许电机长期输入（电动机）或输出（发电机）的电流，单位为 A。

（4）额定转速 n_N 指电机在额定电压、额定电流下，运行于额定功率时对应的转速，单位为 r/min。

此外电机还有额定励磁电压 U_{fn}，额定效率 η_N，额定转矩 T_N，绝缘等级和额定温升 C_N 等参数。额定值一般标记在电机的铭牌或产品说明书上，但不一定同时都标在一台电机的铭牌上。

直流电动机的额定输入功率 $P_{IN} = U_N I_N$，额定输出功率与额定电压、额定电流的关系为

$$P_N = U_N I_N \eta_N \qquad (7.3.3)$$

额定转矩 T_N 的大小可根据额定功率 P_N 和额定转速 n_N 来确定

$$T_N = 9550 \frac{P_N}{n_N} \qquad (7.3.4)$$

额定温升 C_N 由绝缘材料的等级决定。

额定值是客观评估和合理选用电机的基本依据，也是电机运行过程中的基本约束。换句话说，一般都应该让电机按额定值运行，电机运行时，所有物理量与额定值相同就称电机运行于额定状态。因为此时电机应处于设计所期求的运行工况，各项性能指标、经济性、安全性等总体上会处于最佳状态。工程中电机恰以额定容量运行时称为满载，超过额定容量为过载，反之为轻载。电机过载运行可能导致过热，加速绝缘老化，降低使用寿命，甚至损坏电机，是应该加以控制的；但轻载运行会降低效率，且浪费容量，也是应该尽量避免的。因此，根据实际需要，合理选定电机容量，使之基本上以额定工况运行，这是电机应用中的基本要求。

例 7.3.1 一直流电动机额定数据为：额定功率 $P_N = 17\mathrm{kW}$，额定电压 $U_N = 220\mathrm{V}$，额定转速 $n_N = 1500\mathrm{r/min}$，额定效率 $\eta_N = 0.83$。试求该电动机额定负载时的输入功率及额定电流。

解 已知 $P_N = 17\mathrm{kW}$，$\eta_N = 0.83$
额定负载时的输入功率

$$P_1 = \frac{P_N}{\eta_N} = \frac{17}{0.83} = 20.48\mathrm{kW}$$

额定电流

$$I_N = \frac{P_1}{U_N} = \frac{20480}{220} = 93.10A$$

7.4 直流电动机的机械特性

直流电动机的机械特性是指在电动机的电枢电压、励磁电流、电枢回路电阻为恒值的条件下，电动机的转速 n 与电磁转矩 T 之间的关系：$n = f(T)$。由于转速和转矩都是机械量，所以把它称为机械特性。利用机械特性和负载特性可以确定系统的稳态转速，在一定近似条件下还可以利用机械特性和运动方程式分析电力拖动系统的动态运行情况，如转速、转矩及电流随时间的变化规律。电动机的机械特性对分析电力拖动系统的运行是非常重要的。

图 7.4.1 是他励直流电动机的电路原理图。图中 U 为外接电枢电压，E_a 是电枢电动势，I_a 是电枢电流，R_a 是电枢电阻，R_s 是电枢回路串联电阻，I_f 是励磁电流，Φ 是励磁磁通，R_f 是励磁绕组电阻，R_{sf} 是励磁回路串联电阻。按图中标明的各个量的正方向，可以列出电枢回路的电压平衡方程式

$$U = E_a + RI_a \tag{7.4.1}$$

式中，$R = R_s + R_a$，为电枢回路总电阻。将电枢电动势 $E_a = K_E \Phi n$ 和电磁转矩 $T = K_T \Phi I_a$ 代入上式中，可得他励直流电动机的机械特性方程式。

$$n = \frac{U}{K_E \Phi} - \frac{R}{K_E K_T \Phi^2} T = n_0 - KT = n_0 - \Delta n \tag{7.4.2}$$

式中，K_E、K_T 分别为电动势常数和转矩常数；$n_0 = \dfrac{U}{K_E \Phi}$ 为电磁转矩 $T = 0$ 时的转速，称为理想空载转速；$K = \dfrac{R}{K_E K_T \Phi^2}$ 为机械特性的斜率；$\Delta n = KT = \dfrac{R}{K_E K_T \Phi^2} T$ 为转速降。

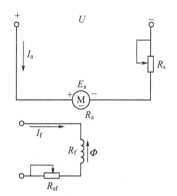

图 7.4.1 他励直流电动机电路原理图

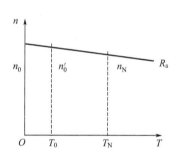

图 7.4.2 他励直流电动机机械特性

由式 (7.4.2) 可知，当 U、Φ、R 为常数时，他励直流电动机的机械特性是一条以 K 为斜率向下倾斜的直线，如图 7.4.2 所示。

由机械特性公式可知，当 U、Φ、R 为常数时，他励直流电动机的机械特性是一条以为斜率向下倾斜的直线，如图 7.4.2 所示。K 越大，特性越陡，K 越小，特性越平，通常称 K 大的机械特性为软特性，而 K 小的特性为硬特性。由机械特性公式还可看出，电枢回路电阻 R、端电压 U 和励磁磁通 Φ 都是可以根据实际需要进行调节的，每调节一个参数可以得到一条对应的机械特性。改变电动机的参数就是人为地改变电动机的机械特性，从而使负载工作点发生变化，转速随之变化，方便地实现调速。

例 7.4.1 一台他励直流电动机的数据为：$P_N=10kW$，$U_N=220V$，$I_N=53.4A$，$n_N=1500r/min$，$R_a=0.4\Omega$。求：（1）额定运行时的电磁转矩、输出转矩及空载转矩；（2）理想空载转速和空载实际转速；（3）半载时的转速；（4）$n=1600r/min$ 时的电枢电流。

解 已知额定电压 $U_N=220V$，额定输出功率 $P_N=10kW$

（1）额定输入功率 $P_{1N}=U_N I_N=220\times53.4=11.75kW$

电磁转矩 $T=9550\dfrac{P_{1N}}{n_N}=9550\times\dfrac{11.75}{1500}=74.8N\cdot m$

输出转矩 $T_2=9550\dfrac{P_N}{n_N}=9550\times\dfrac{10}{1500}=63.67N\cdot m$

空载转矩 $T_0=T-T_2=74.8-63.67=11.13N\cdot m$

（2）反电动势 $E_a=U_N-R_a I_a=220-0.4\times53.4=198.64V$

因为 $E_a=K_E\Phi n$ 所以 $K_E\Phi=\dfrac{E_a}{n_N}=\dfrac{198.64}{1500}=0.1324$

因为 $T=K_T\Phi I_N$ 所以 $K_T\Phi=\dfrac{T}{I_N}=\dfrac{63.67}{53.4}=1.19$

理想空载转速 $n_0=\dfrac{U_N}{K_E\Phi}=\dfrac{220}{0.1324}=1662r/min$

空载实际转速 $n_0'=n_0-\dfrac{R_a}{K_E\Phi K_T\Phi}T_0=1662-\dfrac{0.4\times11.13}{0.1324\times1.19}\approx1634r/min$

（3）半载时转速 $n_{\frac{1}{2}}=\dfrac{U_N-0.5I_N R_a}{K_E\Phi_N}=\dfrac{220-0.5\times53.4\times0.4}{0.1324}=1581r/min$

（4）电枢电流 $I_a=\dfrac{U_N-E_a}{R_a}=\dfrac{U_N-K_E\Phi_N n}{R_a}=\dfrac{220-0.1324\times1600}{0.4}=20.4A$

7.5 直流电动机的使用

与交流电动机一样，直流电动机作为驱动元件时，生产机械也有对启动、制动和调速性能的要求。并励直流电动机在拖动中应用较为广泛，故以并励电动机为例介绍直流电动机的启动、制动、调速及改变转向等基本原理和方法。

7.5.1 直流电动机的启动

电力拖动机组从静止到稳定运行首先必须通过启动过程。从机械方面看，启动时要求电动机产生足够大的电磁转矩来克服机组的静止摩擦转矩、惯性转矩以及负载转矩（如果带负载启动），才能使机组在尽可能短的时间里从静止状态进入到稳定运行状态。直流电动机的常用启动方法有直接启动、电枢回路串电阻启动和降压启动三种。

1. 直接启动

所谓直接启动，是指不采取任何措施，直接将静止电枢投入额定电压电网的启动过程。但直流电机启动时电流大，高达额定电流十几倍，并且对供电电源是很大冲击。如上所述，直流电动机不宜于采用直接启动。因此，这里所讲的直接启动只限于小容量电动

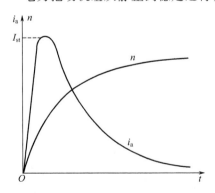

图 7.5.1 直接启动过程中的电流与
转速曲线

机，对电网和自身的冲击都不太大，但操作简便，无须添加任何启动设备。

直接启动过程中电枢电流和转速的变化规律如图 7.5.1 所示。如果电动机在额定电压下直接启动，由于启动瞬间转速 $n=0$，电枢绕组的反电动势 $E_a=K_E\Phi n=0$，故启动电流 I_{st} 为：

$$I_{st}=\frac{U_N-E_a}{R_a}=\frac{U_N}{R_a} \tag{7.5.1}$$

因为电枢电阻 R_a 很小，所以直接启动电流将达到很大数值，通常可达到额定电流的 $10\sim20$ 倍，过大的启动电流会导致很大的电路压降以致影响电源上的其他用户；使电动机的换向严重恶化，甚至会烧坏电机；又由于启动转矩 $T_{st}\propto I_{st}$，所以启动转矩也很大，过大的冲击转矩会损坏电枢绕组和传动机构。因此除一些容量很小的电动机外，一般直流电动机是不允许直接启动的。

2. 电枢回路串电阻启动

为了限制启动电流，在启动时将一启动电阻 R_{st} 串入电枢回路，如图 7.5.2 所示，启动结束后将电阻切除。串接启动电阻后的启动电流为

$$I_{st}=\frac{U_N}{R_a+R_{st}} \tag{7.5.2}$$

则启动电阻为 $R_{st}=\dfrac{U_N}{I'_{st}}-R_a \tag{7.5.3}$

在实际工程中，可以根据具体需要选择 R_{st} 的数值，以有效限制启动电流。启动电阻一般采用变阻器形式，可为分段切除式，电阻分段越多，调速的平滑性越好。一般规定电动机的启动电流 $I'_{st}\leqslant(1.5\sim2.5)I_N$。电动机转动起来以后，随着转速 n

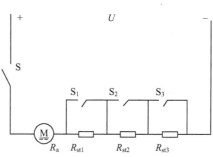

图 7.5.2 电枢串电阻启动示意图

的升高，其反电动势 E_a 也增大，由式（7.5.1）可知，电枢电流 I_a 减小，电磁转矩 $T=K_T\Phi I_a$ 也随之减小。为了在启动过程中保持大的电磁转矩，必须随着转速 n 的上升，逐渐切除电枢回路中的串联电阻，使电枢电流基本保持不变，直到电动机转速升高，启动完毕后，才将电阻全部切除。

3. 降压启动

降压启动是通过降低端电压来限制启动电流的一种启动方式。降压启动对抑制启动电流最有效，能量消耗也比较少，但需要专用调压直流电源，投资较大。不过，近代已广泛采用可控硅整流电源，无论是调节性能还是经济性能都已经很理想，因此，降压启动应用越来越广泛。

例 7.5.1 他励直流电动机的 $U_N=220V$，$I_N=207.5A$，$R_a=0.067\Omega$，试问：

（1）直接启动时的启动电流是额定电流的多少倍？

（2）如限制启动电流为 $1.5I_N$，电枢回路应串入多大的电阻？

解 （1）直接启动电流 $I_{st}=\dfrac{U_N}{R_a}=\dfrac{220}{0.067}A=3283.6A$

直接启动时的启动电流是额定电流倍数为 $\dfrac{I_{st}}{I_N}=\dfrac{3283.6}{207.5}=15.8$ 倍

（2）限制启动电流为 $1.5I_N$ 时应串入的启动电阻：

$$R_s=\frac{U_N}{1.5I_N}-R_a=\frac{220}{1.5\times207.5}-0.067=0.64\Omega$$

7.5.2　直流电动机的调速

并励（或他励）直流电机和交流异步电动机比较起来，虽然结构复杂、价格高、维修困难，但是在调速性能上有其独特的优点。笼型异步电动机通过变频调速可以实现无级调速，但其调速设备复杂、成本高。因此对调速性能要求高的生产机械，还常采用直流电动机。直流电动机还能实现无级调速，且稳定性好。

电动机的转速调节就是在负载不变的情况下，通过改变电动机参数来获得不同的转速，以满足生产要求。

根据式(7.4.2)的机械特性表达式

$$n = \frac{U}{K_E \Phi} - \frac{R}{K_E K_T \Phi^2} T = n_0 - KT$$

当 $T = T_L$（T_L 为负载转矩）某一定值时，改变他励（或并励）直流电动机电枢串联电阻、励磁电流 I_f 或端电压 U 都可以进行调速。

1. 变电压调速

在他励直流电动机中，保持负载转矩 T_L 不变，额定励磁 $\Phi = \Phi_N$ 不变，电枢回路不串电阻，即 $R = R_a$，降低电枢端电压，则电动机的理想空载转速 $n_0 = \dfrac{U}{K_E \Phi}$ 减小，而改变电压后机械特性的斜率 $K = \dfrac{R}{K_E K_T \Phi^2}$ 不变，因此所有的机械特性是一组平行的直线，如图 7.5.3所示。随着电压的降低，转速也降低。为保证电动机的绝缘不受损伤，通常只采用降压调整。

调速过程是这样的：当端电压下降时，电枢电流 I_a 减小，电磁转矩 $T_{em} = K_T \Phi I_a$ 也随之减小。由于负载转矩不变，则 $T < T_L$，转速降低，反电动势 $E_a = K_e \Phi n$ 随之减小，使电枢电流 $I_a = \dfrac{U - E_a}{R_a}$ 和电磁转矩开始回升，直到与负载转矩相平衡，电动机以较原来低的某一转速稳定运行。

改变电枢电压是一种比较灵活的调速方式。转速既可升高也可降低，配合励磁调节，调速范围还可以更加宽广，因而，它已发展成为一种普遍应用的调速方式。当然，调压调速需要专用直流电源，但这在现代电力电子传动系统中已经是最基本的配置。辅以对整流电源的先进控制策略和调制方案，系统不但可以获得最为理想的调速性能，而且可以集正反转切换、降压启动以及后面将要介绍的能量回馈制动等功能于一身，最终实现传统电力传动系统难以企及的最优化运行性能指标。

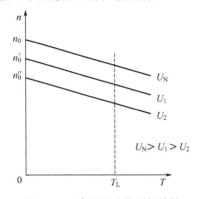

图 7.5.3　降压调速的机械特性

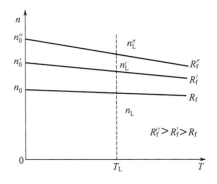

图 7.5.4　变励磁调速的机械特性

2. 改变励磁电流调速

以并励电动机为例，保持电动机端电压为额定值，电枢回路不串电阻 $R=R_a$，增大励磁调节电阻 R_{sf}（励磁回路总电阻 $R_f=r_f+R_{sf}$）可使磁通减少，电动机的理想空载转速 $n_0=\dfrac{U}{K_E\Phi}$增大，斜率 $K=\dfrac{R}{K_EK_T\Phi^2}$ 也增大，机械特性曲线如图 7.5.4 所示。可见磁通减小时，转速升高，特性变软。

调整过程中，负载转矩不变。当增大 R_f 使磁通 Φ 减小时，开始瞬间由于机械惯性，转速 n 不变，反电动势 $E_a=K_E\Phi n$ 减小，电枢电流 $I_a=\dfrac{U-E}{R_a}$增大，电磁转矩 $T_{em}=K_TI_a$ 中 I_a 的增大远比磁通减小明显得多，于是 T 增加而大于负载阻转矩 T_L，电动机转速 n 上升，使反电动势 E_a 回升，电枢电流 I_a 又减小，电磁转矩 T 也减小直到与负载转矩相平衡。电动机维持在较原来较高的转速运行。

从电动机的性能考虑不允许磁路过饱和，因此，改变磁通只能是从额定值 Φ_N 往下调，调节磁通调速即是弱磁调速。

改变励磁调速的优点：

① 调速平滑，可得到无级调速；

② 可在励磁回路串电阻来调节励磁，因此调速经济，控制方便；

③ 机械特性硬度较好，运行的稳定性较好。

但是，由于受到电动机机械强度和换向的限制，转速不允许调得过高，一般为 $(1.2\sim1.5)n_N$，特殊设计的弱磁调速电动机，可达到 $(3\sim4)n_N$。

若电动机带额定负载不变，进行弱磁调速，由于磁通的减小，只有电枢电流增大超过额定值才能使电磁转矩 $T=K_T\Phi I_a$ 与负载转矩 T_L 相平衡，这是不允许的。因此弱磁调速当电枢电流超过额定值时，必须减小负载转矩，所以这种调速方法适合于拖动转矩与转速约成反比恒功率负载，如切削车床的粗、精加工、轧钢机的等。

电枢电路中串入电阻，同样可以调节转速。其机械特性曲线、调速过程及特点的分析与上述类似。他励直流电动机，广泛采用弱磁调速和降压调速联合使用的方法，使调速范围更宽。

例 7.5.2 一台他励直流电动机的数据为：$P_N=30kW$，$U_N=220V$，$I_N=158.5A$，$n_N=1000r/min$，$R_a=0.1\Omega$，$T_L=0.8T_N$，求：

（1）电动机的转速；

（2）电枢回路串入 0.3Ω 电阻时的稳态转速；

（3）电压降至 $188V$ 时，降压瞬间的电枢电流和降压后的稳态转速；

（4）将磁通减弱至 $80\%\Phi_N$ 时的稳态转速。

解 （1）因为 $E_a=K_E\Phi n$，所以

$$K_E\Phi_N=\frac{U_N-R_aI_N}{n_N}=\frac{220-0.1\times158.5}{1000}=0.204V/(r/min)$$

电动机的转速

$$n=\frac{U_N-R_aI_N}{K_E\Phi_N}=\frac{U_N-0.8R_aI_N}{K_E\Phi_N}=\frac{220-0.8\times0.1\times158.5}{0.204}=1016r/min$$

（2）电枢回路中串入电阻后的转速

$$n=\frac{U_N-0.8(R_a+R_S)I_N}{K_E\Phi_N}=\frac{220-0.8\times(0.1+0.3)\times158.5}{0.204}=830r/min$$

（3）降压瞬间 n 不突变，E_a 不突变，电流突变为：

$$I_a = \frac{U - E_a}{R_a} = \frac{U - K_E \Phi_N n}{R_a} = \frac{188 - 0.204 \times 1016}{0.1} = -193A$$

稳态后电流 I_a 恢复到原来值（$0.8I_N$），稳态后转速为：

$$n = \frac{U - R_a I_a}{K_E \Phi_N} = \frac{188 - 0.8 \times 0.1 \times 158.5}{0.204} = 859\text{r/min}$$

（4）根据

$$T_{em} = K_T \Phi_N I_a = K_T \Phi' I_a'$$

得

$$I_a' = \frac{\Phi_N}{\Phi'} I_a = \frac{\Phi_N}{0.8\Phi_N} 0.8 I_N = I_N = 158.5A$$

$$n = \frac{U_N - R_a I_a'}{K_E \Phi'} = \frac{220 - 0.1 \times 158.5}{0.8 \times 0.204} = 1251\text{r/min}$$

7.6 直流电动机的常见故障及处理方法

与交流异步电动机不同，直流电动机有换向器。换向器是直流电机中最易出现故障的部件，而且维修困难，其次是定、转子绕组。

本节分别介绍换向器和定、转子绕组常见故障及处理方法。

7.6.1 换向故障

直流电动机的换向故障主要有换向产生火花，严重时出现环火、换向器受损、电刷损坏等，分别介绍如下。

1. 换向产生火花

火花是电刷与换向器间的电弧放电现象，是换向不良的明显标志。微小火花不会损坏电动机，火花严重时可能产生环火，会造成电枢绕组部分或全部短路而损坏电动机。产生火花的主要原因可分为三类：电磁原因、机械原因和负载与环境原因。

（1）电磁原因 主要有三种：一是换向元件合成电动势不为零，使换向元件产生附加电流，换向使电刷边电流密度增大，元件的电磁能以火花的形式释放出来；二是电枢绕组开焊或匝间短路，使电路不对称，造成严重火花；三是电刷不在磁极轴线上，使换向元件处在主极区内，感应电动势，造成换向时产生火花。

（2）机械原因 机械原因很多，主要有换向器偏心或变形，换向器表面粗糙，换向片突出变形，片间绝缘突出等，都会造成电刷与换向器的接触不良产生火花；电枢动平衡不好，振动等原因也造成电刷与换向器的接触不良产生火花；电刷与刷握的间隙不合适，电刷压力不当，电刷材质不合适等，影响滑动接触产生火花。

（3）负载与环境原因 主要有严重过载，带冲击性负载等而造成换向困难产生火花；环境湿度、温度过高或过低，油雾、有害气体、粉尘量过高等破坏换向器表面氧化膜的平衡而影响正常滑动接触产生火花。

根据不同的原因，可采取不同的处理方法。

（1）电磁原因的处理方法 检查换向极的励磁绕组是否正常励磁；处理电枢绕组的短路和开焊；将电刷移动至磁极轴线上。

（2）机械原因的处理方法 车圆、车光换向器，保证电刷与换向器的良好接触；校平衡消振；调整刷握间隙和弹簧压力；选择合适牌号的电刷。

（3）负载与环境原因的处理方法 使负载在电动机的额定范围内，否则更换更合适功率的电动机；改善环境条件，加强通风，避免温度过高，防止油雾、粉尘和潮气进入电动机，使换向器表面保持干燥、清洁。

2. 环火

环火是恶性事故，出现环火时，正、负极电刷之间有电弧飞越，换向器表面出现一圈弧光，此时电弧的高温和具有的能量不仅会严重损坏换向器和电刷，而且会造成电枢绕组的短路，并且危及操作和维修人员的安全。

环火产生的主要原因有：换向片的片间绝缘被击穿；换向器表面不清洁；短路或带严重的冲击负载；换向器片间电压过高；严重换向不良；电枢绕组开焊等。

处理故障的方法有：更换片间绝缘；注意维护保养，保持清洁；清除短路、开焊和过电压；改善换向。

7.6.2　绕组故障及原因

绕组包括定子绕组和转子绕组。定子绕组有主极励磁绕组、换向极励磁绕组和补偿绕组。转子绕组就是电枢绕组。

运行时绕组常见故障有绕组过热、匝间短路、接地、绝缘电阻下降以及极性错接等。产生故障的主要原因如下：

（1）绕组过热：通风散热不良；过载和匝间短路。

（2）匝间短路：匝间绝缘老化；长期过载运行；过电压以及受到冲撞使匝间绝缘受损。

（3）定子绕组：绝缘受损是最常见的现象；线圈与铁芯槽口的尖毛刺对地击穿；绕组受潮，绝缘电阻过低等。

（4）绝缘电阻下降：绕组绝缘受潮，绝缘表面积有粉尘、油污以及有化学腐蚀气体影响等。

（5）励磁绕组极性错接，使电动机的电磁转矩减小，启动困难。换向极绕组极性错接，会造成换向困难，换向火花大。

小　　结

本章介绍了直流电机的基本结构、工作原理。分析了直流电动机机械特性及使用方法，常见故障及处理方法。要点如下：

（1）直流电机主要由定子、转子两部分组成。定子主磁极的励磁绕组通入直流电流建立恒定磁场。转子电枢绕组经过换向器和电刷与电源接通，在电动机中，换向器的作用是保证同一磁极下绕组的电流方向不变。

（2）载流的电枢绕组在主极磁场的作用下，产生电磁力和电磁转矩，驱动转子旋转。电磁转矩的大小与每极磁通 Φ 和电枢电流 I_2 的乘积成正比，$T = K_T \Phi I_a$，方向由左手定则确定。

（3）电枢绕组切割主极磁场，在绕组中产生感应电动势，$E_a = K_E \Phi n$，其方向由右手定则确定。

（4）直流电动机按励磁方式可分为他励、并励、串励和复励。他励和并励有较硬的机械特性，其特性表达式为

$$n = \frac{U}{K_E} - \frac{R_a}{K_E K_T \Phi^2} T$$

直流电动机在启动和运行时，都不允许失去励磁。

（5）直流电动机的反转，可改变励磁方向和电枢电流的方向来实现，但两者不能同时改变。

（6）直流电动机不允许直接启动（只有极小功率的电动机可以），通常来用降压启动（适用于他励电动机）和电枢串电阻启动。

（7）直流电动机的调速方法有三种：变电压调速和电枢回路串电阻调速，转速从额定转速向下调节；变励磁调速，转速从额定转速向上调节。

（8）换向器是直流电动机出现故障最多的部件，常见故障有换向产生火花和环火，产生的原因有电磁、机械和化学三方面原因。

绕组故障主要有：过热、匝间短路、接地、绝缘电阻下降和极性错接等。

思 考 题

7-1 直流电动机的磁场是恒定的，为什么电枢铁芯却要用相互绝缘的硅钢片叠成？

7-2 直流电动机中换向器的作用是什么？将换向器换成滑环，电动机能旋转吗？为什么？

7-3 如何改变并励直流电动机的转向？

7-4 改变申励直流电动机电源极性能改变旋转方向吗？

7-5 题 7-5 图所示为带负载运行时的机械特性曲线，试分析电动机能否稳定运行。

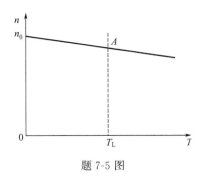

题 7-5 图

7-6 直流电动机和三相交流电动机直接启动电流大的原因是否相同？为什么？

7-7 他励直流电动机，在负载转矩 T_2 和外加电压 U_N 不变的情况下减小励磁，电枢电流将如何变化？

7-8 一台并励直流电动机，带恒转矩负载运行时，若端电压下降 20%，电动机的 n、I_a、T 将如何变化？

7-9 并励直流电动机能否采用调压调速？

7-10 为什么改变励磁调速时，需减小负载转矩？什么情况下可以带恒转矩负载？

7-11 负载转矩不变，电动机采用电枢回路串电阻调速后，电流如何变化？为什么？

7-12 直流电动机的制动有哪些方法？这些方法的共同特点是什么？

7-13 换向产生火花的原因有几类？

习 题

7-1 一台 Z_3-73 型直流电动机，额定值分别为 $P_N=17kW$，$U_N=440V$，$I_N=46A$，$n_N=1000r/min$，试求额定负载状态下，电动机的输入功率 P_I，效率 η，电磁转矩 T。

7-2 一台并励直流电动机，额定数据如下 $P_N=20kW$，$U_N=220V$，$n_N=2000r/min$，$\eta_N=0.86$，$R_a=0.04\Omega$，$R_f=30\Omega$，求额定运动时：（1）额定电流；（2）励磁电流；（3）反电动势；（4）额定电磁转矩。

7-3 一台并励直流电动机 $P_N=40kW$，$U_N=220V$，$I_N=208A$，$n_N=1500r/min$，$R_a=0.1\Omega$，$R_f=25\Omega$，试求：额定负载时电动机的（1）效率；（2）总损耗；（3）反电势；（4）作出机械特性曲线。

7-4 试求题 7-3 负载转矩为 0.8 倍的额定转矩时的转速。

7-5 一台他励直流电动机，额定数据为 $P_N = 22kW$，$U_N = 440V$，$I_N = 57.9A$，$R_a = 0.7\Omega$，试求：

(1) 直接启动时的启动电流，是额定电流的几倍；

(2) 限制启动电流为 $1.5I_N$ 时，电枢回路应串入多大的启动电阻。

7-6 一台并励直流电动机，$P_N = 10kW$，$U_N = 110V$，$n_N = 750r/min$，$\eta_N = 0.81$，$R_a = 0.08\Omega$，试求：

(1) 直接启动时的启动电流 I_{st}；

(2) 限制启动电流为额定电流的 1.8 倍，电枢回路应串入的启动电阻 R_{st}；

(3) 以上两种方式启动时电动机的输入电流和启动转矩。

7-7 一台并励直流电动机，铭牌数据为 $P_N = 10kW$，$U_N = 220V$，$I_N = 50A$，$n_N = 1500r/min$，电枢电阻 $R_a = 0.25\Omega$，试求在负载转矩不变的条件下，如果用降压调速的方法将转速下调 20%，电枢电压应降到多少？

7-8 试求题 7-7 条件下，电动机将转速提高 20%，采用弱磁调速，主磁通应为额定磁通的多少倍？

7-9 一台他励直流电动机，额定数据为 $P_N = 5.5kW$，$U_N = 110V$，$I_N = 60A$，$n_N = 1500r/min$，电枢电阻为 $R_a = 0.4\Omega$。试求当负载转矩和磁通不变时，电枢端电压下降 30% 的转速。

7-10 一台并励直流电动机，铭牌数据为 $P_N = 7.5kW$，$U_N = 110V$，$I_N = 82.2A$，$n_N = 1500r/min$，电枢电阻和励磁回路的电阻分别为 $R_a = 0.10$，$R_f = 46.7\Omega$。试求：

(1) 电枢电流 $I_N = 80A$ 时，电动机的转速；

(2) 负载转矩为额定值，电动机主磁通减小 15% 时，电枢电流和转速。

7-11 一台并励直流电动机，额定数据为：$P_N = 7.5kW$，$U_N = 220V$，$I_N = 41.3A$，$n_N = 1000r/min$，电枢电阻 $R_a = 0.4\Omega$，励磁电阻 $R_f = 42\Omega$，保持额定电压和额定转矩不变，试求：

(1) 电枢回路串入 $R = 0.4\Omega$ 的电阻时，电动机的转速和电枢电流；

(2) 励磁回路串入 $R = 10\Omega$ 的电阻时，电动机的转速和电枢电流。

第 8 章

控 制 电 机

在现代生产技术、空间技术和电算技术中，广泛使用着各种控制电机（又叫特种电机）。它们在自动控制系统、计算装置中分别作为测量、比较、放大、执行和解算元件。

控制电机与一般旋转电机原理上无本质的差别，特性也大致相同，但用途不同。一般旋转电机是作为动力来使用的，任务是能量转换，它着重于启动、运行状态和提高能量转换的效率；而控制电机着重于输出量的大小、特性的精度和快速反应，其主要任务是转换和传递控制信号。控制电机容量一般从数百毫瓦到数百瓦，在大功率控制系统中，容量可达数千瓦。

控制电机的种类很多，常用的控制电机有测速发电机、伺服电动机、旋转变压器、自整角机、步进电动机、交磁电机扩大机、直流力矩电动机等。根据它们在自动控制系统中的作用，可以作如下的分类。

（1）执行元件（功率元件）　主要包括直流伺服电机、交流伺服电机、步进电机和无刷直流电动机等。这些电动机的任务是将电信号转换成轴上的角位移或角速度以及直线位移和线速度，并带动控制对象运动。

（2）测量元件（信号元件）　测量元件包括自整角机，交、直流测速发电机和旋转变压器等。它们能够用来测量机械转角、转角差和转速，一般在自动控制系统中作为敏感元件和校正元件。

本章主要讨论伺服电动机、测速发电机、自整角机和步进电机等几种常用控制电机，并对家用电器中常用的单相异步电动机结构、原理、特性及应用加以分析。

8.1　单相异步电动机

单相异步电动机由单相电源供电，它广泛地应用于家用电器和医疗器械上，如电风扇、电冰箱、洗衣机等都使用单相异步电动机作为原动机。

8.1.1　基本类型

单相绕组中通入单相交流电时，便产生一个大小及方向随时间沿定子绕组轴线方向变化的磁场，称为脉动磁场。这个磁场没有旋转的性质，电机不能自行启动。但用外力使转子往任意方向旋转时，转子便会按外力作用的方向旋转起来，据此设计了各种启动方法。为了使单相异步电动机能够产生启动转矩，关键是在启动时如何使电动机内部形成一个旋转磁场。按照获得旋转磁场方式及结构上的不同，单相异步电动机可分为分相电动机和罩极电动机两大类型。

1. 分相电动机

从三相电流是如何产生旋转磁场的过程可以得出这样一个结论：只要在空间不同相的绕组中通入不同相的电流，就能产生一个旋转磁场。单相异步电动机分相启动就是根据这一原理设计的。

分相启动电动机包括电容启动电动机、电容电动机和电阻启动电动机。

（1）电容启动电动机　与三相异步电动机相似，单相异步电动机也主要由定子和转子两大部分构成，其转子也为笼型。定子上有两个绕组，一个称为主绕组（或工作绕组），用 1 表示，另一个称为辅助绕组（或启动绕组），用 2 表示。两绕组在空间互差 90°。在启动绕组回路中串接启动电容 C 作电流分向用，并通过离心开关 S 或继电器触点与工作绕组并联在同一单相电源上，如图 8.1.1(a) 所示。因工作绕组呈电感性，I_1 滞后于 U。若恰当选择电容 C，使流过启动绕组的电流 I_{st} 超前 I_1 90°，如图 8.1.1(b) 所示，这就相当于在相位上互差 90° 的两相电流流入在空间相差 90° 的两相绕组中，便在气隙中产生旋转磁场，如图 8.1.2 所示。在旋转磁场作用下产生电磁转矩使电动机转动。

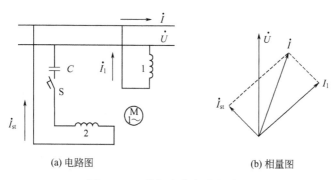

(a) 电路图　　　　　　　　　　　(b) 相量图

图 8.1.1　单相电容启动电动机

这种电动机的启动绕组一般是按短时工作设计的，所以在电动机启动以后，为了避免辅助绕组过热，当转速达到一定值（70%～85% 同步转速）时，由离心开关 S 将辅助绕组和电容 C 从电源切断，这时电动机就在工作绕组单独作用下运行。

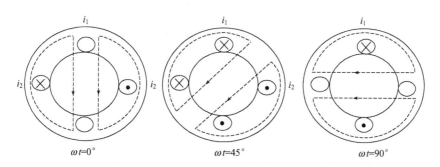

图 8.1.2　单相电容启动电动机的电流和磁场

（2）电容电动机　在启动绕组中串入电容后，不仅能解决启动问题，运行时还能改善电动机的功率因数和提高过载能力。设计时，如果考虑到辅助绕组不仅作启动用，而且能供工作用，让串联电容的辅助绕组在电动机启动后不再从电源切除，使电动机成为两相电动机，这种电动机称为电容电动机，如图 8.1.3 所示。

由于电动机工作时比启动时所需的电容小，所以电动机启动后要利用离心开关 S 将启动电容 C_{st} 切除。工作电容 C 及长期工作方式设计的启动绕组与工作绕组一起参与运行。

（3）电阻启动电动机　电阻分相电动机的辅助绕组用较细的导线成且匝数多，使其电阻增大，电流超前于主绕组中的电流，以形成两相电流。但由于两个绕组中阻抗都是电感性

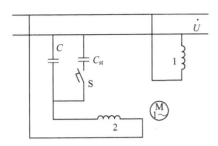

图 8.1.3　单相电容电动机

的，其电流的相位差较小，不可能达到 90° 电角度，在电动机气隙内产生旋转的磁场椭圆度较大，所以电阻分相电动机的启动转矩较小，只适用于空载和轻载启动的场合。

2. 罩极式单相异步电动机

罩极式电动机的定子铁芯多制成凸极式，由硅钢片冲片叠压而成，每极上装有集中绕组，即主绕组。在极靴的一边开有一个小槽，并用短路环把这部分磁极罩起来，故称为罩极电机。这个短路铜环被称为罩极线圈，具有启动绕组的作用，如图 8.1.4 所示。罩极式电动机转子仍作成笼型。

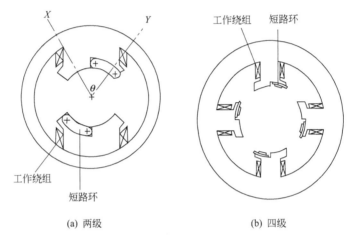

(a) 两级　　　　　　　　　　(b) 四级

图 8.1.4　罩极式电动机定子

工作绕组中通入单相交流电后产生脉振磁通，其中一部分 Φ_1 通过没有罩极线圈包围的极面，另一部分 Φ'_1 通过被其包围的极面，Φ 与 Φ'_1 在时间上是同相位的。脉振磁通穿过罩极线圈时，在其中就会产生感应电动势 E_K 及电流 I_K，E_K 在相位上滞后于磁通 Φ'_1 90°，罩极部分的电磁情况和短路的变压器一样。由于罩极线圈是一个电感线圈，所以电流 I_K 应滞后于 E_K 一个 φ 角，当电流 I_K 通过罩极线圈时，在它所包围的极面下又产生了磁通 Φ_K。显然，通过罩极线圈包围的极面下的总磁通 Φ_2 是磁通 Φ'_1 与磁通 Φ_K 之和，即 $\Phi_2 = \Phi'_1 +$

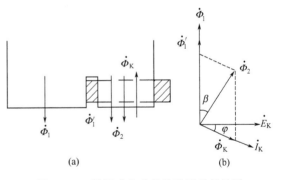

图 8.1.5　罩极式电动机的磁通及相量图

Φ_K。图 8.1.5(a) 是这些磁通的示意图。8.1.5(b) 表示它们的时间相量关系。由图可见，由于 Φ_K 的作用，使极面下的两部分磁通 Φ_1 与 Φ_2 在时间上有了 β 角的相位移。

由于脉振磁场的磁密幅值位置固定于对应绕组的轴线上。从空间上来看，磁通 Φ'_1 的轴线在气隙中是沿 X 轴方向，而磁通 Φ_2 的轴线是沿 Y 轴方向。它们在空间相夹 θ 角，如图 8.1.4(a) 所示。可见，未罩极部分磁通 Φ_1 与被罩极部分磁通 Φ'_2 不仅在时间上，而且在空间上有相位差，它们的合成磁场是一种"扫动"磁场，扫动的方向为从超前的 Φ_1 扫向滞后

的 Φ_2。这种扫动磁场的实质是一种椭圆度很大的旋转磁场。在这种磁场的作用下，电动机将获得一定的启动转矩。罩极式电动机主要用于小台扇、电唱机和录音机中，容量一般在 $30\sim40W$ 以下。

8.1.2　常用单相异步电动机的型号

常用单相异步电动机型号有 G 系列单相串激，YC 系列单相电容启动，BO2 系列分马力单相电阻启动，CO2 系列分马力单相电容启动，DO2 系列分马力单相电容运转异步电动机。

1. G 系列单相串激电动机

本系列电动机具有较大的启动转矩和过载能力，转速随负载和端电压的变化而改变（负载增加，转速降低；负载减少，转速增加；端电压降低，转速降低）。因而可用调压或在电动机定子绕组中串接可变电阻的方法来调节电动机的转速，亦可用晶闸管调速。

该系列电动机具有转速高、体积小、重量轻、出力大、调速方便等特点，广泛用于家电、医疗器械、邮电设备、电动工具、化工机械、小型机床以及仪器仪表中。其型号说明如下：

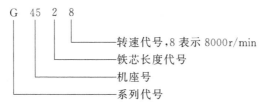

G 系列电动机为开启扇冷式结构，机壳、端盖结构材料有铸铝、钢板、铸铁 3 种，轴承采用精密单列向心球轴承，定、转子用低耗优质硅钢片，绕组用 E 级绝缘高强度漆包线。

2. BO2 系列分马力单相电阻启动异步电动机

BO2 系列分马力单相电阻启动异步电动机广泛用作小型机床、鼓风机、医疗器械、工业缝纫机、排风扇等的驱动设备，本系列按照国家标准并吸取国际上同类产品的优点设计制造，具有结构简单、运行可靠、维护方便及技术经济指标优异等特点。其型号说明如下：

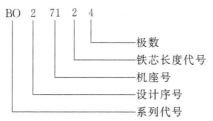

BO2 系列电动机的冷却方式为 ICO141，外壳防护等级为 IP44，采用 E 级绝缘材料，绕组具有良好的绝缘性能与机械强度。接线盒装在电动机顶部以便于从 4 个方向接线，离心开关在电动机内部。

3. CO2 系列分马力单相电容启动异步电动机

CO2 系列分马力单相电容启动异步电动机广泛用于空气压缩机、泵、冰箱、洗衣机及医疗器械等驱动设备，具有结构简单、运有可靠、维护方便及技术经济指标优异等特点。其型号及结构形式类同于 BO2 系列，不同之处在于有启动电容接在电动机左上方，从接线盒引出接线。

4. CO2 系列分马力单相电容运转异步电动机

该系列电动机广泛用作录音机、泵、风扇、电影放映机、记录仪器等驱动设备，其特点类同于 BO2、CO2 系列。与 BO2 系列不同之处在于冷却方式，56 号及以下机座为 ICO041，

63 号及以上机座为 ICO110。防护等级、绝缘材料均与上述相同。

5. YC 系列单相电容启动异步电动机

YC 系列单相电容启动电动机包括 4 个机座号，共 20 个规格，功率范围 0.25～3.7kW，外壳防护等级为 IP44，冷却方式为 ICO141，电动机采用 E 级和 B 级绝缘，额定频率 50Hz；额定电压 220V。

该系列电动机适用于小型机床、家用水泵、面粉机、碾米机、豆浆机、扬谷机、饲料粉碎机等只有单相电源的地方。

8.1.3　单相异步电动机的调速与正反转控制

1. 调速

单相异步电动机可用调节电阻、电抗、变压器、晶闸管等方式，通过改变电压来调速，如图 8.1.6 所示。其中常用的方法是电抗器和晶闸管调速。

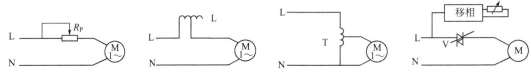

图 8.1.6　单相异步电动机的调速

2. 正反转控制

如果要改变分相式电动机的转向，只需将辅助绕组与主绕组相并联的端子对调即可；在罩极式电机中，当罩极的位置固定不变时，旋转磁场的转向，也就是电机的转向总是固定不变地从未罩极部分的轴线转向罩极部分的轴线，因而这种电机的转向是不可逆的。只有当罩极的位置改变（例如将定子铁芯从机座中取出，反向后重新装入）时，电机的转向才能改变。

8.2　伺服电机

伺服电机是应用较广的一种控制电机。它的作用是将电信号（如电压）转换成轴上的角位移或角速度。其最大特点是：有控制信号就旋转，无控制信号就停转，转速的大小与控制信号成正比。小功率的自动控制系统多采用交流伺服电机，一般功率在 30W 以下，且多制成两极；稍大功率的自动控制系统多采用直流伺服电机。

8.2.1　交流伺服电机

1. 结构和分类

交流伺服电机就是两相异步电动机，其定子上装有两个绕组，一个是励磁绕组，另一个是控制绕组，它们在空间相隔 90°。励磁绕组接至励磁电源，控制绕组与控制信号相连接；其转子结构有笼型转子和非磁性杯型转子两种。笼型转子与一般笼型异步电动机的转子结构相似，只是为了减小转动惯量而做得细长一些。

非磁性杯型转子伺服电机的结构如图 8.2.1 所示。为了减小转动惯量，杯型转子通常用铝合金或铜合金制成空心薄壁圆筒。为减小磁路的磁阻，在空心杯转子内放置固定的内定子代替笼型转子铁芯，作为磁路的一部分。

杯型转子与笼型转子从外表形状来看是不一样的。但实际上，杯型转子可以看作是笼型导条数非常多的、条与条之间彼此紧靠在一起的笼型转子，杯型转子的两端也可看作由短路环相连接，如图 8.2.2 所示。二者实质上没有什么差别，在电动机中所起的作用也完全相同。分析时常以笼型转子为例，其结论对杯型转子电动机也完全适用。

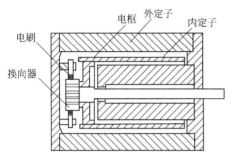

图 8.2.1　非磁性杯型转子伺服电机结构

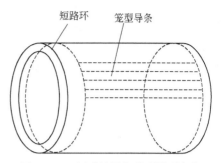

图 8.2.2　杯型转子与笼型转子相似

自动控制系统对交流伺服电机的要求是：当控制信号消除时，不允许有自转现象；只要有较小的信号就能启动；当控制信号变化时，反应快速灵敏。与笼型转子相比较，非磁性杯型转子具有惯性小，轴承摩擦阻转矩小等优点。但是由于它内、外定子间气隙较大，励磁电流大，降低了电机的利用率。在相同的体积、质量和一定的功率范围内，杯型转子伺服电机比笼型转子伺服电机所产生的启动转矩和输出功率都小；另外，杯型转子伺服电机结构和制造工艺又比较复杂。因此，目前广泛应用的是笼型转子伺服电机，只有在某些特殊场合下，才采用非磁性杯型转子伺服电机。

为了能控制电动机的转速，交流伺服电机的转子电阻 R_2 设计得较大，杯型转子做得尽量薄；笼型转子的导条采用高电阻率的铝或黄铜制成。

2. 工作原理

交流伺服电机的工作原理与单相电容式异步电动机相同，其原理接线图和相量图如图 8.2.3 所示。励磁绕组 1 与电容 C 串联后接到交流电源上，其电压为 U。控制绕组 2 常接在电子放大器的输出端，控制电压 U_2 即为放大器的输出电压。励磁绕组串联电容 C 的目的，是为了分相而产生两相旋转磁场。适当选择电容 C 值，可使励磁电流 I_1，超前于电压 U，并使励磁电压 U_1 与电源电压 U 之间有 90° 或近于 90° 的相位差。而控制电压 U_2 与电源电压 U 有关，两者频率相等，相位相同或相反。因此，U_2 和 U_1 也是频率相等，相位差基本上也是 90°，两个绕组中的电流 I_1 和 I_2 的相位差也近于 90°。在空间相隔 90° 的两个绕组，分别通入在相位上相差 90° 的两个电流，便产生两相旋转磁场，使转子转动起来。

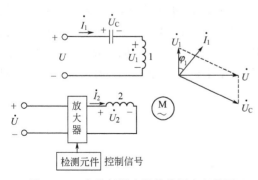

图 8.2.3　交流伺服电机接线图和相量图

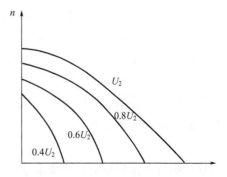

图 8.2.4　在不同控制电压下交流伺服
电机的 $n=f(T)$ 曲线（$U_1=$ 常数）

当励磁电压 U_1 为一常数而控制电压 U_2 的大小变化时，则转子的转速相应变化。控制电压大，电动机转得快；控制电压小，电动机转得慢。当控制电压反相时，旋转磁场和转子也都反转。由此控制电动机的转速和转向。在运行时如果控制电压变为零，电动机立即停转，这是交流伺服电机的特点。

图 8.2.4 是在不同控制电压下交流伺服电机的机械特性曲线，U_2 为额定控制电压。由图可见，在一定负载转矩下，控制电压越高，则转速也越高；在一定控制电压下，负载增加，转速下降。此外，由于交流伺服电机的转子电阻 R_2 设计得较大，特性曲线很软，不利于系统的稳定。

交流伺服电机的输出功率在 100W 以下。

3. 应用

现以热电偶温度计中的自动平衡电位计电路为例，来讨论交流伺服电机的应用，如图 8.2.5 所示。

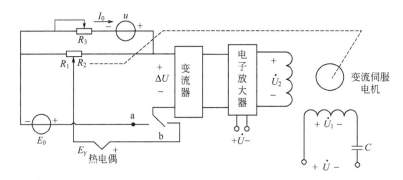

图 8.2.5　自动平衡电位计的原理电路图

在测量温度时，将开关合在 b 点，利用电阻段 R_2 上的降压来平衡热电偶的电动势。当两者不相等时产生不平衡电压（差值电压）ΔU。ΔU 经变流器变换为交流电压，而后经电子放大器放大。放大器的输出端接交流伺服电机的控制绕组，于是电动机转动起来，从而带动电位计电阻的滑动触头滑动，其滑动方向，正好是使电路平衡的方向。一旦达到平衡（$\Delta U=0$），电动机便停止转动。这时电阻 R_2 上的电压降 $R_2 I_0$ 恰好是与热电动势 E_r 相等。如果将保持 I_0 为标准值，那么，电阻 R_2 的大小就可以反映出热电动势或直接反映出被测温度的大小。当被测温度发生变化时，ΔU 的极性不同，即控制电压的相位不同，从而使伺服电机正转或反转再达到平衡。

为了保持 I_0 为恒定的标准值，在测量前或校验时，可将开关合在 a 点，将标准电池（电动势为 E_0）介入后，调节电阻 R_3，使 $I_0(R_1+R_2)=E_0$，即使得 $\Delta U=0$。这时 I_0 的值等于标准值。R_3 的滑动触头也常用伺服电机来带动，以自动满足 $I_0(R_1+R_2)=E_0$ 的要求。交流伺服电机也带动温度计的指针和记录笔，在记录纸上记录温度值；另有微型同步电动机以匀速带动记录纸前进（图中未画出）。

8.2.2　直流伺服电机

1. 结构和分类

控制系统对直流伺服电机的要求是：

（1）具有线性的机械特性；

（2）具有宽广的调节范围；

（3）具有快速的响应。

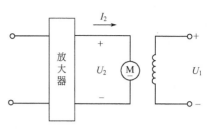

直流伺服电机的结构与普通直流电动机相同。实质上是一种体积和容量都很小的直流电机，所不同的是为了减小转动惯量、便于启停而做得细长一些。

直流伺服电机分为永磁式和电磁式两种，通常应用于功率稍大的系统中，其输出功率一般为 1～600kW。按控制方式，可以分为电枢控制和磁场控制两类。磁场控制较少采用，故不作介绍。

图 8.2.6 电枢控制时原理接线图

2. 工作原理

电枢控制时，直流伺服电机的励磁绕组接在一个恒压直流电源 U 上，用以产生恒定的磁通 Φ，而将控制电压 U_2 加在电枢上以控制输出转速和转向，其原理接线如图 8.2.6 所示。

直流伺服电机的机械特性和他励（并励）电动机一样，可用下式表示

$$n=\frac{U_2}{K_E\Phi}-\frac{R_a}{K_EK_T\Phi^2}T$$

当 Φ＝常数时，电枢控制的机械特性 $n=f(T)$ 为一系列平行直线，如图 8.2.7 所示。由图可见当磁通恒定时，在一定负载转矩下，如果升高电枢电压，电动机的转速就上升；降低电枢电压，转速就下降；当 $U_2=0$ 时，电动机立即停转。要使电动机反转，可改变电枢电压的极性。直流伺服电机的机械特性较硬。

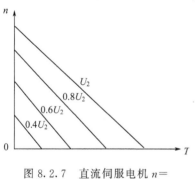

图 8.2.7 直流伺服电机 $n=f(T)$ 曲线（U_1＝常数）

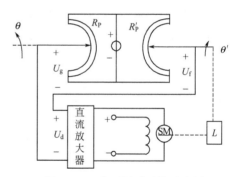

图 8.2.8 位置随动系统示意图

3. 应用

现以随动系统为例说明直流伺服电机的应用。图 8.2.8 是采用电位器的位置随动系统示意图。

θ 和 θ' 为电位器 R_P 及 R'_P 的轴的角位移（旋转角度），它们分别正比于电压 U_g 和 U_f。θ 是控制指令，θ' 是被调量，被控机械与 R'_P 的轴连接。差值电压 $U_d=U_g-U_f$ 经放大后去控制伺服电机，电动机经过传动机构带动被控机械，使 θ' 跟随 θ 而变化，被控机械的实际位置就跟随控制指令变化，构成一个位置随动系统。

8.2.3 直流力矩电动机

1. 结构及特点

在某些自动控制系统中，被控对象的运动速度是比较低的。例如某种防空雷达天线的最高旋转速度为 $90°/s$，这相当于 $15r/min$ 的转速。一般直流伺服电机的额定转速为 1500r/

min 或 3000r/min，甚至更高，这时就需要经齿轮减速后再去拖动天线旋转。但是齿轮之间的间隙对提高自动控制系统的性能指标不利，它会引起系统在小范围内的振荡和降低系统的刚度。因此，希望有一种低转速、大转矩的电动机来直接带动被控对象。

直流力矩电动机能够在长期堵转或低速运行时产生足够大的转矩，而且不需经过齿轮减速而直接带动负载。它具有反应速度快、转矩和转速波动小、能在很低转速下稳定运行、机械特性线性度好等优点。特别适用于位置伺服系统和低速伺服系统中作执行元件。

目前直流力矩电动机转矩已可达几千牛·米，空载转速可低到 10r/min 左右。

直流力矩电动机的工作原理和普通的直流伺服电机相同，只是在结构和外形尺寸的比例上有所不同。直流伺服电动机为了减小转动惯量，大多做成细长圆柱形。而直流力矩电动机为了能在相同的体积和电枢电压下产生较大的转矩和低的转速，一般做成圆盘状，电枢长度和直径之比一般为 0.2 左右，从结构合理性来考虑，常做成永磁多极的。为了减少转矩和转速的波动，选取较多的槽数、换向片数和串联导体数。直流力矩电动机的定子是一个用软磁材料做成的带槽的环，在槽中镶入永久磁钢作为主磁场源，在气隙中形成分布较好的磁场。转子铁芯由导磁冲片叠压而成，槽中放有电枢绕组；槽楔由铜板做成。槽楔两端伸出槽外，一端作为电枢绕组接线用，另一端兼作为换向片，并将转子上的所有部件用高温环氧树脂灌封成整体，电刷装在电刷架上。

2. 应用

图 8.2.9 是雷达天线的主驱动系统。当雷达开始搜索目标时，力矩电动机接在直流电源上，带动雷达天线不停地旋转。当发现目标时，雷达收到反射回来的无线电波，力矩电动机便立即自动脱离电源，转由雷达接收机控制。雷达接收机检测出目标的位置，发出信号并经放大器放大后送到力矩电动机，使其带动雷达天线跟踪目标。

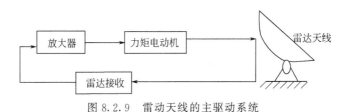

图 8.2.9　雷动天线的主驱动系统

8.3　测速发电机

测速发电机是一种反映转速的信号元件，它将拖动系统的机械转速转变为电压信号输出，其输出电压与转速成正比关系，可用下式表示

$$U = Kn \tag{8.3.1}$$

或

$$U = K'\omega = K'\frac{\mathrm{d}\theta}{\mathrm{d}t} \tag{8.3.2}$$

式中，θ 为测速发电机转子的转角（角位移）；K, K' 为比例常数。

由式（8.3.2）可知，测速发电机的输出电压正比于转子转角对时间的微分。因此在计算装置中可以用它作为微分或积分元件。在自动控制系统中，测速发电机主要用作测速元件、阻尼元件（或校正元件）和解算元件等。

8.3.1　直流测速发电机

1. 结构与分类

　　直流测速发电机是一种微型直流发电机,其结构与普通小型直流发电机相同。按励磁方式可分为永磁式和他励式两种,其国产型号分别为 CY 和 CD。永磁式直流测速发电机的定子磁极由永久磁钢制成,没有励磁绕组;他励式直流测速发电机的定子励磁绕组由单独外部电源供电,通电时产生磁场。

　　自动控制系统对直流测速发电机要求是:

　　(1) 输出电压与转速的关系曲线(称为输出特性)应为线性;

　　(2) 输出特性的斜率大,灵敏度高;

　　(3) 输出特性受温度影响小;

　　(4) 输出电压平稳,波动小;正、反两个方向输出特性的一致性好。

　　永磁式测速发电机具有结构简单,不需励磁电源,使用方便,温度对磁场影响小等优点,应用较为广泛。

　　2. 工作原理

　　直流测速发电机的工作原理和普通直流发电机相同,如图 8.3.1 所示。在励磁绕组上加固定电压 U_1,建立恒定磁场,当电枢绕组随被测机构一起旋转时,切割磁场而感应电动势

$$E_a = K_E \Phi n$$

当 Φ 为常数时

$$E_a \propto n$$

即电枢感应电动势正比于转速。

　　直流测速发电机的输出特性是指在励磁磁通 Φ 和负载电阻 R_L 为常数时,输出电压随转速变化的关系,即 $U_2 = f(n)$。测速发电机电刷两端接上负载电阻 R_L 后,R_L 两端的电压才是输出电压。由图 8.3.1 可知,负载时测速发电机的输出电压等于感应电动势减去它的内阻压降,即

$$U_2 = E_a - I_a R_a \tag{8.3.3}$$

此式称为直流发电机电压平衡方程式。式中,R_a 为电枢回路的总电阻,它包括电枢绕组的电阻、电刷和换向器之间的接触电阻;I_a 为电枢总电流,且有

$$I_a = \frac{U_2}{R_L} \tag{8.3.4}$$

　　将式(8.3.4)代入式(8.3.3)

$$U_2 = E_a - \frac{U_2}{R_L} R_a$$

整理后得

$$U_2 = \frac{E_a}{1 + \frac{R_a}{R_L}} = \frac{K_E \Phi}{1 + \frac{R_a}{R_L}} n \tag{8.3.5}$$

　　式(8.3.5)表示负载时输出电压与转速的关系。当 Φ、R_a 及负载电阻 R_L 保持为常数时,输出电压 U_2 与转速成正比。

　　当负载电阻 R_L 不同时,直流测速发电机的输出特性的斜率也不同,它随着 R_L 的减小而变小。理想的输出特性是一组直线,如图 8.3.2 中虚线所示。实际上,测速发电机的输出特性 $U_2 = f(n)$ 不是严格地呈线性特性,实际特性与要求的线性特性间存在误差,如图 8.3.2 中虚线所示。

　　引起误差的原因主要有两方面:

　　(1) 温度影响。电机周围环境温度的变化以及电机本身发热,都会引起电机绕组电阻的

变化。特别是励磁绕组长期通电发热使得电阻值改变，从而引起励磁电流及磁通 Φ 的变化，造成线性误差。

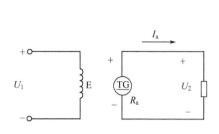

图 8.3.1 　他励直流测速发电机原理

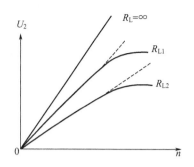

图 8.3.2 　直流测速发电机输出特性

（2）电枢反应的影响。所谓电枢反应就是电枢电流 I_a 产生的磁场对磁极磁场的影响。它会使每极合成磁通 Φ 减小，即去磁作用。电枢电流 I_a 越大，磁通减小得越多。可以推断，当负载电阻 R_L 越小和转速 n 越高时，电枢电流 I_a 越大，磁通 Φ 就越小，线性误差也就越大。所以在直流测速发电机的技术指标中列有"最小负载电阻和最大线性工作转速"的数据。

为了减小由温度变化而引起的磁通变化，实际使用时可在励磁回路中串联一个电阻值较大的附加电阻，附加电阻可用温度系数较低的材料绕制而成，这样，当励磁绕组温度升高时，它的电阻值虽有增加，但励磁回路的总电阻值却变化甚微；另一方面设计时可使发电机磁路处于较饱和状态，这样，即使电阻值变化引起的励磁电流变化时，发电机气隙磁通的变化也很小。为了减小电枢反应的去磁作用，对于他励式测速发电机，设计时可在定子上加装补偿绕组；适当增大电机气隙；在使用时尽可能采用大的负载电阻。

3. 应用

现以恒速控制系统为例，说明直流测速发电机的应用。图 8.3.3 为恒速控制系统的原理图。直流伺服电机的负载是一个旋转机械。当负载转矩变化时，电动机的转速也随之改变。为了稳定拖动系统的转速，即使旋转机械在给定电压不变时保持恒速，在电动机和机械负载的同一轴上耦合一测速发电机，并将其输出电压与给定电压相减后加入放大器，经放大后供给直流伺服电机。当负载转矩由于某种的因素而减小时，电动机的转速便上升，此时测速发电机的输出电压增大，给定电压与输出电压的差值变小，经放大后加到直流电动机的电压减小，电动机减速；反之，若负载转矩偶然变大，则电动机转速下降，测速动机输出电压减小，给定电压和输出电压的差值变大，经放大后加给电动机的电压变大，电动机加速。这样，尽管负载转矩发生扰动，但由于该系统的调节作用，使旋转机械的转速变化很小，近似于恒速。给定电压取自恒压电源，改变给定电压便能达到所希望的转速。

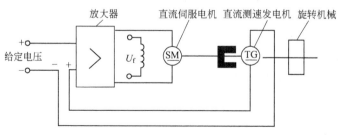

图 8.3.3 　恒速控制系统的原理

8.3.2　交流异步测速发电机

1. 结构和分类

交流测速发电机有异步和同步测速发电机两种类型，这里只介绍交流异步测速发电机。根据异步测速发电机的转子结构不同，又有非磁性杯型转子和笼型转子之分，其国产型号分别为 CK（杯型转子）、CL（笼型转子）。笼型转子异步测速发电机输出斜率大，但特性差、误差大、转子惯量大，一般只用在精度要求不高的系统中。非磁性杯型转子异步测速发电机具有精度高、转子转动惯量小等优点，是目前广泛采用的一种测速发电机。下面着重介绍这种结构的交流测速发电机。

非磁性杯型转子异步测速发电机的基本结构与杯型转子的两相交流伺服电动机相同，其转子是一个薄壁非磁性杯，壁厚为 0.2～0.3mm，通常用高电阻率的磷青铜、硅锰青铜或锡锌青铜制成。因为测速发电机在使用时其轴多与伺服电动机轴直接机械相连，故测速发电机转子转动惯量的大小对系统的快速响应影响较大。而杯型转子是空心的，其转动惯量非常小，使其对系统的影响尽量减小。这种发电机的定子上分布有空间互差 90°电角度的两个绕组，其中一个为励磁绕组 N_1，另一个为输出绕组 N_2。如果在励磁绕组两端加上恒定的励磁电压 U_1，当电机转动时，就可以从输出绕组两端得到一个其值与转速 n 成正比的输出电压 U_2，如图 8.3.4 所示。

2. 工作原理

将杯型转子看成是一个笼型导条数目非常之多的笼型转子，交流异步测速发电机的工作原理可以用图 8.3.5 来说明。若在励磁绕组中加上频率为 f_1 的励磁电压 U_1，N_1 中便有电流通过，并在内外定子间的气隙中产生频率与电源频率 f_1 相同的脉振磁场和相应的脉振磁通 Φ_1。Φ_1 的轴线为励磁绕组 N_1 的轴线方向，设它为直轴。

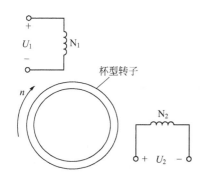

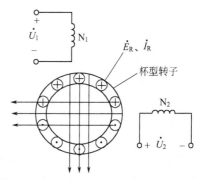

图 8.3.4　交流异步测速发电机示意图　　　　图 8.3.5　交流异步测速发电机工作原理图

（1）当转子没被带动，即 $n=0$ 时，这个直轴脉振磁通 Φ_1 只能在 N_1 和空心非磁性杯型转子中感应出变压器电动势。由于输出绕组 N_2 的轴线与 N_1 的空间位置上相差 90°电角度，N_2 与直轴磁通没有匝链，故不产生感应电动势，输出电压 $U_2=0$。

忽略 N_1 的电阻 R_1 及漏抗 X_1 时，可得电源电压 U_1 与 N_1 的变压器电动势 E_1 的关系为

$$U_1 \approx E_1 \tag{8.3.6}$$

由于 $E_1 \propto \Phi_1$，故有

$$\Phi_1 \propto U_1 \tag{8.3.7}$$

当励磁电压 U_1 恒定时，Φ_1 也保持不变。

（2）当转子被带动以 n 速旋转时，切割直轴磁通 Φ_1，并在转子杯中产生旋转电动势 E_R

和相应的转子电流 I_R。与直流电机电枢电动势的情况类似，E_R 和 I_R 与磁通 Φ_1 及转速 n 成正比，即

$$I_R \propto E_R \propto \Phi_1 n \qquad (8.3.8)$$

转子电流 I_R 也要产生磁通 Φ_2，两者也成正比，即

$$\Phi_2 \propto I_R$$

由式(8.3.7)和式(8.3.8)可知

$$\Phi_2 \propto \Phi_1 n \propto U_1 n \qquad (8.3.9)$$

不管转速如何，由于转子杯上半圆导体的电流方向与下半圆导体的电流方向总相反，所以转子电流 I_R 产生的磁通 Φ_2 在空间的方向（可按右手螺旋定则由转子电流的瞬时方向确定）总是与磁通 Φ_1 垂直，而与输出绕组 N_2 的轴线方向一致，如图 8.3.5 所示。这样当磁通 Φ_2 交变时就要在输出绕组 N_2 中感应出电动势，这个电动势就产生测速发电机的输出电压 U_2，它的值正比于 Φ_2，即

$$U_2 \propto \Phi_2 \qquad (8.3.10)$$

将式(8.3.9)代入式(8.3.10)就得

$$U_2 \propto U_1 n \qquad (8.3.11)$$

这就是说，当励磁绕组加上电源电压 U_1，转子被带动以转速 n 旋转时，测速发电机的输出绕组将产生输出电压 U_2，其值与转速 n 成正比。当转向相反时，由于转子杯中的感应电动势、电流及其产生的磁通的相位都与原来相反，因而输出电压 U_2 的相位也与原来相反。这样，异步测速发电机就可以很好地将转速信号转变为电压信号，实现测速的目的。输出电压 U_2 也是交变的，其频率等于电源频率 f_1，与转速无关。

以上分析的是一台理想测速发电机的情况。实际的异步测速发电机的性能并没有这么理想，自动控制系统对异步测速发电机的要求是：

（1）输出电压与转速成严格的线性关系。

（2）输出电压与励磁电压（即电源电压）同相。

（3）转速为零时，没有输出电压，即所谓剩余电压为零。

实际上，测速发电机的定子绕组和转子杯都有一定的参数，这些参数受温度变化以及工艺等方面的影响，会产生线性误差、相位误差和剩余电压等。

3. 应用

测速发电机在自动控制系统和计算装置中可以作为测速元件、校正元件和解算元件。用作解算元件时，可以实现对某一函数的微分或积分，现举一用作积分元件的例子加以说明。

图 8.3.6 是异步测速发电机用于飞机自动驾驶仪上作校正飞机倾斜角的控制信号的积分电路示意图，倾斜角是由图中电位器的输出电压 U_o 校正的。该电路可实现输出电压 U_o 是

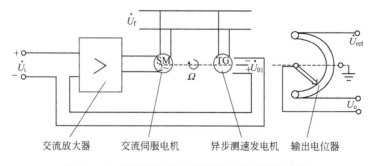

图 8.3.6 异步测速发电机用作积分元件示意图

输入电压信号 U_i 的积分。这个电路包括两部分：由两相交流伺服电机、异步测速发电机、交流放大器等组成的速度控制伺服系统及由输出用电位器组成的积分电路。

异步测速发电机和电位器均由伺服电机带动其转动。如系统的角速度为 Ω，测速发电机的放大系数为 K，则其输出电压 $U_{01}=K\Omega$。这个 U_{01} 电压作为转速反馈信号在输入端与输入电压相比较，其差值 ΔU 经交流放大器放大后，作为交流伺服电机控制绕组的输入电压，由它控制伺服电机的转速。设在 0 到 t_1 时间内系统（包括电位器在内）的转角为 θ，输出电压为 U_o。如放大器的放大倍数足够大，输入信号相对输出信号非常小，可把交流放大器的输入信号看作零，即

$$U_i = U_{01} \propto \Omega$$

对上式两边进行积分可得

$$\int_0^{t_1} U_i \mathrm{d}t \propto \int_0^{t_1} \Omega \mathrm{d}t$$

以 $\Omega = \dfrac{\mathrm{d}\theta}{\mathrm{d}t}$ 代入上式后，可得电位器的输出电压

$$U_o \propto \theta \mathrm{d}t \propto \int_0^{t_1} U_i \mathrm{d}t$$

由此就得到电位器的输出电压 U_o 或系统的角位移 θ 与输入电压在时间段 0 到 t_1 的积分函数关系。通过 U_o 可用来校正飞机的倾斜角。因为在这种情况下，如果飞机的自动驾驶仪没有把飞机调整到所需的飞行角度，飞机就会逐渐增高或降低，把高度误差通过该积分电路加以积分，其输出电压就能用来校正飞机倾斜角减小高度误差。

4. 选择时应注意的问题

交流测速发电机主要用于交流伺服系统和解算装置中。在选用时，应根据系统的频率、电压、工作转速的范围和具体用途来选择交流测速发电机的规格。用作解算元件时，应着重考虑精度要高，输出电压稳定性要好；用于一般转速检测或作阻尼元件时，应着重考虑输出斜率要大。与直流测速发电机比较，交流异步测速发电机的主要优点是：结构简单，运行可靠，维护容易；没有电刷和换向器，因而无滑动接触，输出特性稳定、精度高；摩擦力矩小，转动惯量小；正反转输出电压对称。主要缺点是：存在相位误差和剩余电压；输出斜率小；输出特性随负载性质（电阻、电感、电容）而有所不同。

当使用直流或交流测速发电机都能满足系统要求时，则需考虑它们的优缺点，全面权衡，合理选用。

8.4　自整角机

8.4.1　结构与分类

自整角机是一种能对角位移或角速度的偏差自动整步的控制电机。在自动控制系统中通常是两台或两台以上组合起来才能使用，不能单机使用。这种组合自整角机能将转轴上的转角变换为电信号，或将电信号变换为转轴的转角，使机械上互不相连的两根或几根转轴同步偏转或旋转，以实现角度的传输、变换和接收。

自整角机按电源的相数，可分为三相和单相两种，三相自整角机多用于功率较大的拖动系统中，构成所谓"电轴"，它不属控制电机。在自动控制系统中使用的自整角机，一般均

为单相的。

自整角机按使用要求的不同，可分为力矩式和控制式两大类。控制式自整角机的功用是作为角度和位置的检测元件，它可将机械角度转换为电信号或将角度的数字量转变为电压模拟量，而且精确度较高，误差范围仅有 $3'\sim14'$。因此，控制式自整角机用于精密的闭环控制伺服系统中是很适宜的。力矩式自整角机的作用是直接达到转角随动的目的，即将机械角度变换为力矩输出，但无力矩放大作用，接收误差稍大，负载能力较差，其静态误差范围为 $0.5°\sim2°$。因此，力矩式自整角机只适用于轻负载转矩及精度要求不太高的开环控制伺服系统里。

自整角机的结构与绕线转子感应电动机相似，也是由定子和转子两大部分组成，如图8.4.1所示。定子铁芯槽内嵌有三相对称绕组，它们接成星形，称为整步绕组；转子结构有凸极和隐极两种形式，如图8.4.2所示。转子铁芯上布置有单相或三相励磁绕组。转子绕组通过滑环、电刷装置与外电路连接。滑环通常由银铜合金制成，电刷采用焊银触点，以保证接触可靠。

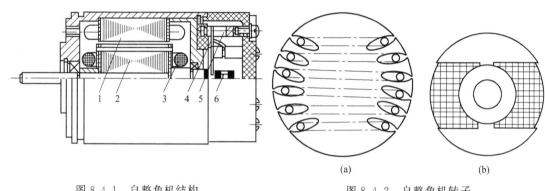

图8.4.1　自整角机结构　　　　　图8.4.2　自整角机转子

1—定子；2—转子；3—励磁绕组；4—电刷；

5—接线柱；6—集电环

8.4.2　力矩式自整角机

1. 工作原理

力矩式自整角机的接线图如图8.4.3所示。两台自整角机结构完全相同，一台作为发送机，另一台作为接收机。它们的转子励磁绕组接到同一单相交流电源，定子整步绕组则按相序对应连接。当在两机的励磁绕组中通入单相交流电流时，在两极的气隙中产生脉振磁场，该磁场将在整步绕组中感应出变压器电动势。当发送机和接收机的转子位置一致时，由于双方的整步绕组回路中的感应电动势大小相等，方向相反，所以回路中无电流流过，因而不产生整步转矩，此时两机处于稳定的平衡位置。

如果发送机的转子从一位置转一角度 θ_1，则在整步绕组回路中将出现差额电动势，从而引起均衡电流。此均衡电流与励磁绕组建立的磁场相互作用而产生转矩，它们力图使两转子转到同一位置，起整步作用，即整步转矩。

发送机和接收机中的整步转矩大小相等而方向相反。如靠外力强制发送机转子逆时针方向转动 θ 角时，发送机为了保持转子原来的位置，所产生的整步转矩方向将是顺时针的；接收机中所产生的转矩则相反，即为逆时针方向，使转子向逆时针方向转动。由于发送机转子与主令轴相连，因此整步转矩只能使接收机跟随发送机转子转过 θ 角，使失调角等于零，差额电动势消失，整步转矩为零，系统进入新的协调位置，如图8.4.3中 $\theta_1=\theta_2$ 那样，从而实现了转角的传输。如果发送机转子是连续转动的，则接收机转子便跟着转动，这样就实现了转角跟随的目的。

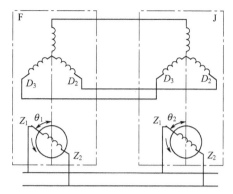

图 8.4.3 力矩式自整角机的接线图

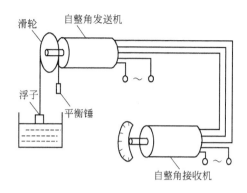

图 8.4.4 用作测位器的力矩式自整角机

2. 应用

力矩式自整角机常应用于精度较低的指示系统位，如液面的高低，阀门的开启度，电梯和矿井提升机的位置等，下面举例说明。

图 8.4.4 表示一液面位置指示器例子。浮子随着液面的上升或下降，通过绳索带动自整角发送机转子转动，将液面位置转换成发送机转子的转角。自整角发送机和接收机之间通过导线可以远距离连接，于是自整角接收机转子就带动指针准确跟随着发送机转子转角的变化而偏转，从而实现远距离的位置指示。

8.4.3 控制式自整角机

1. 工作原理

从前面分析可以看出，力矩式自整角机系统无力矩放大作用。由于一般自整角机容量较小，整步转矩也较小，因此只能带动指针、刻度盘等轻负载；而且它仅能组成开环的自整角机系统，系统精度不高。

为了提高同步随动系统的精度和负载能力，常把力矩式接收机的转子绕组从电源断开，使其在变压器状态下运行。这时接收机将角度传递变为电信号输出，然后通过放大去控制一台伺服电机。伺服电机一方面拖动负载（负载能力取决于系统中伺服电机及放大器的功率），另一方面转动接收机转轴，一直到失调角等于零。这种间接通过伺服电机来达到同步的系统称为同步随动系统，也称控制式自整角系统。在这种系统中，用来输出电信号的自整角接收机称为自整角变压器。

图 8.4.5 为控制式自整角机的接线图。图 8.4.5 与图 8.4.3 有两点不同：一是图 8.4.5 中接收机转子绕组从单相电源断开，并能输出信号电压；二是转子绕组的轴线位置预先转过了 $90°$。

由于接收机的转子绕组已从电源断开，如接收转子仍位于图 8.4.3 的起始位置，则当发送机转子从起始位置逆时针方向转 θ 角时，接收机定子磁通势也将从起始位置逆时针方向转过同样的角度 θ，转子输出绕组中感应的变压器电动势将为失调角 θ 的余弦函数，当 $\theta=\theta°$ 时，输出电压为最大，当 θ 增大时，输出电压按余弦规律减小。这就给使用带来不便，因随动系统总是希望当失调角为零时，输出电压为零，只有存在失调角时，才有输出电压，并使伺服电动机转动，此外，当发送机转子由起始位置向不同方向偏转时，失调角虽有正负之分，但因 $\cos\theta=\cos(-\theta)$，输出电压都一样，便无法从自整角变压器的输出电压来判别发送

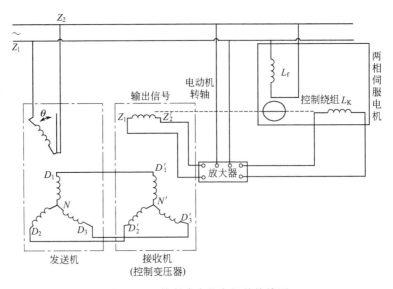

图 8.4.5　控制式自整角机的接线图

机转子的实际偏转方向。为了消除上述不便，按图 8.4.5 所示将接收机转子预先转过 $90°$，这样自整角变压器转子绕组输出电压信号为

$$E = E_m \sin\theta \qquad (8.4.1)$$

式中，E_m 为接收机转子绕组感应电动势最大值。

2. 应用

控制式自整角机适用于精度较高、负载较大的伺服系统。现以雷达俯仰角自动显示系统为例加以说明。

图 8.4.6 中，自整角发送机转轴直接与雷达天线的高低角（即俯仰角）耦合，因此雷达天线的高低角 α，就是自整角发送机的转角；控制式自整角接收机转轴与由交流伺服电机驱动的系统负载（刻度盘或火炮等负载）的轴相连，其转角用 β 表示。接收机转子绕组输出电动势 E_2（有效值）与两轴的差角 γ，即 $\alpha - \beta$ 近似成正比，即

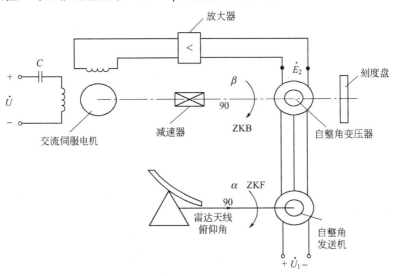

图 8.4.6　雷达俯仰角自动显示系统

$$E_2 \approx K(\alpha - \beta) = K\gamma \tag{8.4.2}$$

式中，K 为常数。

E_2 经放大器放大后送至交流伺服电机的控制绕组，使电动机转动。可见，只要 $\alpha \neq \beta$，即 $\gamma \neq 0$，就有 $E_2 \neq 0$，伺服电机便要转动，使 γ 减小，直至 $\gamma = 0$。如果 α 不断变化，系统就会使 β 跟着 α 变化，以保持 $\gamma = 0$，这样就达到了转角自动跟踪的目的。只要系统的功率足够大，接收轴上便可带动阻力矩很大的负载。发送机和接收机之间只需 3 根连线，便实现了远距离显示和操纵。

8.4.4 误差概述及选用时应注意的问题

力矩式自整角机的整步转矩必须大于其接收机转轴的阻转矩（包括负载转矩和接收机本身的摩擦转矩等），这样才能拖动接收机转子跟着发送机转动，因此发送机和接收机之间必然存在一定的失调角，这个角度就是力矩式自整角机转角随动的误差。失调角为 $1°$ 时的整步转矩称为比整步转矩。显然，自整角机具有的比整步转矩（称为比转矩）越大，则角误差越小。因为凸极结构会产生反应转矩，可增大比转矩，因此力矩式自整角机的转子多制成凸极式。

对于控制式自整角机，为了提高其精度，把发送机和接收机的转子都做成隐极式。但实际上，磁通势在空间不能做到真正的正弦分布。转子安装不同心，以致气隙不均匀，造成磁通密度偏离正弦分布以及整步绕组阻抗不对称等，所有这些结构、工艺、材料等方面的原因，使失调角即使在 $\theta = 0°$（协调位置）时，输出绕组中仍有电压存在，这个电压称为剩余电压。它破坏了式(8.4.1)的关系，造成转角随动误差。另外，当控制式自整角变压器转速较高时，还要考虑输出绕组切割整步绕组合成磁通而产生的速度电动势。速度电动势的存在，使得接收机转子最后所处的位置不是 $\theta = 0°$ 的地方，而是偏离协调位置某一角度，这就引起了速度误差。速度误差和转速成正比，并和电源频率成反比。对于转速较高的同步系统，为了减小速度误差，一方面选用高频自整角机，另一方面应当限制发送机和接收机的转速。

选用自整角机应注意以下问题：

（1）自整角机的励磁电压和频率必须与使用的电源符合。若电源可任意选择时，应选用电压较高、频率较高（一般是 400Hz）的自整角机，其性能较好，体积较小。

（2）相互连接使用的自整角机，其对应绕组的额定电压和频率必须相同。

（3）在电源容量允许的情况下，应选用输入阻抗较低的发送机，以便获得较大的负载能力。

（4）选用自整角变压器时，应选输入阻抗较高的产品，以减轻发送机的负载。

8.5 步进电机

步进电机是一种用电脉冲信号进行控制，并将电脉冲信号转换成相应的角位移或线位移的控制电机。即给一个脉冲信号，电动机就转动一个角度或前进一步，因此这种电动机也称为脉冲电动机。

步进电机的角位移量或线位移量与电脉冲数成正比，它的转速或线速度与电脉冲频率成正比。在负载能力范围内，这些关系不因电源电压、负载大小、环境条件的波动而变化。通过改变脉冲频率的高低，可以在很大范围内实现步进电机的调速，并能快速启动、制动和反转。

随着电子技术和计算技术的迅速发展，步进电机的应用日益广泛，例如数控机床、绘图机、自动记录仪表和数/模变换装置，都使用了步进电机。

步进电机种类很多，有旋转运动的、直线运动的和平面运动的。按励磁方式分类，步进电机可分为反应式（磁阻式）、永磁式和感应子式。目前反应式步进电机使用较为普遍，下面对这种电机作简要介绍。

8.5.1 工作原理

图8.5.1是一个三相反应式步进电机的工作原理图，定、转子铁芯由硅钢片叠成。定子有6个磁极，每两个径向相对的极上绕有一相控制绕组。转子只有4个齿，齿宽等于定子极靴宽，上面没有绕组。

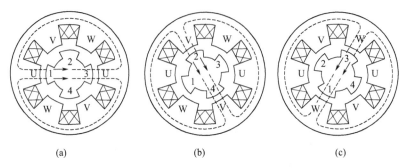

(a)   (b)   (c)

图8.5.1　三相反应式步进电机的工作原理图

当U相控制绕组通电，而V相、W相都不通电时，由于磁通具有走磁阻最小路径的特点，所以转子齿1和3的轴线与定子U极轴线对齐，如图8.5.1(a)所示。U相断电、V相通电时，转子便逆时针方向转过30°，使转子齿2和4的轴线与定子V极轴线对齐，如图8.5.1(b)所示。V相断电、接通W相时，转子再转过30°，转子齿1和3的轴线与W极轴线对齐，如图8.5.1(c)所示。如此按U—V—W—U…顺序不断接通和断开控制绕组，转子就会一步一步地按逆时针方向转动。步进电机转速取决于控制绕组通电和断电的频率（输入的脉冲频率），旋转方向取决于控制绕组轮流通电的顺序，若步进电机通电次序改为U—W—V—U…，则步进电机反向转动。

上述通电方式，称为三相单三拍。"单"是指每次只有一相控制绕组通电，"三拍"是指三次；切换通电状况为一个循环，第四次切换就重复第一次通电的情况。步进电机每拍转子所转过的角位移称为步距角。可见，三相单三拍通电方式时，步距角为30°。三相步进电机除了单三拍通电方式外，还可工作在三相单、双六拍通电方式。这时通电顺序为U—UV—V—VW—W—WU—U…，或为U—UW—W—WV—V—VU—U…，即先接通U相控制绕组，然后再同时接通U、V控制绕组；然后断开U相，使V相控制绕组单独接通；再同时接通V、W相，依此进行。对这种通电方式，定子三相控制绕组需经过6次换接才能完成一个循环，故称为"六拍"。同时这种通电方式，有时是单个控制绕组接通，有时又有两个控制绕组同时接通，因此称为单、双六拍。

对这种通电方式，步进电机的步距角也有所不同。当U相控制绕组通电时，和单三拍运行的情况相同，转子齿1和3的轴线与定子U极轴线对齐，如图8.5.2(a)所示，当U、V相控制绕组同时接通时，转子的位置应兼顾到U、V两对极所形成的两路磁通，在气隙中所遇到的磁阻同样程度地达到最小。这时相邻两个U、V磁极与转子齿相作用的磁拉力大小相等且方向相反，使转子处于平衡。这样，当U相通电转到U、V两相通电时，转子只能逆时针方向转过15°，如图8.5.2(b)所示。当断开U相使V相单独接通时，在磁拉力作用下，转子继续逆时针方向转动，直到转子齿 2 和 4 的轴线与定子 V 极轴线对齐为止，如图 8.5.2(c) 所示，这时转子又转过 15°。如通电顺序改为 U—UW—W—WV—V—VU—U…时，步进电机将按顺时针方向转动。

同一台步进电机，因通电方式不同，运行时的步距角是不同的。采用单、双六拍通电方式时，步距角要比单三拍通电方式减小一半，即 $\dfrac{30°}{2}=15°$。

在实际使用时，还经常采用三相双三拍的运行方式，也就是按 UV—VW—WU—UV…方式供电。这时与单三拍运行时一样，每一循环也是换接 3 次，总共有 3 种通电状态，但不同的是每次换接都同时有两相绕组通电。双三拍运行时，每一通电状态的转子位置和磁通路径与单双六拍相应的两相绕组同时接通时相同，如图 8.5.2(b) 所示。分析可知，这时转子每步转过的角度与单三拍时相同，也是 30°。

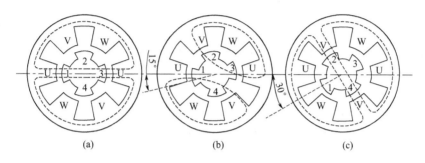

图 8.5.2 单双六拍运行时的三相反应式步进电机

上述简单的三相反应式步进电机的步距角太大，即每一步转过的角度太大，很难满足生产中所提出位移量要小的要求。下面介绍三相反应式步进电机的一种典型结构。

在图 8.5.3 中，三相反应式步进电机定子上有 6 个极，上面装有 U、V、W 三相控制绕组。转子圆周上均匀分布若干个小齿，定子每个磁极极靴上也有若干个小齿。

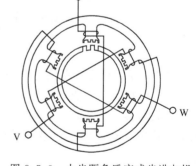

图 8.5.3 小步距角反应式步进电机

根据步进电机工作的要求，定、转子齿宽、齿距必须相等，定子和转子齿数要适当配合。即要求在 U 相一对极下，定、转子齿一一对齐时，下一相（V 相）所在一对极下的定、转子齿错开一个齿距（t）的 m（相数）分之一，即为 t/m；再下一相（W 相）的一对极下定、转子齿错开 $2t/m$，并依此类推。

以转子齿数 $Z_r=40$，相数 $m=3$，一相绕组通电时，在气隙圆周上形成的磁极数 $2p=2$，三相单三拍运行为例：

每一齿距的空间角为

$$\theta_z=\frac{360°}{Z_r}=\frac{360°}{40}=9°$$

每一极距的空间角为

$$\theta_\tau=\frac{360°}{2pm}=\frac{360°}{2\times1\times3}=60°$$

每一极距所占的齿数为

$$\frac{Z_r}{2pm} = \frac{40}{2 \times 1 \times 3} = 6\frac{2}{3}$$

由于每一极距所占的齿数不是整数，因此当 U 极下的定、转子齿对齐时，V 极的定子齿和转子齿必然错开 1/3 齿距，即为 3°，如图 8.5.4 所示。

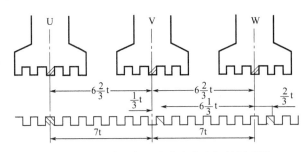

图 8.5.4　小步距角反应式步进电机的展开图

由图 8.5.4 中可以看出若断开 U 相控制绕组而接通 V 相控制绕组，这时步进电机中产生沿 V—V 极轴线方向的磁场，因磁通沿磁阻最小路径而闭合，就使转子受到同步转矩的作用而转动，转子按逆时针方向转动 1/3 齿距（3°），直到使 V—V 极下的定子齿和转子齿对齐。相应地 U—U 极和 W—W 极下的定子齿又分别和转子齿相错 1/3 齿距。按此顺序连续不断地通电，转子便连续不断地一步一步转动。

若采用三相单、双六拍通电方式运行，即按 U—UV—V—VW—W—WU—U… 顺序循环通电，同样，步距角也要减少一半，即每输入一个电脉冲，转子仅转动 1.5°。

由上面分析可知，步进电机的转子每转过一个齿距，相当于空向转过 $360°/Z_r$，而每拍转子转过的角度只是齿距角的 $1/N$，因此步距角 θ_s 为

$$\theta_s = \frac{360°}{Z_r N} = \frac{360°}{40 \times 3} = 3°$$

式中，N 为运行拍数。

如果脉冲频率很高，步进电机控制绕组中送入的是连续脉冲，各相绕组不断地轮流通电，步进电机不是一步一步地转动，而是连续不断地转动，它的转速与脉冲频率成正比。由 $\theta_s = 360°/Z_r N$ 可知，每输入一个脉冲，转子转过的角度是整个圆周角的 $1/(Z_r N)$，也就是转过 $1/(Z_r N)$ 转，因此每分钟转子所转过的圆周数，即转速为

$$n = \frac{60f}{Z_r N}$$

式中，n 为转速，单位是 r/min。

步进电机可以做成三相的，也可以做成二相、四相、五相、六相或更多相数的。步进电机的相数和转子齿数越多，则步距角 θ_s 就越小，系统精度越高。但是相数越多，电源及电机结构就越复杂，成本也越高。因此反应式步进电机一般做到六相，个别的也有更多相数的。

8.5.2　驱动电源

步进电机是有专用的驱动电源来供电的，驱动电源和步进电机是一个有机的整体。步进电机的运行性能是由步进电机和驱动电源两者配合反映出来的综合效果。

步进电机的驱动电源，基本上包括变频信号源、脉冲分配器和脉冲放大器三个部分，如图 8.5.5 所示。

变频信号源是一个频率从 10Hz 到几十千赫可连续变化的信号发生器。变频信号源可以采用多种线路，最常见的有多谐振荡器和单结晶体管构成的弛张振荡器两种。它们都是通过调节电阻及电容的大小来改变电容充

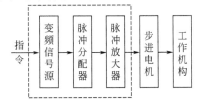

图 8.5.5　步进电机的驱动电源

放电的时间常数，以达到选取脉冲信号频率的目的。

脉冲分配器是由门电路和双稳态触发器组成的逻辑电路，它根据指令把脉冲信号按一定的逻辑关系加到放大器上，使步进电机按一定的运行方式运转。

从脉冲分配器输出的电流只有几毫安，不能直接驱动步进电机，因为步进电机需要几安到几十安电流，因此在脉冲分配器后面都装有功率放大电路，用放大后的信号去推动步进电机。

小　结

特种电机主要任务是转换和传递控制信号。本章主要讨论伺服电机、测速发电机、自整角机和步进电机等几种控制电机，并对家用电器中常用的单相异步电动机结构、原理、特性及应用加以分析。

单相异步电动机可分为分相电动机和罩极电动机两大类型，可用调节电阻、电抗、变压器、晶闸管等方式，通过改变电压来调速。如果要改变分相式电动机的转向，只需将辅助绕组与主绕组相并联的端子对调即可；改变罩极的位置，罩极电动机的转向才能改变。

伺服电机最大特点是：有控制信号就旋转，无控制信号就停转，转速的大小与控制信号成正比。交流伺服电机就是两相异步电动机，其转子结构有笼型转子和非磁性杯型转子两种。直流伺服电机分为永磁式和电磁式。直流力矩电动机能够在长期堵转或低速运行时产生足够大的转矩，而且不需经过齿轮减速而直接带动负载。

测速发电机将拖动系统的机械转速转变为电压信号输出，其输出电压与转速成正比关系。直流测速发电机是一种微型直流发电机，其结构与普通小型直流发电机相同。非磁性杯型转子异步测速发电机具有精度高、转子转动惯量小等优点，是目前广泛采用的一种测速发电机。

自整角机是一种能对角位移或角速度的偏差自动整步的控制电机。在自动控制系统中通常是两台或两台以上组合起来才能使用，不能单机使用。自整角机按使用要求的不同，可分为力矩式和控制式两大类。自整角机适用于轻负载转矩及精度要求不太高的开环控制伺服系统里。控制式自整角机用于精密的闭环控制伺服系统中是很适宜的。

步进电机是一种用电脉冲信号进行控制，并将电脉冲信号转换成相应的角位移或线位移的控制电机。步进电机的角位移量或线位移量与电脉冲数成正比，它的转速或线速度与电脉冲频率成正比。

思　考　题

8-1　改变交流伺服电机转动方向的方法有哪些？

8-2　交流测速发电机的转子静止时有无电压输出？转动时为何输出电压与转速成正比，但频率却与转速无关？何谓线性误差？

8-3　为什么直流测速发电机的转速不得超过规定的最高转速？负载电阻不能小于给定值？

8-4　单相异步电动机为什么没有启动转矩？

8-5　什么是步进电机的步距角？一台步进电机可以有两个步距角，例如 $3°/15°$，这是什么意思？什么是单三拍、六拍和双三拍？

8-6　直流伺服电机在不带负载时，其调节特性有无死区？调节特性死区的大小与哪些因素有关？

习　题

8-1　交流伺服电机（一对极）的两相绕组通入 400Hz 的两相对称交流电流时产生旋转磁场，则：（1）

试求旋转磁场的转速 n。（2）若转子转速 $n=18000 \text{r/min}$，试问转子导条切割磁场的速度是多少？转差率 s 和转子的频率 f_2 各是多少？若由于负载加大，转子转速下降为 $n_2=12000 \text{r/min}$，试求这时的转差率 s 和转子电流的频率。（3）若转子转向与定子旋转磁场的方向相反时的转子速度 $n=18000 \text{r/min}$，试问这时转差率 s 和转子的频率各为多少？电磁转矩 T 的大小和方向是否与（2）中 $n=18000 \text{r/min}$ 是一样？

8-2　当直流伺服电机的励磁电压 U_1 和控制电压（电枢电压）U_2 不变时，如将负载转矩减小，试问这时电枢电流 I_2、电磁转矩 T 和转速 n 将怎样变化？

8-3　保持直流伺服电机的励磁电压一定。（1）当电枢电压 $U_2=50 \text{V}$ 时，理想空载转速 $n_0=3000 \text{r/min}$；当 $U_2=100 \text{V}$ 时，n_0 等于多少？（2）已知电动机的阻转矩 $T_c=T_0+T_2=1.50 \times 10^{-5} \text{N} \cdot \text{m}$，且不随转速大小而变。当电枢电压 $U_2=50 \text{V}$ 时，转速 $n=1500 \text{r/min}$，试问当 $U_2=100 \text{V}$ 时，n 等于多少？

8-4　一台直流伺服电机带动一恒转矩负载（负载阻转矩），测得始动电压为 4V，当电枢电压 $U_a=50 \text{V}$ 时，其转速为 1500r/min。若要求转速达到 3000r/min，试问要加多大的电枢电压？

第 9 章

继电－接触器控制系统

在工业、农业、交通运输业等各行各业中，广泛使用各种生产机械，它们一般都是由电动机拖动的。电动机是通过某种自动控制方式来进行控制的，最常见的是继电-接触器控制方式。

电器控制线路是由各种接触器、继电器、按钮、行程开关等组成的控制线路，其作用是：实现对电力拖动系统的启动、反转、制动和调速等运行性能的控制；实现对拖动系统的保护；满足生产工艺要求，实现生产加工自动化，这种控制系统一般称为继电-接触器控制系统。

各种生产机械的工作性质和工艺要求不同，电气控制线路也就不一样。要懂得一个控制线路的原理，必须了解其中各个电气元件的控制作用。为此，本章重点介绍了常用低压电器的结构、工作原理、型号、规格及用途等有关知识，同时介绍它们的图形符号及文字符号，为正确选择和合理使用这些电器打下基础。

在生产实践中，一台比较复杂的机床或成套生产机械的控制线路，总是由一些基本控制线路组成的，如点动控制、长动控制、正反转控制、顺序控制、行程控制、时间控制等。掌握好这些基本控制线路，对掌握各种机床及机械设备的电气控制线路的运行和维修非常重要。因此，本章的另一个主要内容就是分别介绍这些继电-接触器控制的基本线路。

9.1 常用低压电器简介

电器是指能够根据外界信号的要求，手动或自动地接通或断开电路，断续或连续地改变电路参数，以实现对电路或非电对象起开关、控制、保护和调节等作用的电气设备。

电器按其工作电压等级可分成高压电器和低压电器，低压电器通常是指工作在交流1200V、直流1500V及以下的电器。本章仅介绍电力拖动控制系统中常用的低压电器。

低压电器的用途广泛，作用多样，品种规格繁多，原理结构各异。按照不同的分类依据可以分成不同的类别。但是从结构上看，电器一般都具有三个基本组成部分：感测部分，它感受外界的输入信号，并通过转化、放大做出有规律的反映；传递机构，它的任务是把感测部分和执行部分联系起来，形成一定的规律动作；执行部分，它根据指令，执行电路的通断任务。

9.1.1 常用低压电器的基本知识

1. 触点

触点是电器的执行部分，起接通和分断电路的作用。应具有良好的导电、导热性能。触点间的接触形式有点接触、线接触和面接触。如图 9.1.1 所示，触点的结构形式有桥式 [图 9.1.1(a)、(b)]、指形触点 [图 9.1.1(c)]。

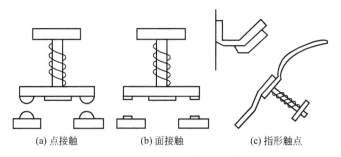

(a) 点接触　　　　(b) 面接触　　　　(c) 指形触点

图 9.1.1　触点的三种接触形式

2. 电弧

触点有四种工作状态，即：闭合状态、断开过程、断开状态、闭合过程。在触点由闭合状态向断开状态转化的过程中，当开断电流大于某一数值（根据触点材料的不同，其值在 0.25～1A 之间）、两个触点间的电压超过某一数值（根据触点材料的不同，其值在 12～20V 之间）时，触点间隙就会产生电弧。电弧的实质就是触点间隙气体在强电场作用下产生的放电现象。由于电弧的存在一方面会使电路的开断时间延长；另一方面会烧坏触点，缩短电器的使用寿命，因此应当采取适当措施熄灭电弧。常用的灭弧方法有以下几种。

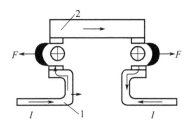

图 9.1.2　电动力灭弧

1—静触点；2—动触点

（1）电动力灭弧。双断点也就是桥式结构的触点，在触点分断时，在左右两个弧隙中产生两个彼此串联的电弧，在电动力 F 的作用下，向两侧运动，使电弧受到拉长，如图 9.1.2 所示，在拉长过程中电弧遇到空气迅速冷却而很快熄灭。

（2）灭弧栅灭弧。如图所示 9.1.3 灭弧栅片是由多片镀铜薄钢片组成，安放在触点的上方，彼此绝缘。当产生电弧时，电弧周围产生磁场，由于金属栅片磁阻比空气小得多，导磁的钢片将电弧吸入栅片，被分割成数段短弧。而每两对栅片可以看成一对电极，每个栅片间的电压不足以达到电弧的燃烧电压。同时，栅片吸收电弧的能量，使其迅速冷却，有利于电弧的熄灭。

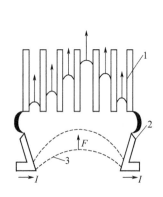

图 9.1.3　灭弧栅灭弧

1—灭弧栅片；2—触点；3—电弧

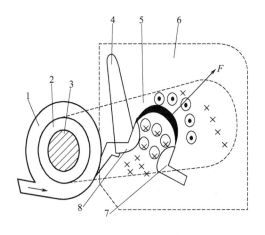

图 9.1.4　磁吹灭弧

1—磁吹线圈；2—绝缘套；3—铁芯；4—引弧角；
5—导磁夹板；6—灭弧罩；7—动触点；8—静触点

（3）灭弧罩灭弧。比灭弧栅更为简单是采用一个陶土和石棉水泥做成的高温灭弧罩。电弧进入灭弧罩后，可以隔弧和降低弧温。在直流接触器的主触点上广泛采用这种灭弧装置。

（4）磁吹灭弧。如图 9.1.4 所示在触点电路中串入一磁吹线圈，它产生的磁场用叉号表示，该磁场由导磁片引向触点周围。电弧受到向外的电磁力作用，使电弧拉长并进入灭弧罩，把热量传递给冷却的灭弧罩壁，使电弧熄灭。

3. 电磁机构

电磁机构是电磁式继电器的重要组成部分之一，它主要由吸引线圈、铁芯、衔铁三大部分组成。铁芯与衔铁一般是由硅钢片叠合成一闭合磁路，当线圈通电后，衔铁在电磁力的作用下，克服弹簧的反作用拉力，朝铁芯的方向运动，衔铁吸合。反之，若弹簧的拉力大于电磁吸力，衔铁就释放。

电磁机构的线圈若是跨接在电源电压的两端，称为电压线圈。衔铁被释放的电压与被吸合的最低电压的比值称为电压返回系数，用 K_U 表示，即

$$K_U = \frac{U_{释放}}{U_{吸合}} \tag{9.1.1}$$

电磁机构的线圈若是串接在电路中，称为电流线圈。同理，衔铁被释放的电流与被吸合的最小电流的比值称为电流返回系数，用 K_I 表示，即

$$K_I = \frac{I_{释放}}{I_{吸合}} \tag{9.1.2}$$

返回系数是反映电磁式电器灵敏度的参数，其值越大，其灵敏度就越高；反之灵敏度就越低。

在交流电磁机构中，电磁铁呈周期性变化时常产生振动，发出噪声。为了减小振动，消除噪声，常在电磁铁的端部开一个槽，槽内嵌一铜环，称为短路环（图 9.1.5）。当吸引线圈通交流电时，铁芯中有磁通 Φ_2 通过，短路环中有感应电流产生，该电流又产生一磁通 Φ_1，两磁通不同时为零，于是线圈通电时电磁力始终大于弹簧反力，从而消除振动和噪声。

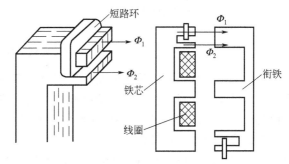

图 9.1.5　交流电磁铁的短路环

4. 低压控制电器的主要技术参数

常用低压控制电器的主要技术参数如下。

（1）额定工作电压和额定工作电流。额定工作电压是指在规定的条件下，能保证电器正常工作的电压值，通常是指触点的额定电压；额定工作电流是根据电器的具体使用条件确定的电流值，它和额定电压、电网频率、额定工作制、使用类别、触点寿命及防护等级等因素有关。

（2）通断能力。控制电器的接通能力是指开关闭合时不会造成触点熔焊的能力；而断开能力是指开关断开时可靠灭弧的能力。

（3）使用寿命。使用寿命包括机械寿命和电寿命。机械寿命是指电器在无电流情况下操作的次数。电寿命是指在规定条件下不需要修理或更换零件的负载操作次数。

（4）使用类别。按照国标要求，根据电路的电源性质选择交流（AC）或直流（DC）低压电器，并根据负载的性质选择相应标准的控制电器主触点和辅助触点的使用类别。详细内

容请查阅有关资料。

9.1.2 低压开关

开关是用于接通和断开电路的电器，大多数作为机床电路的电源开关、局部照明电路的控制，有时也可用于小容量电动机的启动、停止和正反转控制。常用的有刀开关、组合开关和自动空气断路器。使用开关应当注意它的几项主要技术参数。

额定电压：在工作时允许的最大电压限额。

额定电流：在工作时允许长期通过的最大电流限额；

断流能力：能正常安全断开最大工作电流限额。

1. 刀开关

刀开关是一种结构最简单且应用最广泛的低压电器。其典型结构如图 9.1.6 所示。它由操作手柄、触刀、静插座和底板组成。常用的刀开关有开启式负荷开关（瓷底胶盖闸刀开关）和封闭式负荷开关（铁壳开关）。按极数（刀片数）分为单极、双极和三极。这里只介绍最常用的两种刀开关。

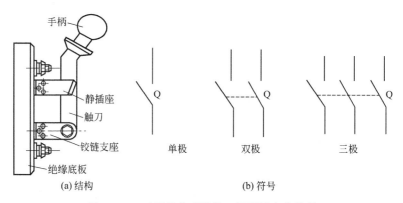

图 9.1.6　刀开关典型结构、图形及文字符号

安装刀开关时，必须垂直安装在控制屏或开关板位置上，绝不允许倒装，以防止手柄自垂落下，引起误合闸，接线时应把电源线接在上端，负载线接在下端（否则，更换熔体时发生触电）。刀开关一般与熔断器串联使用，所以对电路具有短路保护功能。

瓷底胶盖刀开关，又称为开启式负荷开关。与刀开关相比较，胶盖刀开关多了熔体和防护胶盖。它主要是用于交流 50Hz、额定电压单相 220V、三相 380V、额定电流至 100A 的电路中，作为不频繁的接通和分断有负载电路和小容量线路的短路保护之用。其中，三极开关适当降低容量后，可作为小型感应电动机手动不频繁操作的直接启动及分断用。常用的有 HK1 和 HK2 系列。

铁壳开关又称为封闭式负荷开关，一般用于电力排灌、热电器、电器照明线路的配电设备中，作为不频繁接通和分断电路用。容量较小（额定电流为 60A 及以下）的铁壳开关，还可用作异步电动机不频繁全压启动的控制开关，并可对电路进行短路保护。

封闭式负荷开关主要由触点系统（包括动触刀静夹座）、操作机构（包括手柄、转轴、速断弹簧）、熔断器、灭弧装置及外壳构成。其操作机构具有两个特点：一是采用储能合闸方式，即利用一根弹簧执行合闸和分闸功能，使开关的接通和分断的速度与手柄操作速度无关；二是设有联锁装置，它可以保证开关在合闸状态，开关盖不能打开；而当开关盖还未打开时，也不能合闸。这样既有助于充分发挥外壳的防护作用，又保证了更换熔丝等操作的安全。

常用的型号有 HK3、HH4、Hex-30 等系列，其中 HH4 系列为全国统一设计产品，可取代同容量其他系列老产品。Hex-30 系列的铁壳开关还带有断相保护，当一相熔体熔断时，铁壳开关的脱扣器动作，使其跳闸，断开电路起到保护作用。封闭式负荷开关的主要技术参数有额定电流、接通和分断能力及熔断器的极限分断能力等，需根据实际需要恰当选用。

2. 组合开关

组合开关又称转换开关，也是一种刀开关，它的刀片（动触片）是转动式的，比刀开关轻巧而且组合性强，能组成各种不同的线路。

组合开关有单极、双极和三极之分，由若干个动触点及静触点分别装在数层绝缘件内组成，动触点随手柄旋转而变更其通断位置。其结构如图 9.1.7 所示。组合开关的种类很多，常用产品有 HZ5、HZ10 等系列。HZ5 系列是全国统一设计产品。它是由三对静、动触片和可转动的绝缘手柄组成，当转动手柄时，每层的动触片随方形转轴一起转动，可以将三对触点（彼此相差一定的角度）同时接通或断开。

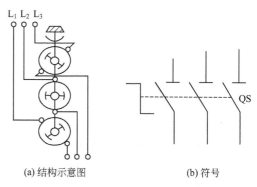

(a) 结构示意图　　(b) 符号

图 9.1.7　转换开关的结构示意图及符号

在机床电气控制回路中，组合开关常来作为电源引入开关，也可用它来直接启动和停止小容量三相交流笼型电动机。组合开关是根据电源种类、电压等级、所需触点数、接线方式进行选用，在用它控制异步电动机启停时，每小时接通次数一般不超过 15～20 次，开关的额定电流也应选得略大一些，一般取电动机额定电流的 1.5～2.5 倍。

3. 自动空气断路器（自动空气开关）

自动空气开关又称为自动空气断路器，是低压配电网络和电力拖动系统中非常重要的一种电器，它集控制和多种保护功能于一身，能完成接通和分断电路外，还能对电路或电气设备所发生的短路、过载及失压等进行保护，也可以用于不频繁的启动电动机，并广泛应用在低压配电网络、电力拖动系统中和建筑物内用作电源线路的通断、保护等。

断路器主要由触头、操作机构和保护元件三部分组成。其工作原理如图 9.1.8 所示：自动开关的三对主触点串联在被控制的三相电路中，当按下接通按钮时，外力使锁扣克服弹簧的斥力，将固定在锁扣上面的动触点和静触点闭合，并由锁扣锁住搭钩，使开关处于接通状态。

当开关接通电源后，电磁脱扣器、热脱扣器及电压脱扣器若无异常反应，开关运行正常。当线路发生短路或严重过电流时，短路电流超过瞬时脱扣整定值，电磁脱扣器产生足够大的吸引力，将衔铁吸合并撞击杠杆，使搭钩绕转轴座向上转动与锁扣脱开，锁扣在反力弹簧的作用下，将三对主触点分断，切断电路。

当线路发生一般性过载时，过载电流虽不能使电磁脱扣器动作，但能使热元件产生一定的热量，使双金属片向上弯曲，推动杠杆使搭钩与锁扣脱开，将主触点分断。由于双金属片受热有一定的延时，适用于过载保护。

在电源电压过低或停电时，欠压脱扣器的电衔铁释放，衔铁被拉力弹簧拉向上方，同样触动杠杆使电路断开。欠压保护可以在电压过低不能正常运行时自动切断电路，还可以在电源停电后又重新恢复供电时，不至于在无准备的情况下使线路上的所有负载同时通电启动造

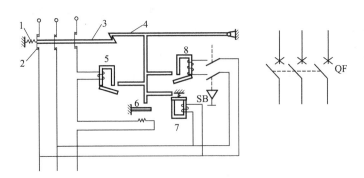

图 9.1.8 自动空气断路器原理示意图及符号
1—释放弹簧；2—主触点；3—连杆装置；4—锁扣；5—过电流脱扣器；
6—热脱扣器；7—欠电压脱扣器；8—过电流脱扣器

成事故。

自动空气开关的选用原则：

（1）自动空气开关的额定电压和额定电流应大于或等于电路的额定电压和最大工作电流。

（2）自动空气开关的过载脱扣整定电流应等于负载工作电流。

（3）自动空气开关的额定通断能力大于或等于电路的最大短路电流。

（4）自动空气开关的欠电压脱扣器额定电压等于主电路额定电压。

（5）自动空气开关类型的选择，应根据电路的额定电流及保护的要求来选用。

9.1.3 接触器

接触器是一种用来自动地接通或断开大电流电路的电器。大多数情况下，其控制对象是电动机，也可以用于其他电力负载，如电热器、电焊机、电炉变压器等。它具有低压释放保护功能，并能实现远距离控制。接触器具有操作频率高、工作可靠、性能稳定、使用寿命长、维护方便等优点。按其主触点通过电流的种类不同，可以分为交流接触器和直流接触器。

1. 交流接触器

交流接触器主要由触点系统、电磁机构和灭弧装置等组成。如图 9.1.9 所示。

（1）触点系统。触点是接触器的执行元件，用来接通和分断电路。交流接触器的触点分主触点和辅助触点两种。主触点接触面积一般比较大，接触电阻较小，用于接通或分断较大的电流，常接在主电路中；辅助触点接触面积一般比较小，接触电阻较大，用于接通或分断较小的电流，常接在控制电路（或称辅助电路）中。

（2）电磁机构。电磁机构由线圈、衔铁（动铁芯）和静铁芯组成。它将电磁能转换为机械能，为触点的动作提供动力。由于交流接触器的线圈通交流电，在铁芯中存在磁滞和涡流损耗，为了减少涡流损耗、磁滞损耗，以免铁芯发热过甚，铁芯由硅钢片叠铆而成。

（3）灭弧装置。交流接触器分断大电流电路时往往会在动、静触点之间产生很强的电弧。在触点上装有灭弧装置，以熄灭由于触点断开而产生的电弧，防止烧坏触点。

（4）其他部分。包括触点弹簧、反作用弹簧、触点压力弹簧、传动机构及外壳等。

交流接触器的工作原理是：线圈通电后，线圈产生电磁吸引力将衔铁吸下，使常开触点闭合，常闭触点断开；线圈断电后电磁吸引力消失，依靠反作用弹簧使触点恢复到原来的状态。

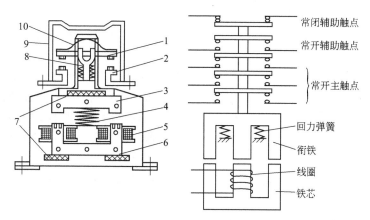

图 9.1.9　交流接触器结构及示意图

1—动触头；2—静触头；3—衔铁；4—缓冲弹簧；5—电磁线圈；6—铁芯；

7—垫毡；8—触头弹簧；9—灭弧罩；10—触头压力簧片

2. 直流接触器

直流接触器的结构和工作原理与交流接触器基本相同，也是由触点系统、电磁机构和灭

弧装置等部分组成，如图 9.1.10 所示。但也有不同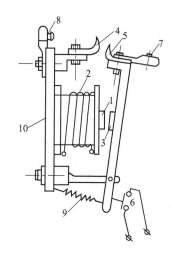
之处，直流电磁机构的铁芯中磁通变化不大，故可
用整块铸钢做成，其主触点常用滚动的指形触点，
由于直流电弧比交流电弧难以熄灭，因此在直流接
触器中常采用磁吹灭弧装置。常用的 CZ0、CZ18 系
列直流接触器，是全国统一设计的产品。主要用于
电压低于 440V、额定电流低于 600A 的直流电力线
路中，用于远距离接通和分断线路，控制直流电动
机的启动、停车、反接制动等。

3. 接触器的选择

接触器应合理选择，一般根据以下原则来选择
接触器。

(1) 接触器的类型选择。根据接触器所控制的
负载性质来选择接触器类型。交流负载选交流接触
器，直流负载选直流接触器，根据负载大小不同，
选择不同型号的接触器。

(2) 额定电压的选择。接触器额定电压应大于

图 9.1.10　直流接触器结构示意图

1—铁芯；2—线圈；3—衔铁；4—静触点；

5—动触点；6—辅助触点；7,8—接线柱；

9—反作用弹簧；10—底板

或等于负载回路电压。

(3) 额定电流的选择。接触器的额定电流应大于或等于负载回路的额定电流。对于电动
机的负载，可按下面的经验公式计算

$$I_J = 1.3 I_N$$

式中，I_J 为接触器主触点的额定电流；I_N 为电动机的额定电流。

(4) 吸引线圈额定电压的选择。吸引线圈的额定电压应与所接控制回路的电压相一致。

(5) 触点数量。接触器的主触点、动合辅助触点、动断辅助触点数量应与主电路和控制
回路的要求一致。

交流接触器的图形符号及文字符号如图9.1.11所示。

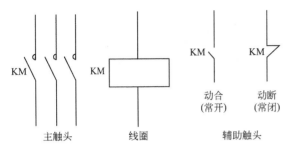

图 9.1.11 交流接触器的图形符号及文字符号

9.1.4 继电器

继电器是一种根据电量或非电量（如：电压、电流、时间、速度、温度、压力等）的变化，接通或断开控制电路，实现自动控制和保护电力拖动装置的电器。继电器一般由感测机构、中间机构和执行机构三个基本部分组成。它一般不是用来直接控制较强电流的主电路，主要用于反应控制信号。因此同接触器相比较，继电器触点的分断能力小，其触点容量（额定电流）在 5A 以下，一般不设灭弧装置。

继电器的种类很多，按输入信号的不同可分为电压继电器、电流继电器、时间继电器、热继电器、速度继电器、温度继电器与压力继电器等。

1. 电磁式继电器

电磁式继电器是以电磁力为驱动力的继电器，是电气控制设备中用得最多的一种继电器，其基本结构和动作原理与接触器大致相同，如图9.1.12所示。但继电器是用于切换小电流的控制和保护电器，其触点种类和数量较多，体积较小，动作灵敏，无需灭弧装置。

（1）电流继电器。电流继电器的线圈与被测电路（负载）串联，以反映电路的电流大小。为不影响电路的工作情况，电流继电器的线圈应匝数少、导线粗、阻抗小。

电流继电器又有过电流继电器和欠电流继电器之分。过电流继电器在电路正常工作时不动作；当负载过电流超过某一整定值时，衔铁吸合、触点动作。其电流整定范围通常为 1.1～4 倍的线圈电流。过电流继电器的图形符号、文字符号如图 9.1.13 所示。

欠电流继电器的吸引电流为线圈额定电流的 30%～50%，释放电流为额定电流的10%～20%。因此，在电路正常工作时衔铁是吸合的；当负载电流下降到某一整定值时，继电器释放，输出控制信号。欠电流继电器的文字符号、图形符号如图 9.1.13 所示。

过电流往往是由于不正确的动作和过大的负载引起的，一般比短路电流要小。在电动机运行

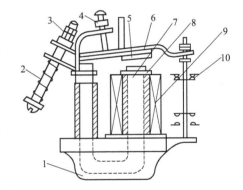

图 9.1.12 电磁式继电器的典型结构
1—底座；2—反力弹簧；3,4—调整螺钉；5—非磁性垫片；6—衔铁；7—铁芯；8—极靴；9—电磁线圈；10—触点系统

中产生过电流比发生短路的可能性更大，尤其在频繁正、反转和启、停控制的电动机中更是如此。例如：工厂车间里的吊车等起重设备，一般用绕线型异步电动机拖动，其过载保护多采用过电流继电器保护。

欠电流继电器常被串入直流电动机励磁回路中对直流电动机实现弱磁保护。

常用的电流继电器型号有：JT9、JT17、JT1817、JT18、JL14、JL15、JL18等系列。

（2）电压继电器。电压继电器是根据线圈两端电压大小而接通或断开电路的继电器。这种继电器线圈的导线细、匝数多、阻抗大，并联在电路中。电压继电器有过电压、欠电压和

零电压继电器之分。

一般来说，过电压继电器在电压为额定电压的 110%～120% 时动作，对电路进行过压保护，其工作原理与过电流继电器相似；欠电压继电器在电压为额定电压的 40%～70% 时动作，对电路进行欠电压保护，其工作原理与欠电流继电器相似；零压继电器在电压降至额定电压的 5%～25% 时动作，对电路进行零压保护。

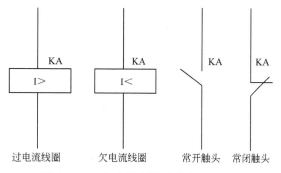

图 9.1.13 电流继电器图形及文字符号

（3）中间继电器。中间继电器在结构上是一个电压继电器，但它的触点数多、触点容量大（额定电流 5～10A），是用来转换控制信号的中间元件。其输入信号是线圈的通电或断电，输出信号为触点的动作。它在电路中常用来扩展触点数量和增大触点容量或者用于自动控制中的中间控制。常用的中间继电器有 JZ12、JZ7、JZ8 等系列。中间继电器结构外形图和符号如图 9.1.14 所示。

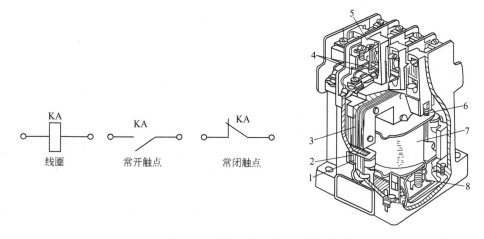

图 9.1.14 中间继电器结构外形图和符号

1—静铁芯；2—短路环；3—动铁芯；4—动合触点；5—动断触点；
6—复位弹簧；7—线圈；8—反作用弹簧

2. 时间继电器

时间继电器是一种能使感受部分在感受信号（线圈通电或断电）后，自动延时输出信号（触点闭合或分断）的继电器。时间继电器的种类很多，主要有电磁式、空气阻尼式、晶体管式、数字式等。现以空气阻尼式时间继电器为例介绍其工作原理。

如图 9.1.15 是空气阻尼式时间继电器的结构原理图。它主要由电磁系统、气室及触点系统组成。如图（a）所示，当线圈通电后，将动铁芯和与之固定在一起的推板吸下，压合微动开关 16（也称瞬时开关），其动断触点瞬时断开，动合触点瞬时闭合。同时活塞杆失去推板的支持，在释放弹簧的作用向下移动。需要注意的是，与活塞杆相连的橡皮膜跟着下移时受到空气的阻尼作用，而橡皮膜上方气室空气稀薄，移动速度需视进气孔的大小而定。这可通过调节螺杆进行调整，所以经过一定的延迟时间后，活塞杆才能移到最下端，这时杠杆压动微动开关 15（也称延时开关），使其动断触点断开，动合触点闭合，起到通电延时作用。

继电器线圈断电后，电磁吸力消失，动铁芯依靠恢复弹簧的作用而复原。气室中的空气

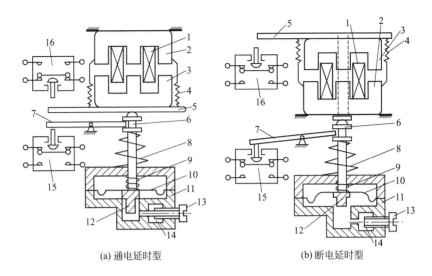

图 9.1.15　空气阻尼式时间继电器的结构原理图

1—线圈；2—铁芯；3—衔铁；4—复位弹簧；5—推板；6—活塞杆；

7—杠杆；8—塔形弹簧；9—弱弹簧；10—橡皮膜；11—空气室壁；

12—活塞；13—调节螺杆；14—进气孔；15,16—微动开关

经排气孔单向阀排出，微动开关 15 和 16 中的各对触点瞬时复位。

以上分析的是通电延时型时间继电器，它有两对延时触点：一对是延时断开的动断触点；一对是延时闭合的动合触点；还有两对瞬时触点：一对动合触点和一对动断触点。

只要改变电磁机构的安装方向，即可得到断电延时型时间继电器，如图（b）所示读者可自行分析。它也有两对延时触点，一对延时闭合的动断触点，一对延时断开的动合触点；此外也还有两对瞬时触点：一对动合触点和一对动断触点。

时间继电器的图形符号如图 9.1.16 所示，空气阻尼式时间继电器的优点是：延时范围大（有 0.4~60s 和 0.4~180s 两种），结构简单，寿命长，价格低廉。其缺点是：延时误差大（±10%~20%），无调节刻度指示，难以精确整定延时值，在对延时精度要求高的场合，不宜使用这种时间继电器。

机床电器自动控制常用时间继电器，而且多为空气阻尼式的。它的电磁机构和触点系统的故障及维护与前面几种低压电器所述相同。值得注意的是空气室造成的故障，主要是延时不准确。空气室经过拆卸后再重新装配时，往往产生密封不严或漏气，这样会使动作延时缩短，甚至不产生延时。空气室内要求很严格，如果在拆卸过程中或其他原因，有灰尘进入空气道中，使空气道受到阻塞，时间继电器的延时会变长。此外，环境温度发生变化时，对延时的长短也有影响。

3. 热继电器

电动机在实际运行中，常遇到过载情况。若过载不大，时间较短，只要电动机绕组温升不超过允许值，这种过载是允许的。但过载时间过长，绕组温升超过了允许值时，将会加剧绕组绝缘老化，缩短电动机使用年限，严重时使绕组烧坏，电动机损坏。过载电流越大，达到允许温升的时间越短。常用的过载保护元件是热继电器。热继电器是利用电流的热效应原理来工作的保护电器。它可以满足这样的要求：当电动机为额定电流时，电动机为额定温升，热继电器不动作；在过载电流较小时，热继电经过较长时间才会动作；过载电流较大时，热继电器则经过较短时间就会动作。

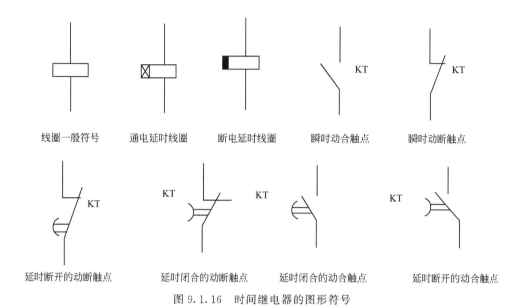

图 9.1.16　时间继电器的图形符号

（1）热继电器的结构及工作原理。热继电器主要由热元件、双金属片、触点和传动机构组成。双金属片是热继电器的感受元件，它用两种膨胀系数不同的金属碾压而成，下层金属膨胀系数大，上层的膨胀系数小。当主电路中电流超过容许值而使双金属片受热时，双金属片的自由端便严重向上弯曲超出扣板，扣板在弹簧的拉力下将常闭触点断开。触点是接在电动机的控制电路中的，控制电路断开便使接触器的线圈断电，从而断开电动机的主电路，达到保护电动机的目的。热继电器的原理及符号如图 9.1.17 所示。

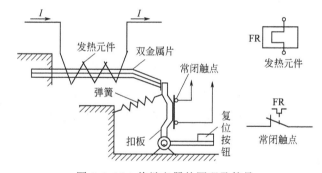

图 9.1.17　热继电器的原理及符号

（2）热继电器的型号及选用。常用的热继电器型号有 JR10、JR16、JR20、JRS1 等系列。按其热元件的数量分有两相结构和三相结构，而 JR16 系列还带有断相保护装置。

　　热继电器的选择主要根据电动机的额定电流来确定热继电器的型号及热元件的额定电流等级。对于绕组是星形连接的电动机来说，当运行中电源发生断相时，另外两相就会发生过载现象。因流过热继电器热元件的电流就是电动机绕组的电流，选用一般不带断相保护的两相或三相热继电器就能反映一相断线后的过载，对断相运行起保护作用。对于绕组是三角形连接的电动机来说，热继电器的热元件串接在电源进线中。一相断线后，流过热继电器的电流与流过电动机绕组的电流增加比例是不同的，其中最严重的一相比其余串联的两相绕组电流要大一倍，增加的比例也最大，这时应该选用带有断相保护装置的热继电器。当定子三相电流严重不对称时，热继电器便会产生动作。热继电器的整定电流通常与电动机的额定电流相等。

由于热惯性的原因，热继电器不会受电动机短时过载冲击电流或短路电流的影响而瞬时动作，所以在使用热继电器作过载保护的同时，还必须设有短路保护。

4. 速度继电器

速度继电器主要用于三相交流笼型异步电动机的反接制动控制。当反接制动的电动机转速下降到接近零时，常用速度继电器自动切断电源，因此也称为反接制动器。它主要由转子、定子和触点三部分组成。转子是一个圆柱形永久磁铁，定子是一个笼型空心圆环，由硅钢片叠成，并装有笼型绕组。

速度继电器的工作原理如图 9.1.18 所示。当电动机转动时，速度继电器的转子随之转动，外环中的短路导体便切割磁力线而感应出电动势并产生电流，此电流与旋转的转子磁场相互作用产生电磁转矩，于是外环开始转动，当转到一定角度时，装在外环上的摆锤推动簧片（动触点）动作，使常闭触点断开，常开触点闭合。当电动机转速低于某一值时，电磁转矩减小，外环的转动角度也随之减小，摆锤与簧片分离，触点在簧片作用下复位。一般速度继电器的动作转速为 120r/min，触点复位转速在 100r/min 以下。

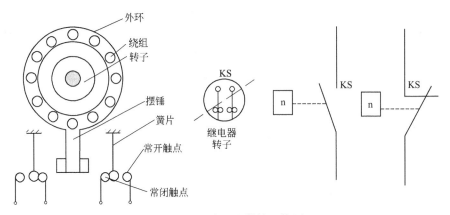

图 9.1.18　速度继电器的工作原理

速度继电器的故障一般表现为电动机断开电源后不能迅速制动。这种故障原因主要是触点接触不良、绝缘顶块断裂或与小轴的连接松脱；另外还有支架断裂、定子短路、绕组开路或转子失磁等。

9.1.5　熔断器

熔断器主要作短路或严重过载保护用，串联在被保护的线路中。线路正常工作时如同一根导线，起通路作用；当线路短路或严重过载时熔断器熔体熔断，起到保护线路上其他电气设备的作用。

1. 熔断器的结构及工作原理

熔断器是一种广泛应用于短路保护的电器，它是由熔体（俗称保险丝）和安装熔体的绝缘底座（熔座）或绝缘管（熔管）等组成。熔体呈片状或丝状，用易熔金属材料如锡、铅、锌、铜、银及其合金等制成，熔体的熔点一般在 200～300℃。熔管是装熔体的外壳，由陶瓷、绝缘钢纸或玻璃纤维制成，在熔体熔断时兼有灭弧作用。熔断器使用时串接在所保护的电路上。电路正常工作时熔体如同一根导线，当线路短路或过载时，电流很大，熔体因过热熔化而切断电路，起到保护线路上其他电器设备的作用。熔体熔断后需更换熔体，电路才能重新接通工作。

2. 熔断器的类型

常用的熔断器有瓷插式熔断器、螺旋式熔断器、封闭管式熔断器及自复式熔断器等类型。如图 9.1.19 所示。

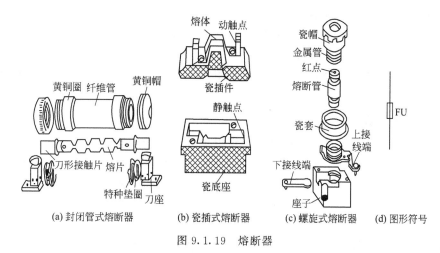

图 9.1.19　熔断器

（1）封闭管式熔断器。封闭管式熔断器可分为无填料、有填料和快速三种。其最常用的是有填料的封闭管式熔断器，该熔断器的熔体放在全封闭的瓷管内，管内填充石英砂，它具有较大的断流能力。

当熔断器熔断时，一方面电弧在石英砂颗粒间的缝隙中受到强烈的消电离作用而熄灭，另一方面电弧在极短的时间内、在很小的容积里产生巨大的能量，使熔管型腔内温度非常高，而且温升很快。这时，颗粒填料层的存在就保护了熔断器零件，使之免遭电弧的强烈热作用。

（2）瓷插式熔断器。常用的瓷插式熔断器为 RC1A 系列。它由瓷座、瓷盖、动触头、静触头和熔丝五部分组成；该熔断器结构简单、价格低廉，更换熔体方便，一般用于 500V 以下、200A 以内的电路做短路保护，也可作为民用照明灯电路的保护。

（3）螺旋式熔断器。螺旋式熔断器主要由瓷帽、熔断管、瓷套、上、下接线座及瓷座组成，熔断管内放置熔体并填充石英砂，将熔管安装在底座内，旋紧瓷帽，就接通了电路。当熔体熔断时，熔管端部的红色指示器跳出。旋开螺帽可以更换整个熔管。常用的螺旋式熔断器有 RL1、RL6、RL7 系列。

螺旋式快速熔断器的结构和螺旋式熔断器的完全相同，主要用于半导体元件的保护，常用的型号有 RLS1、RLS2 等系列。

3. 熔断器的选择

熔断器类型选择：其类型应根据线路要求、使用场合和安装条件选择。

熔断器额定电压的选择：其额定电压应大于或等于线路的工作电压。

熔断器额定电流的选择：其额定电流必须大于或等于所装熔体的工作电流。

熔体额定电流的选择：熔体额定电流可按以下几种情况选择：

（1）对于如照明线路等没有冲击电流的负载，应使熔体的额定电流等于或稍大于电路的工作电流。即

$$I_{FN} \geqslant I$$

式中，I_{FN} 为熔体额定电流；I 为电路的工作电流。

（2）保护一台电动机时，考虑到电动机启动冲击电流的影响，为了保证既能使电动机启动，又能发挥熔体的短路保护作用，熔体的额定电流应按下式计算

$$I_{FN} \geqslant (1.5 \sim 3)I_N$$

式中，I_N 为电动机额定电流。

（3）多台电动机的总熔断器，熔体的额定电流可取

$$I_{FN} \geqslant (1.5 \sim 2.5)I_{Nmax} + \sum I_N$$

式中，I_{Nmax} 为容量最大的一台电动机的额定电流；$\sum I_N$ 为其余电动机额定电流的总和。

9.1.6 主令电器

在自动控制系统中发出指令或信号的操纵电器称为主令电器（按钮、行程开关等），其作用是用来切换控制电路，使电路接通或分断，实现对电力拖动系统的各种控制。

主令电器应用广泛，种类繁多，按其作用可分为按钮、行程开关、接近开关、万能转换开关等以及其他如脚踏开关、倒顺开关、钮子开关等。本书仅介绍常用的几种。

1. 按钮

按钮是一种手动且能自动复位的主令电器，一般作成复合型。它一般由按钮帽，复位弹簧、桥或动静触头，推杆和外壳组成。在常态（未受外力）时，在复位弹簧的作用下，静触点与桥式动触点闭合，该对触点习惯上称为动断触点；另外一对静触点与桥式触点处于断开状态，该对触点习惯上称为动合触点。当按下按钮时，动触点先和静触点分开，再和另外一静触点闭合，从而断开或接通控制电路。

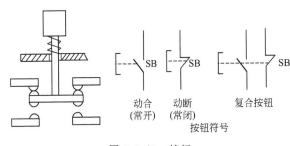

图 9.1.20 按钮

按钮常用的型号有 LA2、LA10、LA18、LA19、LA20、LA25 等系列。其中 LA2 系列是仍在使用的老产品；LA25 是全国统一设计的新型号，而且 LA25 和 LA18 系列采用积木式结构，其触点数目可按需要拼装，可装成一动合一动断至六动合六动断；LA19、LA20 系列有带指示灯和不带指示灯两种。按钮的符号如图 9.1.20 所示。

按钮的主要技术要求有：规格、结构形式、触点对数和按钮颜色。选用时可根据实际需要来选定触点的对数、动作要求、是否需要指示灯以及颜色等。

2. 行程开关

行程开关又称为限位开关或位置开关，是一种利用生产机械的某些运动部件的碰撞来发出控制指令的电器。用于控制生产机械的运动方向、行程长短和位置保护。

从结构上看，行程开关可分为三个部分：操作机构、触点系统和外壳。操作机构接收动作信号，并将此信号传递到触点系统。触点系统是开关的执行部分，它将操作机构传入的机械信号，通过本身的动作变换为电信号，输出到有关控制回路，使之做出必要的反应。如图 9.1.21 所示为行程开关示意图。

行程开关种类很多，从结构形式上可分为直动式（如 LX1、JLXK1 系列）、滚轮式（如 LX2、JLXK2 系列）和微动式（如 LXW-11、JLXK1-11 系列）三种。和复合按钮一样，有常开、常闭触头各一个，但它不用手按动，而是利用生产设备运动部件的机械位移碰撞行程开关，使其触头动作，将机械信号转换为电信号，从而达到限制机械运动的位置或行程。

3. 万能转换开关

万能转换开关是一种多挡式且能对电路进行多种转换的主令电器。它是由多组相同结构的触点组建叠装而成的多回路控制电器,主要用于各种配电装置的远距离控制,也可作为电器、测量仪表的转换开关或用作小容量电动机的启动、制动、调速和换向的控制。由于触点挡数多,换接的线路多,用途又广泛,故称为万能转换开关。

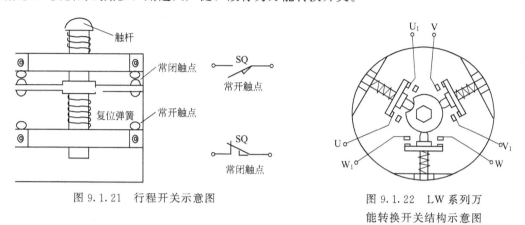

图 9.1.21　行程开关示意图　　　　　　图 9.1.22　LW 系列万能转换开关结构示意图

万能转换开关一般由操作机构、面板、手柄及数个触点座等部件组成,用螺栓组装成为整体。触点的分断与闭合由凸轮进行控制,如图 9.1.22 所示。由于每层凸轮可制作成不同的形状,因此当手柄转到不同位置时,通过凸轮的作用,可以使各对触点按需要的规律接通和分断。

目前常用的万能转换开关有 LW2、LW5、LW6、LW8、LW10-10、LW12、LW15 和 3LB、3ST1、JXS2-20 等系列。

9.2　三相交流笼型异步电动机直接启动的控制电路

三相交流笼型异步电动机具有结构简单、坚固耐用、价格便宜、维修方便等优点,获得广泛的应用。三相交流笼型异步电动机接通电源后,从静止加速到稳定运行状态的过程称为启动。在启动时,转子的感应电动势和电流都很大,从而使得定子的启动电流 I_{st} 也很大,一般可达电动机额定电流的 4～7 倍。这会造成电网电压的显著下降,影响同一电网下工作的其他设备的正常运行。因此,只有当三相交流笼型异步电动机的容量小于 10kW,或满足以下经验公式时,才会采用直接启动

$$\frac{I_{st}}{I_N} \leqslant \frac{3}{4} + \frac{S}{4P} \qquad (9.2.1)$$

式中,I_{st} 为电动机的全压启动电流,A;I_N 为电动机的额定电流,A;S 为电源变压器的容量,kV·A;P 为电动机的功率,kW。

直接启动是一种经济、简单、可靠的启动方法。当电动机的容量大于 10kW 或不满足公式时,就必须采用减压启动。下面就介绍三相交流笼型异步电动机的直接启动的控制电路。

1. 开关控制电路

图 9.2.1 为电动机单向旋转的开关控制电路,图中 M 为三相交流笼型异步电动机,QS 为刀开关,QF 为自动开关。图 9.2.1(a) 为刀开关控制电路,图 9.2.1(b) 为自动开关控制电路。它们是用刀开关或自动空气开关直接控制电动机的启动和停车,一般适用于不频繁

启动的小容量电动机。工厂中小型电动机如砂轮机、三相电风扇等，常采用这种控制电路，但是这种电路不能实现远距离控制和自动控制。

2. 接触器点动控制电路

在需要频繁启动、停止的场合（如电动葫芦、机床工作台的调整、刀架快速进给等），一般采用如图 9.2.2 所示由按钮、接触器等实现的点动控制电路，其中 SB 为按钮，KM 为交流接触器。工作原理分析如下：合上刀开关 QS，按下按钮 SB，KM 线圈通电，其三对动合主触点闭合，电动机三相绕组通电，电动机 M 启动；松开按钮 SB，KM 线圈失电，其主触点断开，电动机三相绕组断电，电动机 M 停车。

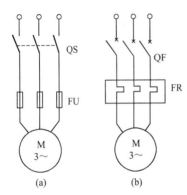

图 9.2.1　单向旋转的开关控制电路

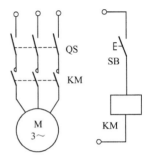

图 9.2.2　接触器实现点动单向旋转的控制电路

3. 接触器长动控制电路

如图 9.2.3(a) 为电动机单向旋转长动控制电路。图中 QS 为电源开关，FU1、FU2 分别为主电路和控制电路的熔断器，FR 为热继电器，SB1、SB2 分别为停止和启动按钮。工作过程如下：合上电源开关 QS，按下启动按钮 SB2，其动合触点闭合，接触器 KM 线圈通电，三对主触点闭合，电动机接通三相电源启动。同时，与 SB2 动合触点并联的 KM 动合辅助触点闭合。这样，当松开 SB2 时，虽然 SB2 动合触点断开，但 KM 线圈通过已闭合的 KM 动合辅助触点仍保持通电状态，从而使电动机能连续运转。这种依靠接触器自身辅助触点保持线圈通电的电路，称为自锁电路，KM 的这一动合辅助触点称为自锁触点。按下按钮 SB1，接触器 KM 线圈失电，KM 动合主触点和动合辅助触点均断开，切断电动机的主电路和控制电路，电动机停转。

本电路具有以下保护环节：

（1）过载保护。由热继电器 FR 实现电动机的过载保护。热继电器的热元件串接在电动机的主电路中，其动断触点串接在接触器线圈的控制回路中，当电动机过载时，热继电器的双金属片受热弯曲，使其动断触点断开，切断接触器线圈的控制回路，线圈失电，接触器的主触点断开，从而使电动机断电，起到电动机的过载保护作用。

（2）短路保护。由熔断器 FU1、FU2 分别实现电动机的主电路和控制电路的短路保护。

（3）失压和欠压保护。当电源电压由某种原因严重下降（低于额定电压的 85%）或消失时，接触器的电磁吸力下降或消失，使得接触器的衔铁释放，动合主触点和自锁触点断开，电动机停止转动。当线路电压恢复正常时，接触器线圈不能自动通电，必须再次按下启动按钮 SB2 后才能重新启动。从而避免了线路正常后，电动机突然启动所引起的设备或人身事故。具有自锁电路的接触器控制电路都有失压和欠压保护作用。

（4）具有点动、长动控制电路的功能。图 9.2.3(b)、（c）为既可实现电动机点动又可实现长动的控制电路。其中图（b）由手动开关 SA 选择电动机的长动和点动控制，当 SA

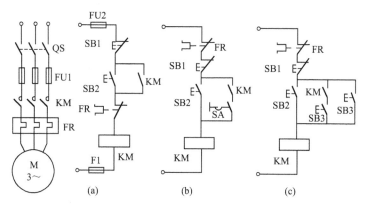

图 9.2.3　具有点动、长动的控制电路

闭合时为长动控制，当 SA 断开时为点动控制。图（c）为采用两个按钮分别实现长动和点动控制，当按下按钮 SB2 时为长动控制；当按下按钮 SB3 时为点动控制，它是利用 SB3 的动断触点来断开自锁电路，以实现点动控制。SB1 为电动机长动控制的停车按钮。

9.3　三相笼型异步电动机正反转控制电路

前面介绍的几种电动机的控制电路都是有关电动机单一方向启动的控制电路，但是在实际生产实践中常常要求生产机械能够实现上、下、左、右、前、后等相反方向的运动，这就要求电动机能够正反转。由异步电动机的工作原理可以知道，借助正、反相接触器改变三相定子绕组中电流的相序，就可以改变电动机的转向。以下介绍几种常用的电动机正反转控制电路。

1. 电气互锁正、反转控制电路

图 9.3.1 为电动机的电气互锁正、反转控制电路。图中，KM1、KM2 分别为正、反转控制接触器，它们的主触点接线的相序不同，KM1 按 U—V—W 相序接线，KM2 按 W—V—U 相序接线，即将 U、W 两相对调，所以两个接触器分别工作时，电动机的旋转方向不一样，实现电动机的可逆运转。

SB3 为停止按钮，SB1 为正转按钮，SB2 为反转按钮，为了防止误操作把两个启动按钮同时按下，或者电动机正（反）转时按下反（正）转按钮，致使 KM1 和 KM2 两组主触点同时接通造成短路，把接触器 KM1 和 KM2 的一个常闭触点，分别串入对方的控制电路中，这样 KM1、KM2 线圈就不可能同时通电，因此保证在控制电路中只能一条支路通电。这种由接触器或继电器动断触点构成的互锁称为电气互锁。若要改变电动机的转向，必须经过停车过渡。

此电路采用接触器控制，并且在主电路中接入了热继电器 FR，所以它具有失压、欠压和过载保护，熔断器 FU 用于电路的短路保护。

2. 双重互锁正、反转控制电路

电气互锁的正、反转控制电路有一个缺点，即在正转过程中要求反转时必须先按下停止按钮 SB1，让 KM1 线圈断电，联锁触点 KM1 闭合，这样才能按反转按钮使电动机反转，这样给操作带来了不方便。为了解决这个问题，在实践生产过程中常采用复合按钮和触点联锁的控制线路，如图 9.3.2 所示。

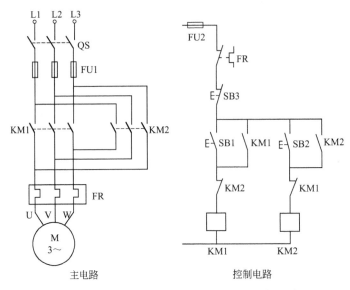

主电路　　　　　　　　控制电路

图 9.3.1　电动机的电气互锁正、反转控制电路

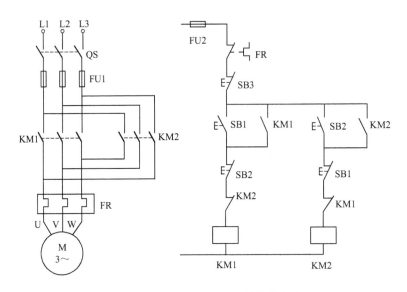

图 9.3.2　双重互锁正、反转控制电路

由于在该电路中采用复式按钮，将 SB1（SB2）按钮的常闭触点串接在 KM2（KM1）的线圈电路中；这样，无论何时，只要按下反（正）转启动按钮，在 KM2（KM1）线圈通电之前就首先使 KM1（KM2）断电，从而保证 KM1 和 KM2 不同时通电。并可实现电动机（只适合于小功率电动机）的直接可逆控制，而不需要中间停止的过渡过程。对于大功率电动机为了防止运转过程中突然转向产生的大电流对电动机机械部分造成的冲击，必须先停车再转向。这种由机械按钮实现的互锁也叫机械互锁。

9.4　行　程　控　制

机械设备中的运动部件（如机床的工作台、高炉加料设备等）往往有行程限制，需要自动往复运行，这时，通常是利用行程开关来检测往返运动的相对位置，控制电动机的正反转。行程控制就是用机械运动部件的位置或行程距离来进行控制。

如图 9.4.1 所示，将行程开关 SQ1、SQ2 分别装在机床床身的两端，即控制工作台的起点和终点。撞块 A、B 分别安装在工作台上，当撞块随工作台运动到行程开关位置时，压下行程开关，使其触点动作，从而改变控制电路的通断，使电动机正反转互换，

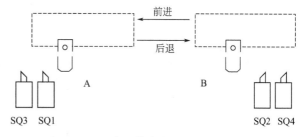

图 9.4.1　机床工作台自动往返运动示意图

实现工作台的自动往返运行。这种行程控制可利用行程开关来实现，该电路的工作过程与具有双重互锁电路的工作过程基本相同。

图 9.4.2 所示为用行程开关实现电动机自动往返运行的控制电路，该电路的工作原理是：合上电源开关 QS 按下正向启动按钮 SB2，KM1 线圈通电并自锁，电动机正向启动，拖动工作台前进；当前进到位时，撞块压下行程开关 SQ1，其动断触点断开，使 KM1 线圈失电，电动机停转；但同时 SQ1 的动合触点闭合，使 KM2 线圈通电，电动机反向启动，拖动工作台后退；当后退到位时，撞块又压下行程开关 SQ2，其动断触点断开，使 KM2 线圈失电，电动机停转；但同时 SQ2 的动合触点闭合，KM1 线圈再次通电，电动机正向启动，拖动工作台前进。

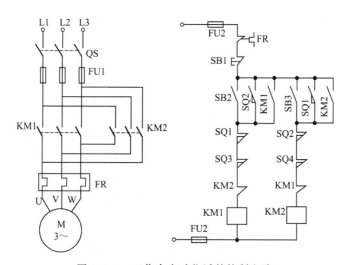

图 9.4.2　工作台自动往返的控制电路

如此循环往复，实现了电动机的正反转控制。该电路具有失压、欠压、过载和短路保护环节，安全可靠、操作方便，在生产实践中得到广泛的应用。

9.5　顺序控制

许多生产机械都装有多台电动机，根据生产工艺的要求，其中有些电动机需要按一定的顺序启停。例如：磨床要求润滑油泵启动后才能启动主轴；铣床的主轴旋转后，工作台方可移动进给，并且只有进给停止后，主轴才能停止或同时停止。像这种要求一台电动机启动后

另一台电动机才能启动的控制方式称为顺序控制。

图 9.5.1 为几种实现电动机顺序控制的线路，接触器 KM1、KM2 分别控制电动机 M1、M2 电源的通断。

图 9.5.1(a) 中电动机 M1 启动后，M2 才能启动，按下 SB3 两台电动机同时停止。图 9.5.1(b) 为先 M1 后 M2 的启动顺序，线路中停止按钮 SB12 控制这两台电机同时停止，SB22 控制 M2 单独停止；图 9.5.1(c) 为先 M1 后 M2 的顺序启动，先 M2 后 M1 的顺序停止。

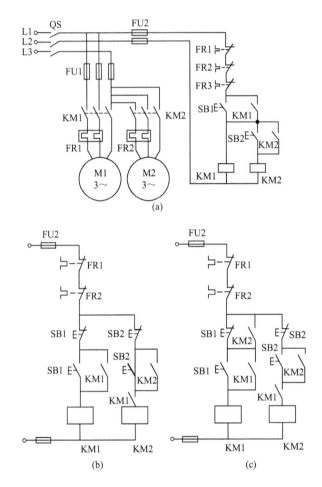

图 9.5.1　电动机的顺序控制电路

顺序启停在控制电路的变化规律为：把控制电动机先启动的接触器动合触点，串接在控制后启电动机的接触器线圈电路之中；用两个（或多个）停止按钮控制电动机的停止顺序，或者将先停的接触器的动合触点与后停的停止按钮并联即可，后停的就不必按顺序操作停止按钮了。

9.6　时　间　控　制

在自动控制系统中，经常要延迟一段时间或定时接通和分断某些控制电路，以满足生产的需要，例如电动机在容量大于 11kW 或不满足公式（9.2.1）所要求的直接启动条件时，应采用降压启动的方法。电动机降压启动经过一段时间，启动过程结束时，就应把电动机的主电路恢复到全压运行时的电路。电动机主电路的切换可以利用时间继电器来完成，这种利用时间继电器实现对电动机的控制就称为时间控制。下面介绍几种常见的电动机的时间控制电路。

1. 三相笼型异步电动机的 Y-△降压启动控制电路

如图 9.6.1 所示为时间继电器自动控制 Y-△降压启动控制电路。该电路由三个接触器、一个热继电器、一个时间继电器和两个按钮组成。时间继电器 KT 作控制 Y 形启动时间和完成 Y-△自动换接用。把正常运行时应作△形连接的电动机在启动时接成 Y 形，以减小启动电流，待转速上升后再改接成△形，投入正常运行。

电路的工作原理如下：合上电源开关 QF，按下启动按钮 SB2，KM1 线圈通电，其动合辅助触点闭合，进而 KM2 线圈也通电自锁；同时 KT 线圈通电，开始计时；KM1、KM2主触点闭合，电动机绕组连接成 Y 形启动；KT 计时时间到，其延时动作的动断触点断开，延时动作的动合触点闭合，使 KM1 线圈回路断电，KM3 线圈回路通电，KM1 主触点断开，KM3 主触点闭合，电动机接成△全压运行。停车时，按下停车按钮 SB1 即可。

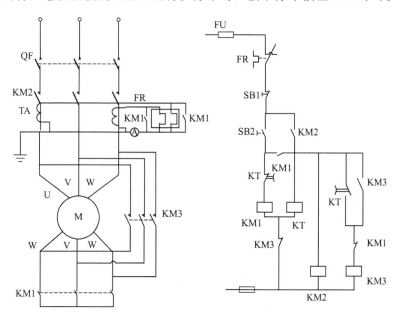

图 9.6.1　时间继电器自动控制 Y-△降压启动控制电路

电动机 Y-△换接启动的控制电路采用了时间继电器延时动作来完成电动机从降压启动到全压运行的自动切换，这种以时间作为参量实现的控制称为按时间原则的自动控制。

2. 三相异步电动机自耦变压器减压启动控制电路

图 9.6.2 为用两个接触器实现的自耦变压器降压启动控制电路，该电路仅适用于不频繁启动、电动机容量在 30kW 以下的情况。其工作原理分析如下：合上电源开关，按下启动按钮 SB2，KM1 线圈通电并自锁，将自耦变压器 T 接入，电动机定子绕组经自耦变压器降压启动；同时，KT 线圈通电，开始计时。整定时间到，其延时闭合的动合触点闭合，使中间继电器 KA 线圈通电并自锁，KM1 线圈断电，其主触点断开；KM2 线圈通电，其主触点闭合，自耦变压器被切除，电动机全压运行。

3. 单相能耗制动控制电路

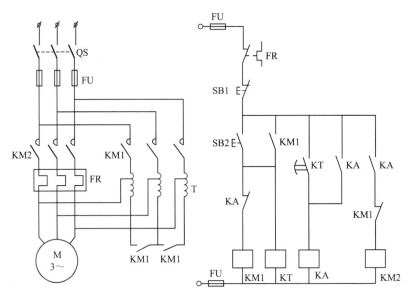

图 9.6.2　自耦变压器降压启动控制电路

　　图 9.6.3 为时间继电器控制的能耗制动的控制电路。其工作原理分析如下：电动机已经在正常运行，当按下停车按钮 SB1 时，KM1 线圈失电，其主触点断开，电动机定子绕组断电；同时 KM2，KT 线圈通电，KM2 主触点闭合，电动机在能耗制动作用下，转速迅速下降。当转速接近于零时，KT 计时时间到，其延时触点动作，使 KM2、KT 断电，整个电路断电，制动过程结束。电动机停车时采用能耗制动可缩短停车时间，提高工作效率。

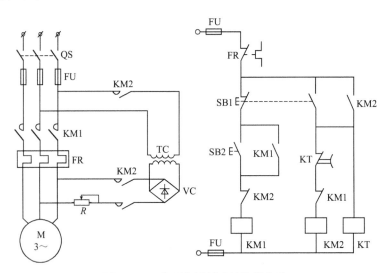

图 9.6.3　单项能耗制动的控制电路

小　　结

　　1. 开关的主要技术参数：额定电压、额定电流、断流能力。断流能力很小只能在无负载情况下切断电路的开关称为隔离开关；能够在正常负载工作条件下切断电路的称为负荷开关；不仅能切断正常工作电流还能切断远大于正常电流的短路电流的称为断路器。

　　2. 常用开关：开启式负荷开关（瓷底胶盖闸刀开关），封闭式负荷开关（铁壳开关），转换开关（组合开关）；

自动空气断路器（自动空气开关），有过载、短路、失压保护功能。

3. 熔断器：内装熔体，主要用于短路保护。熔体的额定电流应小于或等于熔断器的额定电流。常用的类型有 RC1A 瓷插式，RL1 螺旋式，RT0 有填料封闭管式。

4. 交流接触器、继电器（热继电器、时间继电器）、主令电器（按钮、形成开关）主要介绍它们的结构、动作原理、功能、符号。

5. 继电接触控制电路。

点动控制：按下启动按钮启动，松开停止。

基本控制电路：自锁触点使电动机实现常动，具有过载保护、短路保护、失压保护功能。

正反转控制电路：由正转和反转两个接触器和两组控制电路组成，有共同的停止按钮、热继电器和熔断器，两个控制回路利用接触器的常闭触点构成互锁，正反转的过渡必须经过停止。用复合按钮构成正反转直接过渡的正反转控制电路。

用行程开关实现位置控制。

思 考 题

9-1　通电延时与断电延时有什么区别？时间继电器的四种延时触点是如何动作的？

9-2　线圈电压为 220V 的交流接触器误接入 380V 交流电源，会发生什么问题？为什么？

9-3　什么是零压保护？用闸刀开关启动和停止电动机时，有无零压保护？

9-4　中间继电器和接触器有何异同？在什么情况下可以用中间继电器代替接触器启动电动机？

9-5　交流接触器噪声大的原因是什么？如何维修？

9-6　电动机的主电路中已有熔断器，为什么还要热继电器保护？

9-7　过电流继电器和欠电流继电器有何不同？

9-8　电弧有何危害？试述低压电器的灭弧方法。

9-9　电动控制电路有何特点？与长动控制电路有何区别？

习 题

9-1　电动机启动电流大，当电动机启动时，热继电器会不会动作？为什么？

9-2　熟悉 QS、QF、FU、FR、KM、KA、KT、SB、SQ 等的含义及相应的图形符号。

9-3　三台电动机 M1、M2、M3 按一定顺序启动，要求 M1 启动后 M2 才能启动，M2 启动后 M3 才能启动，同时停车，试画出控制电路。

9-4　设计一个能在两地操作一台电动机点动与长动的电路。

9-5　画出三相异步电动机可逆控制的主电路和控制电路图。

（1）电气互锁；

（2）双重互锁。

9-6　设计一个控制电路，控制要求为：3 台笼型感应电控机启动时，M1 先启动，经 20s 后，M2 自行启动，运行 35s 后，M1 停车，同时 M3 自行启动，再运行 40s 后电动机全部停车？

9-7　有一小车由笼型感应电动机拖动，其动作过程如下：

（1）小车由原位开始前进，到终端后自动停止。

（2）在终端停留 20s 后自动返回原位停止。

（3）要求能在前进或后退途中任意位置都能停止或启动。

试设计主电路与控制电路。

第 10 章

供电、照明与安全用电

现在工农业生产和人们日常生活中所需的电能是发电厂发出的，通过输电线路做远距离或者近距离的输送，然后分配给各个用电单位，形成一个发电、输电和配电的完整系统。

10.1 供电、配电概况

发电厂按照所利用的能源种类分为水力、风力、火力、原子能、太阳能、地热、潮汐、沼气等几种。发电厂主要是水力发电厂和火力发电厂。近年来核电厂发展也很快。

大中型发电厂大多建在产煤地区或水力资源丰富的地区，距离用电地区往往是几百至上千公里，为了减少输电线路上的损耗，电能从发电厂升到高压，然后进行远距离传输。目前我国的电压等级有 10kV、35kV、220kV、330kV、500kV 等几个等级，送电距离越远，输电的电压越高。

发电厂生产的电能经高压输电线路输送到用电地区后，在经过变压器降压分配给各用户。这样由升压和降压变电所和各种不同电压等级的输配电线路连接在一起形成电力网。由发电厂、变电所、输配电线路及用户用电设备连成一个整体，称为电力系统。图 10.1.1 所示为电力统简图，图中为简单明了，采用单线图，即用一根线表示三相。

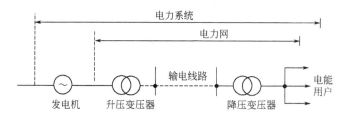

图 10.1.1　电力统简图

10.1.1　供电系统的组成

供电系统：包括一次电路（主回路）和二次电路（辅助性线路）。主回路用来传输、分配和控制电能，包括电力降压变压器，各种开关电器、母线和输电线。二次回路用来测量和监测用电情况，以保护和控制主回路的电器。

图 10.1.2 中所示，Q 为不同电压等级的隔离开关，干线上还有各种负荷开关、自动开关等。中小型用电单位，进线一般为 6～10kV，为了供电的可靠性，使用两个不同的高一级的变电所供电。

10.1.2　企业变配电所及一次系统

变电所的任务是接受电能、变换电压、输出电能；配电所的任务是接受电能和分配电

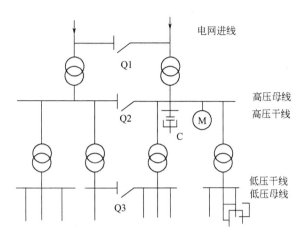

图 10.1.2　供电系统

能，两者的区别是有无变压器。通常 1.2kV 以下的是低压，1.2kV 以上的是高压。从电网进线到低压配电所的供电主接线路称为一次系统。主要有两种接线方式。

（1）单回路供电方式　只有一路电源进线，一个降压变压器和一段低压母线，该供电方式供电的可靠性和灵活性都比较低，能满足三级负荷的供电要求。

（2）双回路供电方式　具有两路电源进线，至少有两台变压器，可进行桥式接线，该供电方式供电的可靠性和灵活性都比较高，可达到不间断供电，缺点是设备复杂，造价高，操作繁琐，能满足一、二级负荷的供电要求。

企业变配电系统简图如图 10.1.3 所示。

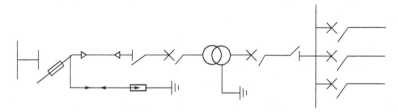

图 10.1.3　企业变配电系统简图

10.1.3　低压配电系统

配电部分由高压配电和低压配电两部分组成。高压配电线路的额定电压有 3kV、6kV 和 10kV 三种；低压配电线路的额定电压为 380V/220V。而低压用电设备的额定电压大多为 220V 和 380V，机床局部照明安全电压是 36V 和 24V，在一般低压配电车间，通常采用分别供电的方式，把各个配电线路以及照明配电线路——分开，以避免因局部事故而影响整个车间的正常工作。

1. 放射式配电线路

特点：发生故障时互不影响，供电可靠性高，但导线消耗量大，开关控制设备较多，投资高。适用于对供电可靠性要求高的场合。如图 10.1.4 所示。

2. 树干式配电线路

特点：开关设备少，导线的消耗量也较少，系统的灵活性好，但干线上发生故障时，影响范围大，供电可靠性较低，适用于供电容量小而负载分布较均匀的场合。如图 10.1.5 所示。

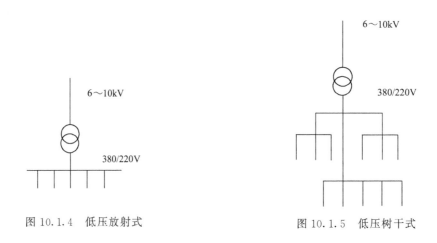

图 10.1.4　低压放射式　　　　　　图 10.1.5　低压树干式

10.2　导线截面的计算和选择

正确选择导线的截面，对于供电系统安全、可靠、经济、合理运行有着重要意义。导线截面选择过大，虽能降低电能损耗，但增大了有色金属（铜或铝）的消耗量，使投资显著增多。截面选择过小，电力网运行时会产生过大的电压损失和电能损失，以至难以保证电能质量，并且增加运行费用。

10.2.1　导线截面选择的一般原则

选择导线，首先应以铝代铜的技术原则，尽量采用铝芯导线。而在易爆炸、腐蚀严重的场所一般不选择铝线而采用铜线，导线的截面应该按下列原则进行选择。

（1）按发热条件选择　　在最大允许连续负载电流时，导线发热不超过线芯所允许的温度。不会因为过热而引起导线绝缘损坏或加速老化。

（2）按允许电压损失选择　　导线上的电压损失应低于最大允许值，以保证供电质量。

（3）按机械强度条件选择　　在正常情况下，导线应有足够的机械强度，以防断线，保证安全可靠运行。

（4）按经济电流密度选择　　保证最低的电能损耗，并且尽量减少有色金属的损耗，降低运行费用。

对于上述各选择条件，由于导线使用场合、用途、负载情况的不同应有所侧重。一般低压动力线路，因其负载电流较大，电能传送距离较短，应先按发热条件的计算来选择截面，然后用允许电压损失进行校验。

10kV 以下高压电源线路和低压照明线路，因其电压水平要求较高，应按允许电压损失条件的计算来选择截面，然后用发热条件进行校验。35kV 以上的高压架空线路，应按经济电流密度来选择截面，然后用发热条件、允许电压损失条件和机械强度进行校验。

表 10.2.1 给出按机械强度要求的导线最小允许截面。通过计算选择的导线截面不应小于最小允许截面，最后应从规定的表中查出导线的最小允许截面，如果计算选择出来的导线截面大于这个最小允许值，则能满足机械强度的要求；如果小于这个最小允许值，则应由机械强度规定的最小允许值来选择。

表 10.2.1　绝缘导线最小允许截面

用　　途	心线最小允许截面/mm²		
	多股铜芯软线	铜　线	铝　线
照明用灯头引下线			
户内:民用建筑	0.4	0.5	2.5
工业建筑	0.5	0.8	2.5
户外	1.0	1.0	2.5
移动式用电设备			
生活用	0.2		
生产用			
固定敷设在绝缘支持件上的导线,支持点间距离			
2m 以下　户外		1.0	2.5
户内		1.5	2.5
6m 以下		2.5	4.0
12m 以下		2.5	6.0
25m 及以下		4.0	10
穿管敷设		1.0	2.5
架空线路	铜芯铝线	铝及铝合金线	
1kV	16	16	
6~10kV	25	35	
35kV	25	35	

10.2.2　按发热条件选择导线截面

导线因电阻的存在,当其通过电流时产生电能损耗,引起导线发热。导线的温度过高将导致绝缘损坏,或导致裸导线接头处加速氧化或熔化,引起断路事故。因此规定导线的最高允许温度为:橡皮绝缘导线为 55℃,裸导线为 70℃。同时规定了不同材料,不同绝缘导线的允许载流量。按允许发热条件选择导线的截面,就是要求导体通电后产生的实际温升不能超过最高允许温升,也就是通过的实际工作电流不能超过该导线的允许电流(允许载流量),即

$$I_N \geqslant I_L \tag{10.2.1}$$

式中,I_L 为通过所选导线的最大工作电流,A;I_N 为不同截面的导线长期允许电流,A。

现以三相异步电动机负载为例来计算导线的截面。对于单台电动机,线路的工作电流 I_L 为电动机的电流 I_D,即

$$I_L = I_D = \frac{\beta P_N 10^3}{U_N \eta \cos\varphi} \tag{10.2.2}$$

式中,P_N 为电动机的额定功率,kW;U_N 为电动机的额定电压,V;η 为电动机额定负载时的效率;$\cos\varphi$ 为电动机的额定负载时的功率因数;β 为负载系数,即电动机的实际输出功率与其额定功率之比,其值一般取 0.9~1。

因为所选电动机的额定功率总是略大于生产机械的实际功率。

对于多台电动机,线路工作电流可按下式计算

$$I_L = K_0 \sum I_D \tag{10.2.3}$$

式中,K_0 为同时利用系数,因为各台电动机不一定都在同时运行。若有 5~8 台电动

机，可取 $K_0 = 0.95$；若有 $20 \sim 30$ 台电动机，则可取 $K_0 = 0.8$。

在低压网络中，按发热条件选择导线截面时，除了必须满足上述公式以外，还要考虑导线与熔断器配合的问题，使熔丝对线路起保护作用。因此还规定了一定额定电流的熔丝只能保护一定截面积以上的导线。

10.2.3 按允许电压损失选择导线截面

表 10.2.2 给出橡皮绝缘导线与塑料绝缘导线的允许载流量。

表 10.2.2 绝缘导线允许载流量   A

导线截面/mm²	橡皮绝缘线								塑料绝缘线							
	明敷		穿管敷设						明敷		穿管敷设					
			二根		三根		四根				二根		三根		四根	
	铜	铝	铜	铝	铜	铝	铜	铝	铜	铝	铜	铝	铜	铝	铜	铝
1.0	17		14		13		12		18		15		14		13	
1.5	20	15	16	12	15	11	14	10	22	17	18	13	16	12	15	11
2.5	28	21	24	18	23	17	21	16	30	23	26	20	25	19	23	17
4	37	28	35	26	30	23	27	21	40	30	38	29	33	25	30	23
6	46	36	40	31	38	29	34	26	50	40	44	34	41	31	37	28
10	69	51	63	47	50	29	45	34	75	55	68	51	56	42	49	37
16	92	69	74	56	66	50	59	45	100	75	80	61	72	55	64	49
25	120	92	92	74	83	69	78	60	130	100	100	80	90	75	85	65
35	148	115	115	88	100	78	97	70	160	125	125	96	110	84	105	75
50	185	145	150	115	130	100	110	82	200	115	163	125	142	109	120	89
70	230	185	186	144	168	130	149	115	255	200	202	156	182	141	161	125
95	290	225	220	170	210	160	180	140	310	240	243	187	227	175	197	152
120	355	270	260	200	220	173	210	165								
150	400	340	290	230	260	207	240	188								

注：1. 导线芯线最高允许温度：橡皮绝缘线为 55℃，塑料绝缘线为 70℃。

2. 表中使用周围环境温度为 35℃；当环境温度不为 35℃时，要查阅有关设计手册，乘以修正系数。

当供电线路中流过电流时，由于线路存在阻抗而产生电压降，使线路始末两端电压出现代数差，这就是电压损失，即

$$\Delta U' = U_1 - U_2 \tag{10.2.4}$$

对于不同等级的电压，式（10.2.4）不能确切的表达电压损失的程度，所以工程上用 $\Delta U'$ 与额定电压的百分比来表示电压损失，即

$$\Delta U = \frac{\Delta U'}{U_N} \times 100\% = \frac{U_1 - U_2}{U_N} \times 100\% \tag{10.2.5}$$

电压损失过大，用电设备的运行就要恶化。对感应电动机，如果电压降低 10%，转矩将降低 19%，要保证足够的转矩，必须减速以增大工作电流，但这将使绕组温升提高，造成绝缘过早老化，缩短电动机寿命。对于照明线路中的白炽灯，当电压降低 10% 时，发光效率降低 20%，若电压升高 5%，白炽灯的发光效率虽然增加 10%，但白炽灯寿命减半。

虽然电压损失对用电设备的运行影响很大，但是在运行中又很难维持用电设备的端电压额定值恒定不变，因此规定了电压损失的允许值使其不致影响用电设备的正常工作。对于

35kV 及其以上供电的和对电压质量有特殊要求的用户，电压变动幅度不允许超过额定电压的 ±5%；10kV 及其以下高压供电和低压电力用户，电压变动幅度不应超过额定电压的 ±7%；对低压照明用户，电压变动幅度不应超过额定电压的 ±(5～10)%。

计算低压线路的电压损失时，因三相线路的线间距离很近，导线截面小，电阻的作用大，因此把线路中的电抗忽略不计而只考虑线路电阻。则三相线路的电压损失为

$$\Delta U = \frac{Pl \times 10^3}{U_N^2 A \gamma} \times 100\% \tag{10.2.6}$$

而单相线路的电压损失为

$$\Delta U = \frac{P2l \times 10^3}{U_N^2 A \gamma} \times 100\% \tag{10.2.7}$$

式中，A 为导线截面积，mm^2；P 为线路末端的功率，即负载的输入功率，kW；U_N 为负载的额定电压，V，l 线路长度，m；γ 为导线的电导率（铜线为 53，铝线为 32）。

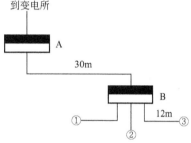

图 10.2.1 例 10.2.1 图

由此可见，电压损失与导线截面 A 有关。通常是给定电压损失的允许值，而由式（10.2.6）或式（10.2.7）计算导线的截面。零线截面的选择如下：

在三相四线制系统的零线截面，根据运行经验，通常选为相线的三分之一左右，但是不得小于按机械强度要求的最小允许截面；在单相制中，因为零线和相线通过统一负载电流，所以零线截面要求和相线相同。

例 10.2.1 在图 10.2.1 中，A 是配电箱，B 是分配电箱，选择 AB 线路导线截面，导线是穿管敷设的橡皮绝缘铜导线。线路电压是 380V。各电动机（设同时利用系数 $K_0 = 1$）的额定数据如下：

电动机号	电动机类别	P/kW	η	$\cos\varphi$	$\beta = I_D/I_N$	I_{st}/I_N
1	笼型式	11	88	0.84	0.9	7
2,3		7.5	87	0.85	0.95	7

解 负载为低压动力照明用电，且线路距离只有 30m，故可按发热条件来选择干线截面。

根据式(10.2.2)和上列数据计算得出

1 号电动机　　　　　　　$I_N = 22.6V$　　　$I_D = 20.3A$

2，3 号电动机　　　　　$I_N = 15.4A$　　　$I_D = 14.6A$

AB 线路　　　　　　　　$I_{AB} = K_0$　　　$\sum I_D = 49.5A$

由表 10.2.2 可知，三根穿管敷设的橡皮绝缘铜导线，截面为 $10mm^2$ 的导线，其最大允许电流为 50A，故选用 $10mm^2$ 的导线。

按电压损失进行校验，从配电箱 A 到分配电箱 B 线路段的电压损失为

$$\Delta U = \frac{Pl \times 10^3}{U_N^2 A \gamma} = \frac{27.6 \times 30 \times 10^3}{380^2 \times 10 \times 10^6 \times 57 \times 10^6} = 1\%$$

式中　　　　$P = \left(\frac{1 \times 11 \times 0.9}{0.88} + \frac{2 \times 7.5 \times 0.95}{0.87} \right) kW = 27.6kW$

$$\gamma = 57 \times 10^6 \, s/m$$

因此 ΔU 满足条件。

10.3 照 明 用 电

照明与人类的生产、生活有着十分密切的关系，而照明质量的高低对提高生产效率、保证生产安全、提高产品质量、保护人们的视力和身心健康等有着直接的影响，同时电气照明已成为现代建筑技术和建筑装潢艺术中的一个重要组成部分。

10.3.1 照明技术的基础概念

1. 光谱

光源辐射的光由许多不同波长的单色光组成（光的波长一般在 380～780nm 范围内），把光线中不同强度的单色光，按波长长短依次排列，称为光源的光谱。

白炽灯是辐射连续光谱的光源，气体放电光源除辐射连续光谱外，还辐射较强的线状或带状光谱。

2. 光通量（ϕ）

光源在单位时间内，向周围空间辐射出的使人眼产生光感觉的能量称为光通量。换句话说，光通量是一种人眼对光源的主观感觉量，它是光源射向各个方向的发光能量的总和，是人眼所感觉到的光源的发光功率，但并不是光源辐射的全部功率。光通量的单位是流明（lm）。1lm 相当于波长为 555nm（纳米）的单色光辐射、功率为 1/680W 时的光通量。

3. 发光强度（I）

不同光源发出的光通量在空间的分布是不相同的，为了描述光通量在空间的分布情况，引出发光强度概念。光源在某一特定方向上单位立体角内（每球面度）辐射的光通量为光源在该方面上的发光强度（又称光通的空间密度），单位为坎得拉（cd）。

发光强度是表征光源发光能力大小的物理量。对于各方向均匀辐射光通量的光源，各方向的光强相等，其值为

$$I = \phi/\Omega \qquad\qquad (10.3.1)$$

式中，ϕ 为光源在 Ω 立体角内辐射的总光通量；Ω 为光源发光范围的立体角（球径），且 $\Omega = S/R^2$，R 为球的半径，S 是与 Ω 立体角相对应的球表面积。

在日常生活中，人们为了改变光源光通量在空间的分布情况，从生产制作上采用了不同形式的灯罩进行所谓配光予以满足。例如写字台上方的一盏 40W 的白炽灯炮发出 350lm 的光通量，装了搪瓷伞行灯罩后，白炽灯的总光通量并不改变，但是改变了光源光通量在空间的分布情况，也即发光强度改变了，因此感觉比原来亮了些。

4. 照度（E）

单位面积上接收到的光通量称为照度，是描述物体表面被照射程度的光学量。单位为勒克斯（lx），即

$$E = \phi/A \qquad\qquad (10.3.2)$$

式中，ϕ 为 A 面上接收到的总光通量；A 为被照面积。

1 勒克斯相当于 1 平方米被照面上光通量为 1 流明时的照度，即

$$1lx = 1lm/m^2$$

一般情况下，当光源的大小比其到被照面的距离 R 小得多时，可将光源视为理想的电光源，这时被照面的照度与光源在该方向上的发光强度之间的关系可表示为

$$E = I\cos\alpha / R^2 \tag{10.3.3}$$

图 10.3.1 表示照度与发光强度的关系，图中 α 为被照面法线与其中心到光源连线之间的夹角。由式(10.3.3) 和图 10.3.1 可知，在照明器光源一定的情况下，只要改变照明器的安装高度予以满足。

5. 亮度（L）

亮度是表示物体表面发光（或反光）强弱的光学量。发光体在给定方向单位投影面积上的发光强度，称为发光体在该方向上的亮度。单位是尼特（nt），或者是坎每平方米，用公式表示为

$$l_a = \frac{I_a}{A\cos\alpha} \tag{10.3.4}$$

图 10.3.2 表示了亮度和发光强度之间的关系，图中 α 是给定方向的视线与发光面法线间的夹角，A 为发光体的面积，I_a 为视线面上的发光强度。

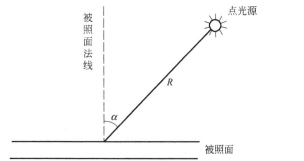

图 10.3.1 照度与光强的关系

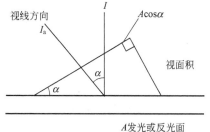

图 10.3.2 亮度与光强的关系

因物体表面在各个方向上的发光强度不一定相等，因而它在各个方向上的亮度也不一定相等。

6. 光源的发光效率

光源的发光效率简称光效，是描述光源质量和经济效益的光学量。光效就是光源在消耗单位能量的同时辐射出光通量的多少，单位是流明/瓦（lm/W），显然光效愈高愈好。例如，40W 的荧光灯的光效约为 60lm/W，而 40W 的白炽灯光效约为 9lm/W，因此同为 40W 的光源，荧光灯比白炽灯亮得多。

10.3.2　照明电路的计算

照明电路的计算是一个较为复杂的问题，为了获得良好的照明质量，通常要考虑的因素有：合理的照度、照明的均匀度、限制眩光、照明的稳定性和光源的显色性等等。下面只讨论几个简单参数的计算。

1. 照明器的悬挂高度（h）

照明器的悬挂高度指计算高度，它是电光源至工作面的垂直距离，即等于照明器离地悬挂高度减去工作面的高度，如图 10.3.3 所示。工作面的高度通常取 0.8m。表 10.3.1 为各种照明器的最低离地悬挂高度。

2. 等效灯距（l）

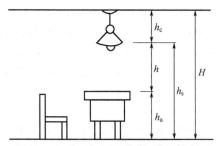

图 10.3.3　照明器悬挂高度示意图

H—房间层高；h_s—安装高度；h_c—垂度；

h—计算高度；h_a—工作面高度

照明器的平面布置有图 10.3.4 所示几种方法，其等效灯距 l 的计算如下：

正方形布置时 $\qquad\qquad\qquad\qquad\qquad l=l_1=l_2$

长方形布置时 $\qquad\qquad\qquad\qquad\qquad l=\sqrt{l_1 l_2}$

菱形布置时 $\qquad\qquad\qquad\qquad\qquad l=\sqrt{l_1 l_2}$

3. 距高比 l/h

照明器布置是否合理，主要取决于等效灯距和计算高度的比值——距高比。l/h 值小、照明的均匀度好，但经济性差；l/h 值大，则不能保证照明的均匀度。因此，选择等效灯距 l 和计算高度 h，使其有合适的距高比，这也是照明质量中的一个重要参数。各种照明的最大允许距高比可从有关手册中查到。

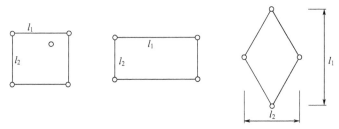

图 10.3.4　各种布灯形式

照明器的布置除科学的排列和确定合适的距高比外，还要考虑照明器距顶棚和照明器距墙边的距离。为使顶棚的照明均匀，应合理确定照明器距顶棚的垂悬距离 h_c（垂度）。对于漫反射型照明器，h_c 与顶棚距工作面的高度 (h_c+h) 之比可取 0.25，对于半直型照明器，此比值可取 0.2。最旁边一列照明器与墙边的距离 d 应根据工作位置与墙的相对位置决定。如果靠墙边有工作位置时，可取 $d=(0.25\sim0.30)\ l$；若靠墙边是过道或无工作位置时，则可取 $d=(0.4\sim0.5)\ l$，l 为照明器的等效距离。

4. 照度的简单计算

照度计算的目的是根据所需要的照度值及其他已知条件来决定灯光的容量和灯的数量，也可以在照明器的形式、容量即布置等已确定的情况下，计算某点的照度值。照度计算的方法比较多，基本方法有三种：单位容量法、利用系数法和逐点计算法。前者计算简单，但结果不精确，只适用于一般生产及生活用房的照明设计的近似估算；第二种考虑了直接光和反射光产生的照度，其计算结果为水平面上的平均照度，此法是用于计算反射条件较好的房间内水平面上的平均照度；后者只考虑直接光的作用，可用于计算任意面上的直接光的照度。本节只讨论第一种方法——单位容量法。

单位容量法是根据房间的使用面积（可近似取建筑物平面面积）$A(\mathrm{m}^2)$，由规定的最低安装高度计算出计算高度 h，查出房间必需的照度推荐值，再查表确定所选灯型的单位面积安装容量（单位容量）$\omega(\mathrm{W/m}^2)$，由 $P_总=\omega A$ 求出房间总的安装容量 $P_总$，然后由所选灯型及光源功率的大小，求出照明器的盏数，即

$$n=K_e\frac{P_a}{P_n}(盏)$$

式中，K_e 为计算系数，可查手册得到；n 为在满足设计要求的前提下所需照明器盏数；P_n 为每盏照明器总的光源功率，如两只 40W 壁灯的 $P_n=2\times40\mathrm{W}=80\mathrm{W}$。有镇流器时，每个光源的功率应按式 $P_n=1.2P_N$ 计算。如 40W 荧光灯的 $P_n=48\mathrm{W}$。表 10.3.2 为一般场所的推荐照度标准。

表 10.3.1　室内照明器距地面的最低离地悬挂高度

光　源	照明器形式	保护角	光源功率/W	最低离地悬挂高度/m
白炽灯	带反射罩	10°～30°	100 及其以下	2.0
			150～200	3.0
			300～500	3.5
			500 及其以下	4.0
	乳白玻璃漫射罩		100 及其以下	2.0
			150～200	2.5
			300～500	3.0
荧光灯	带金属反射罩		40 及其以下	2.0
	无罩		40 以下	2.0
			40 以上	3.0
荧光高压汞灯	带金属反射罩	10°～30°	250 及其以下	5.0
			400 及其以上	6.0
卤钨灯	带反射罩	30°及以上	500	6.0
			1000～2000	7.0
高压钠灯	带反射罩	10°～30°	250	6.0
			400	7.0

表 10.3.2　一般场所的推荐照度

房　间　名　称	推荐照度/lx	工作面高度/m
厕所、浴室、楼梯间、走廊	5～15	地面
门厅、车库、更衣室	10～20	地面
卧室、放映室、电梯厅、车间休息室	20～50	工作面
食堂、传达室、电梯机房、一般加工车间	30～75	工作面或地面
教室、实验室、阅览室、办公室、车库、电话机房、书店、理发店等	70～100	工作面
设计室、绘图室、打字室、手术室	100～200	工作面
计算机房、篮球场、排球场、网球场	150～300	工作面或地面

10.3.3　电光源及其选择

光学技术中把能产生一定范围电磁波的物体称为光源。光源的分类如下。

1. 常用的照明电光源

(1) 白炽灯　白炽灯是靠钨丝白炽的高温热辐射发光，具有体积小、结构简单、使用方便、造价低、显色性好等优点。但由于白炽灯所取电能仅有 10% 左右转变为可见光，故它的发光效率低，一般为 7～9lm/W，平均寿命为 1000h，且经不起震动。

白炽灯主要由灯头、灯丝和玻璃泡等组成。

白炽灯的灯丝对于白炽灯的工作性能具有极其重要的影响，它由高熔点低蒸发率的钨丝制成。由于钨丝的冷态电阻比热态电阻小得多，故此类灯瞬时启动电流很大。电源电压的变化对灯光寿命和光效影响很严重，当电压升高 5% 时，白炽灯寿命将缩短 50%，因此电源电压的偏移不宜大于 ±2.5%。

(2) 卤钨灯　卤钨灯是在白炽灯中充入卤族元素气体的电光源。它利用卤钨循环来提高发光效率，发光效率比白炽灯高 30%。因此卤钨灯具有体积小、重量轻、光色优良、显色性好、单个电源功率大等优点，因此在多种大面积照明场所得到广泛应用。

卤钨灯主要由灯丝、石英灯管、灯丝支架和电极等构成，如图 10.3.5 所示。

为了满足卤钨灯的工作条件，并提高其使用寿命，管型卤钨灯必需水平安装，其最大倾斜角不得大于 ±4°。正常工作时，灯管表面温度在 600℃ 左右，应注意使用环境条件，并且

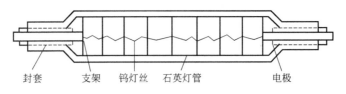

图 10.3.5　卤钨灯的结构图

不能与易燃物接近，也不允许采用任何人工冷却措施，否则严重影响灯管的寿命。因为卤钨灯的灯丝较长，抗震性能差，故不宜作移动式照明光源。

（3）荧光灯　荧光灯也称日光灯。它是靠汞蒸气放电时发出紫外线激励管内壁的荧光粉而发光的，是一种热阴极、低气压放电灯。它主要由灯管、镇流器和起辉器组成，如图 10.3.6 所示，具有发光效率高、使用寿命长、光线柔和、发光面大、显色好等优点。

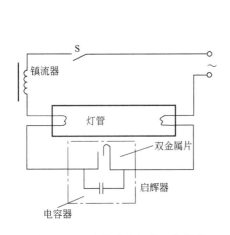

图 10.3.6　直管荧光灯的工作原理

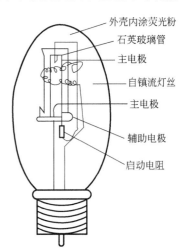

图 10.3.7　自镇流式荧光高压汞灯结构

灯管由两个电极、内壁涂有荧光粉的玻璃构成，管内抽成真空加入少量惰性气体（如氩气等）和汞。镇流器是带铁芯的线圈，启动时产生较高的感应电压帮助灯管点燃，由于灯管具有负的伏安特性，点燃后镇流器还起限流作用，保证灯管的稳定性。连接时和灯管串联，选用时与灯管功率配套。启辉器为充有氖气的玻璃泡，泡内两个电极，其中一个为双金属片，启辉器和灯管并联。荧光灯串联镇流器使用，功率因数很低（0.33～0.53），频闪效应严重，不适用于频繁开关的场合。

（4）荧光高压汞灯　它由普通型、反射型、自镇流和外镇流型几种。具有光效高、寿命长、体积小和单个功率大等优点，主要用于街道、公园和车间内外的照明。

荧光高压汞灯主要由灯头、放电管和玻璃外壳组成。放电管是主要部件，管内装有主辅电极并充汞，放电管由耐高压的石英玻璃制成。外壳与放电管之间抽成真空后充入一定的氮气。图 10.3.7 为自镇流式高压汞灯的结构原理。

高压汞灯在使用中电源电压波动不宜过大，当电压降低超过 5% 时灯会自动熄灭。在安装时应尽量让灯泡垂直安放，若水平点燃时，光通量输出减少 7%，并且容易自熄。因其不能瞬时启动，故不能用于要求迅速点燃的照明场所。要求与相应规格的镇流器配套使用（自镇流式除外），否则影响灯的使用寿命。

（5）高压钠灯　是利用高压钠蒸气发电而发光的，具有光效高（为荧光高压汞灯的 2

倍）、使用寿命长、光色好等优点，适用于各种街道、广场、车站、飞机场、体育场馆的照明。

高压钠灯主要由放电管、双金属片继电器和玻璃外壳等组成。如图 10.3.8 所示，放电管由耐高温的多晶氧化铝半透明陶瓷制成的，管内装有适量钠、汞和氙等。放电管与椭圆玻璃外壳间抽成真空，灯头与普通白炽灯相同，故可以通用。

电源电压波动对高压钠灯的正常工作影响较大，电源电压升高时管压降增大，容易引起灯自熄；电源电压降低时光通量减少，光色变坏，电压过低引起灯熄灭或不能启动，因此电源电压波动不宜大于 ±5%。高压钠灯的再次启动时间较长（一般在 10～12min），因此不能

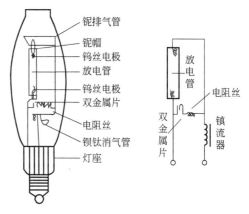

图 10.3.8　高压钠灯的结构和工作原理

做事故照明或要求迅速点燃的照明场所，并且也不宜用于频繁开关的地方。

2. 电光源的选择

照明电光源的选择应根据照明要求和使用场所的特点，参照各种电光源的主要性能特征，一般考虑如下：

（1）对于照明开关频繁、需要及时点亮、需要调光的场所，或因频闪效应影响视觉效果以及需要防止电磁波干扰的场所，宜选用白炽灯或卤钨灯。

（2）对于视看条件要求较好，识别颜色要求较高的场所，宜选用日光色荧光灯、白炽灯和卤钨灯。

（3）对于震动较大的场所，宜选用荧光高压汞灯或高压钠灯；需要大面积照明并且具有高挂条件的场所，宜选用卤钨灯等。

（4）对于一般性的生产车间和辅助车间、车房和站房，以及非生产性建筑物、办公楼和宿舍、厂区道路等，优先考虑投资费用低廉的白炽灯和简座日光灯。

（5）在同一场所，当选用的一种光源的光色较差时（显色指数低于 50），一般选用两种或多种光源混光的办法加以改善。

（6）在选用光源时还应估计照明器的安装高度。白炽灯适用于 3～9m 悬挂高度；荧光灯适用于 2～4m 悬挂高度；荧光高压汞灯适用于 5～18m 安装高度；卤钨灯适用于 6～24m 安装高度。

例 10.3.1　某教室的尺寸为：长×宽×高＝9.9m×7m×3.5m，试进行照明计算。

解　（1）选择光源　教室照明的照度推荐值为 75～150lx，并且要求照度均匀，故选用简易带放射罩式的，型号为 RR-40 型日光色荧光灯管。该灯发光效率高，发光面积大，光源表面亮度低，能满足一般教学活动的使用要求。

（2）确定照明器的计算高度 h　已知高 $H=3.5$m，工作面高度 $h_a=0.8$m（也可根据课桌的实际高度），设照明器的垂度 $h_c=0.7$m，故计算高度为

$$h=H-h_a-h_c=(3.5-0.8-0.7)\text{m}=2\text{m}$$

（3）计算照明器数量　由照度值 150lx（取最高值），$h=2$m，房间面积 $A=9.9\text{m}\times7\text{m}=69.3\text{m}^2$，查表的单位容量值 $\omega=10.2\text{W/m}^2$，则教室安装荧光灯的总容量为

$$P_{总}=\omega\times A=10.2\times69.3\text{W}=707\text{W}$$

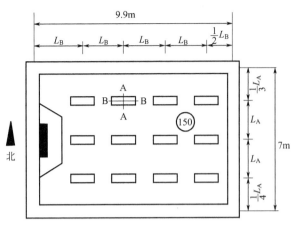

图 10.3.9　教室照明的平面布置

荧光灯的电源功率为

$$P_{灯}=1.2P_{额}=1.2\times40W=48W$$

荧光灯的数量为（取 $K_e=0.78$）

$$n=K_e\frac{P_{总}}{P_{灯}}=0.78\times\frac{707}{48}\approx12（只）$$

（4）照明器的平面布置　教室属于大面积均匀照度房间，其工作面（课桌）布满整个教室，且大多数教室靠墙边设有工作面。为了保证人工照明和自然采光时光线投射方向基本一致，避免手和笔书写时在纸上产生阴影，靠南墙边的一排灯距墙更近一些，取靠墙边的一排灯距墙的距离为

（1/4～1/3）L_A；为了黑板上光线充分、照度均匀、无反光，取前排灯距黑板的距离为 L_A。本例教室照明器的布置如图 10.3.9 所示。其中 $L_A=2.71m$，$L_B=2.2m$。

10.4　安全用电

　　电能的生产和使用有它自身的特殊性，如果生产和使用中不注意安全，就会造成人身伤亡事故和财产的巨大损失，同时还可能波及电力系统，造成系统大面积停电，给整个社会带来不可估量的损失。人身触电事故的发生，一般不外乎两种情况：人体直接触及或过分靠近电气设备的带电部分；人体碰触平时不带电，因绝缘损坏而带电的金属外壳或金属构架。针对这两种情况，通常采用的保护设施有工作接地、保护接地和保护接零。

10.4.1　电流对人体的伤害

　　触电是当人体触及带电体承受过高的电压而导致死亡或局部受伤的现象。触电依伤害程度不同可分为电击和电伤两种

　　（1）电击：指电流触及人体而使内部器官受到损害，它是最危险的触电事故。当电流通过人体时，轻者使人体肌肉痉挛，产生麻木感觉，重者会造成呼吸困难，心脏停搏，甚至导致死亡。电击多发生在对地电压为 220V 的低压线路或带电设备上，因为这些带电体是人们日常工作和生活中易接触到的。

　　（2）电伤：由于电流的热效应、化学效应、机械效应以及在电流的作用下使熔化或蒸发的金属微粒等侵入人体皮肤，使皮肤局部发红、起泡、烧焦或组织破坏，严重时也可危及人命。如电灼伤、电烙印、皮肤金属化等都属于电伤。

10.4.2　名词解释

　　1. 接地体

　　埋入地下直接与土壤接触，有一定流散电阻的金属导体或金属导体组，称为接地体，如埋入地下的钢管、角铁等。

　　2. 接地线

　　连接接地体与电气设备接地部分的金属导线，称为接地线。

3. 接地装置

接地体和接地线的总称。

4. 对地电压

电气设备的接地部分（如接地外壳、接地线、接地体等）与零电位之间的电位差。

5. 散流电阻

接地体的对地电压与通过接地体流入地中的电流之比称为散流电阻。

6. 接地电阻

接地体的对地电阻（散流电阻）和接地线电阻的总和。

7. 中性点、中性线

星形连接的三相电路的公共点称为中性点；中性点引出线称为中性线。

8. 零点、零线

当中性点直接接地时，该中性点称为零点；由零点引出的导线为零线。

9. 接触电压

当有接地电流流入大地时，人体同时触及到的两点间的电位差为接触电压 U_{jc}（如人手触及设备的接地部分和脚所站土壤的电位差）。

10. 跨步电压

当人的两脚站在带有不同电位的地面上时，两脚间的电位差称为跨步电压 U_{KB}。一般人的步距取为 0.8m。

10.4.3　可能的触电方式

1. 单相触电

在人体与大地之间互不绝缘情况下，人体的某一部位触及到三相电源线中的任意一根导线，电流从带电导线经过人体流入大地而造成的触电伤害。单相触电又可分为中性线接地和中性线不接地两种情况，如图 10.4.1 所示。

2. 两相触电

两相触电，也叫相间触电，这是指在人体与大地绝缘的情况下，同时接触到两根不同的相线，或者人体同时触及到电气设备的两个不同相的带电部位时，电流由一根相线经过人体

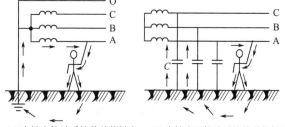

(a) 中性点接地系统的单相触电　　(b) 中性点不接地系统的单相触电

图 10.4.1　单相触电

到另一根相线，形成闭合回路，如图 10.4.2 所示。两相触电比单相触电更危险，因为此时加在人体上的是线电压。

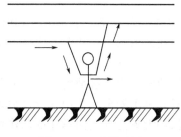

图 10.4.2　两相触电

3. 跨步电压触电

当电气设备的绝缘损坏或线路的一相断线落地时，落地点的电位就是导线的电位，电流就会从落地点（或绝缘损坏处）流入地中。根据实际测量，在离导线落地点 20m 以外的地方，由于入地电流非常小，地面的电位近似等于零。如果有人走近导线落地点附近，由于人的两脚电位不同，则在两脚之间出现电位差，这个电位差叫跨步电压。离电流入地点越近，则跨步电压越大；离

电流入地点越远，则跨步电压越小；在 20m 以外，跨步电压很小，可以看作为零。跨步电压触电情况，如图 10.4.3 所示。当发现跨步电压威胁时应赶快把双脚并在一起，或赶快用一条腿跳着离开危险区，否则，因触电时间长，也会导致触电死亡。

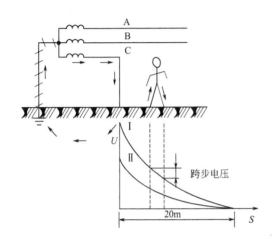

图 10.4.3　跨步电压触电

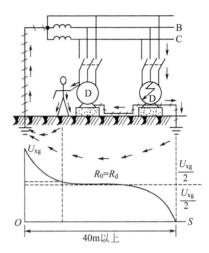

图 10.4.4　接触电压触电

4. 接触电压触电

导线接地后，不但会产生跨步电压触电，还会产生另一种形式的触电，即接触电压触电，如图 10.4.4 所示。由于接地装置布置不合理，接地设备发生碰壳时造成电位分布不均匀而形成一个电位分布区域。在此区域内，人体与带电设备外壳相接触时，便会发生接触电压触电。接触电压等于相电压减去人体站立地面点的电压。人体站立点离接地点越近，则接触电压越小，反之就越大。当站立点距离接地点 20m 以外时，地面电压趋近于零，接触电压为最大，约为电气设备的对地电压，即 220V。

触电事故虽然总是突然发生的，但触电者一般不会立即死亡，往往是"假死"，现场人员应该当机立断，迅速使触电者脱离电源，立即运用正确的救护方法加以抢救。

10.4.4　接地和接零

电气设备在使用中，若设备绝缘损坏或击穿而造成外壳带电，人体触及外壳时有触电的可能。为此，电气设备必须与大地进行可靠的电气连接，即接地保护，使人体免受触电的危害。接地可分为工作接地、保护接地和保护接零。

1. 工作接地

在正常或故障情况下，为保证电气设备安全可靠工作，将电力系统中的某一点（通常是中性点），直接或经特殊装置（如消弧线圈、电抗、电阻、击穿保险器）接地称为工作接地。工作接地的作用有如下几点。

（1）降低人体的接触电压　在中性点绝缘系统中，当一相碰地而人体又触及另一相时，人体所受到的接触电压为线电压。中性点接地时，当一相碰地而人触及另一相时，人体所受到的接触电压则为相电压。

（2）迅速切断故障设备　在中性点绝缘系统中，当一相碰地时，由于接地电流很小的关系，保护设备不能迅速切断电源，使故障长时间持续下去，对人极不安全。在中性点接地系统中，当一相碰地时，接地电流成为很大的单相短路电流，保护设备能准确而迅速的动作切断电源避免人体触电。

（3）降低电气设备和输电线路的绝缘水平　当一相碰壳或接地时，其他两相的对地电压，在中性点绝缘系统中将升高为线电压；而中性点接地系统中，将等于相电压。因此在进行电气设备和输电线路设计时，在中性点接地系统中，只按相电压而不按线电压的绝缘水平来考虑。这就降低了电气设备的制造成本和输电线路的建设费用。

2. 保护接地

保护接地就是将电气设备在正常情况下不带电的金属外壳与接地体作良好的连接，以保证人身安全。如图10.4.5所示。

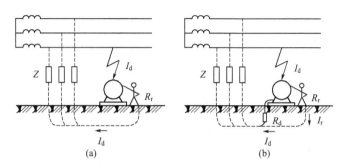

图 10.4.5　保护接地的作用

当电气设备某处的绝缘损坏时其外壳带电，若有一相碰壳，且电源中性点又不接地，就不会由保护装置及时切除这一故障。如果人体一旦触及外壳，电流就会经过人体和线路对地阻抗（电容）形成回路，造成触电事故。采用保护接地后，碰壳的接地电流分为两路：接地体和人体两条支路，如图10.4.5(b)所示。若人体电阻为 R_r，接地电阻为 R_d，则流过每条支路的电流值与其电阻的大小成反比，即

$$\frac{I_r}{I_d} = \frac{R_d}{R_r}$$

一般情况下，人体的电阻达 $40 \sim 100k\Omega$，即使在最恶劣的环境下，人体的电阻也为 1000Ω 左右。而接地电阻不允许超过 4Ω，则流过人体的电流几乎等于零。因此，采用保护接地完全可以避免或减轻触电的危害。

3. 保护接零

保护接零就是把电气设备在正常情况下不带电的金属部分与电网的零线良好连接，有效地起到保护人身和设备安全的作用，如图10.4.6所示。对保护接零装置的具体要求如下：

（1）当采用保护接零时，除电源变压器的中性点必须采取工作接地外，同时对零线要求在规定的地点采用重复接地。

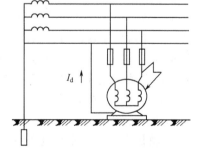

图 10.4.6　保护接零

重复接地的作用有：降低设备碰壳时对地电压；当零线断线时减轻触电危险。但需注意，尽管有重复接地，零线断开的情况还是要避免的。

（2）当电气设备的绝缘损坏时，某点相对机壳短路，为保证保护装置迅速动作，使在任一点发生故障时的短路电流均应大于熔断器额定电流的 4 倍，或大于自动开关整定电流的 1.5 倍。

（3）中性线（零线）在短路电流的作用下不应该断线，且中性线上不得装设熔断器和开关设备。

（4）在同一低压电网中（指同一台变压器或同一台发电机供电的低压电网）不允许将一部分电气设备的金属外壳采用保护接地，而将另一部分电气设备的金属外壳却采用保护接零。

除了上述的几种安全保护装置外，还有防雷接地，低压触电保护装置等。

10.4.5　触电急救

当发现有人触电时，必须迅速使触电人员脱离电源，然后根据触电人员的具体情况，立即采取相应的急救措施。

1. 迅速脱离电源的方法

（1）当发现有人触电时，应立即拉闸停电。距电闸较远不能切断电源时，可使用绝缘器具使触电者脱离电源。

（2）用绝缘干燥的木棍等挑开电源线，或抓住触电者干燥而不贴身的衣服将其拖开，也可以戴绝缘手套或将手用绝缘物品包起绝缘后解脱触电者。救护人员也可站在绝缘垫上或干木板上，绝缘自己进行救护。

（3）高压触电，立即通知有关部门停电，可以抛掷金属导体使线路短路，迫使其保护装置动作断开电源。应在确保救护人安全的情况下，因地制宜采取救护措施。

（4）禁止使用金属棒、潮湿物品进行救护，以防自身触电。并对触电者作好防护，避免触电者摔伤等二次伤害。

2. 视触电者身体状况现场急救

（1）触电者神志清醒，但有些心慌、四肢发麻、全身无力，或触电者在触电过程中曾一度昏迷但已清醒，应使其就地平躺，暂时不要站立或走动，严密观察。

（2）触电者如神志不清醒还有呼吸，应就地仰面平躺，解开衣扣和腰带确保气道通畅。并呼叫伤员或轻拍肩部，以判定伤员是否丧失意识，禁止摇动伤员头部呼叫伤员，并迅速请医生到现场诊治。

（3）触电者失去知觉丧失意识，应在10s内用听、看、试的方法判定伤员呼吸心跳情况。如呼吸困难，应立即进行人工呼吸急救。

（4）触电者呼吸和心脏跳动停止，应立即进行人工呼吸和胸外心脏挤压法等进行心肺复苏法急救。应当注意，救护要尽快进行，人工呼吸应不间断进行，换人时节奏一致，被救人有微弱自主呼吸时继续进行，直到正常呼吸为止，心肺复苏法抢救不能中断并应准确。

3. 人工呼吸和急救方法

触电人的呼吸停止时，必须迅速采取措施，使其恢复自主呼吸，这种强迫呼吸称为人工呼吸。人工呼吸急救法有：仰卧牵臂法、俯卧压背法和口对口吹气法。以口对口（鼻）吹气法效果最好，容易掌握。急救前，应迅速将触电人的衣扣、裤带等解开，清除触电人口腔内妨碍呼吸的食物、假牙、黏液等，使呼吸道避免堵塞。

（1）口对口（鼻）呼吸法：使触电人仰卧，并使头部后仰颈部伸直，鼻孔朝上，以利呼吸道畅通。

① 救护人一手捏紧触电人鼻孔，另一手的拇指和食指掰开他的嘴（如掰不开可采取口对鼻吹气法）。救护人深吸一口气后紧贴触电人的口（鼻）向内吹气，时间约2s，使其胸部膨胀。

② 吹气完毕，立即离开触电者的口（鼻），并放松触电者的鼻孔（或嘴唇），使其自动向外呼气，时间约为3s。并观察有无呼吸道梗阻现象。

按以上步骤连续不断进行，直至触电者能自主呼吸为止。口对口（鼻）呼吸法效果好，可以和胸外心脏挤压法配合，抢救呼吸和心脏都已停止的触电人。

（2）胸外心脏挤压法：是触电人心脏跳动停止的急救方法，人工强迫心脏跳动，有节律地对心脏进行挤压，用人工方法代替心脏的自然收缩和舒张，从而达到维护血液循环的目的。

① 姿式同口对口呼吸法。救护人跪在触电人一侧，两手相叠，手掌根部放在心窝上方、胸骨下 $\frac{1}{3} \sim \frac{1}{2}$ 处。

② 掌根用力垂直向下挤压，压出心脏里面的血液，对成人应压陷 3～4cm，以每分钟挤压 60～90 次。挤压后掌根突然抬起，让触电者自动复原，血液充满心脏，放松时掌根不要离开胸部。在胸外心脏挤压时，应注意手掌挤压的位置要准确，用力适度，不要过猛。触电如是儿童，则用力要轻，每分钟 80～100 次。

心脏挤压有效果时，可以摸到脉搏跳动。单纯做心脏挤压不能得到良好的呼吸，心脏与呼吸是互相联系的，因此，应同时采取口对口吹气法和胸外挤压法，由两人同时进行，操作比例大约是 4∶1。如一人抢救，两种方法交替进行，应先做心脏挤压 4 次，再吹气 1 次。

在抢救触电者时，必须连续进行，即使送往医院途中也不可停止。

小　结

本章简要介绍了发电、输电、配电概况、输电导线截面的计算与选择；重点介绍了照明用电技术和安全用电技术。

照明用电技术在生产和生活中广泛应用，合理选择电光源，科学安装照明装置，既能保护人们的视力和身心健康，又能节约能源。

安全用电技术是电力生产和使用中极为重要的组成部分，必须引起高度重视，在应用时适当选择工作接地、保护接地和保护接零，真正做到安全用电。

思　考　题

10-1　为什么远距离输电要采用高电压？

10-2　导线截面选择的一般原则有哪些？

10-3　常用的照明光源有哪些？它们各有哪些主要用途？

10-4　如何选择电光源？

10-5　为什么在同一供电系统中不能同时采用保护接地和保护接零？

10-6　为什么中性点不接地的系统中不采用保护接零？

10-7　常见的触电方式有几种？触电急救的措施有哪些？

习　题

10-1　有一条三相四线制 380/220V 低压电路，其长度为 200m，照明负荷为 100kW，线路采用铝芯橡皮线三根穿管敷设，已知敷设地点的环境温度为 35℃，试按发热条件选择所需导线截面（取 $K_0=0.7$）。

10-2　距离变电所有 400m 远的某教学大楼，其照明负荷共计 36kW，用 380/220V 三相四线制线路供电，若允许在这段导线上的电压损失是 2.5%，敷设地点的环境温度为 35℃，试选择干线导线截面（取 $K_0=0.7$）。

10-3　某单位的食堂长×宽×高为 12m×10m×4m，试计算该食堂的照明。

第 11 章

电工仪表及电工测量技术

电工仪表用来测量电路中电压、电流、电功率及电能等物理量的大小，以便人们对线路及电气设备的安装、调试、实验、运行情况进行检测、调整和控制，以满足工农业生产和科学研究的需要。电工测量仪表和电工测量技术的发展，保证了生产过程的合理操作和用电设备的顺利工作，同时也为科学发展提供了有利的条件。反过来，电工技术方面的新成就又推动了测量技术的进一步发展。

电工测量技术的主要优点是：

（1）电工测量仪表的结构简单，使用方便，并有足够的准确度。

（2）电工测量仪表可以灵活地安装在需要进行测量的地方，并可以实现自动记录。

（3）电工测量仪表可以解决远距离的测量问题，为集中管理和控制提供了条件。

（4）能利用电工测量的方法对非电量进行测量。

11.1 电工仪表

11.1.1 电工仪表的分类及误差

1. 电工仪表的分类

用来测量各种电工量（电量和磁量）的仪器仪表，称为电工仪表。电工仪表的种类繁多，根据其在进行测量时得到被测量数值的方式不同，可分为电测量指示仪表、比较式仪表和数字式仪表三大类。

电测量指示仪表包括常用的交直流电压表、电流表、功率表等；比较式仪表包括直流比较式仪表和交流比较式仪表两大类。

电测量指示仪表按不同的分类方法可以分为以下几种：

（1）按用途分类，可分为电流表、电压表、功率表、电能表、功率因数表、频率表、相位表、欧姆表、兆欧表（摇表）及万用表等。

（2）按被测量电流的种类分类，可分为直流表、交流表及交直流两用表等。

（3）按使用环境条件分类，可分为 A、A1、B、B1、C 五个组，其中 C 组环境条件最差。

（4）按仪表外壳的防护性能分类，可分为普通，防溅防水，防爆等类型。

（5）按仪表防御外界电场或磁场的性能分类，可分为Ⅰ、Ⅱ、Ⅲ、Ⅳ四个等级。

（6）按仪表的使用方式分类，可分为安装式（配电盘式）、便携式等。

（7）按仪表的工作原理分类，可分为磁电系、电磁系、电动系、感应系、整流系等。

（8）按准确度等级分类，可分为 0.1、0.2、0.5、1.0、1.5、2.5、5.0 等七级。数字越小仪表的准确度等级越高。

常见仪表的符号如表 11.1.1 所示。

表 11.1.1　指示仪表的符号

分类	符　号	名　称	分类	符　号	名　称
按测量种类的符号	(mA)	毫安表	按工作原理分类的符号	⌒	磁电式仪表
	(V)	伏特表		⌇	电磁式仪表
	(kW)	千瓦表		▭	电动式仪表
	(MΩ)	兆欧表		⊙	感应式仪表
	kWb	电度表		\	\
按准确度分类符号	1.5	以标度尺量限的百分数表示	工作位置符号	∠60°	倾斜 60° 放置
	(1.5)	以指示值的百分数表示	绝缘试验符号	↯ 2kV	仪表经 2000V 耐压试验
按被测电流种类符号	—	直流仪表	端钮符号	+	正端钮
	∼	交流仪表		—	负端钮
	≃	交直流两用仪表		*	公共端钮
工作位置符号	⊥	垂直放置	调零器符号	⌒	调零器
	⊓	水平放置		\	\

2. 电工仪表的误差

电测量指示仪表的误差可用绝对误差、相对误差和引用误差三种形式表示。

绝对误差 Δ 指的是仪表的指示值 A_x 与被测量的实际值 A_0 之间的差值（$\Delta = A_x - A_0$）；相对误差 γ 指的是绝对误差 Δ 与被测量的实际值 A_0 比值的百分数 $\left(\gamma = \dfrac{\Delta}{A_0} \times 100\%\right)$；引用误差 γ_n 指的是仪表某一刻度点读数的绝对误差 Δ 与规定的标准值 A_m（仪表的最大量限）比值的百分数 $\left(\gamma_n = \dfrac{\Delta}{A_m} \times 100\%\right)$。

仪表的准确度是指仪表的指示值与被测量真实值的接近程度，不管仪表如何精确，仪表的读数和被测量的真实值之间总有误差，并且工程上规定用最大引用误差来表示电测量指示仪表的准确度，仪表的准确度等级用（k）表示。

最大引用误差是指仪表在正常工作条件下测量时可能出现的最大绝对误差 Δ_m 与仪表的最大量程 A_m 的百分比，即

$$r_{nm} = \frac{\Delta_m}{A_m} \times 100\% \tag{11.1.1}$$

则仪表的准确度等级为

$$k\% \geqslant \frac{|\Delta_m|}{A_m} \times 100\% \tag{11.1.2}$$

或

$$k \geqslant \frac{|\Delta_m|}{A_m} \times 100 \tag{11.1.3}$$

例 11.1.1　已知某电流表量程为 100A，且该表在全量程范围内的最大绝对误差为 +0.85A，则该表的准确度等级为多少？

解　由式（11.1.3）可得仪表的最大引用误差为

$$k \geqslant \frac{|\Delta_\mathrm{m}|}{A_\mathrm{m}} \times 100 = \frac{0.85}{100} \times 100 = 0.85$$

该表的最大引用误差为 0.85%，大于 0.5% 且小于 1.0%，说明其准确度等级为 1.0 级。

由仪表的准确度等级，可以算出测量结果可能出现的最大绝对误差和最大相对误差。例如某仪表的准确度等级为 k，由式（11.1.2）可知，仪表在规定条件下测量时，测量结果中可能出现的最大绝对误差为

$$\Delta_\mathrm{m} \leqslant \pm k\% \times A_\mathrm{m} \tag{11.1.4}$$

最大相对误差为

$$r = \frac{\Delta_\mathrm{m}}{A_0} \times 100\% \leqslant \pm k\% \times \frac{A_\mathrm{m}}{A_0} \approx \pm k\% \times \frac{A_\mathrm{m}}{A_x} \tag{11.1.5}$$

例 11.1.2 现有一只 500mA、0.5 级的毫安表和一只 100mA、1.5 级的毫安表，如果要测 50mA 的电流，选择哪一只毫安表测量时的准确度高些？

解 用 500mA、0.5 级的毫安表测量时，可能出现的最大绝对误差与最大相对误差分别为

$$\Delta_\mathrm{m1} = \pm k_1 \times A_\mathrm{m1} = \pm 0.5\% \times 500 = \pm 2.5 \, (\mathrm{mA})$$

$$\gamma_1 = \frac{\Delta_\mathrm{m1}}{A_{01}} \times 100\% = \frac{\pm 2.5}{50} \times 100\% = \pm 5\%$$

用 100mA、0.5 级的毫安表测量时，可能出现的最大绝对误差与最大相对误差分别为

$$\Delta_\mathrm{m2} = \pm k_2 \times A_\mathrm{m2} = \pm 1.5\% \times 100 = \pm 1.5 \, (\mathrm{mA})$$

$$\gamma_2 = \frac{\Delta_\mathrm{m2}}{A_{02}} \times 100\% = \frac{\pm 1.5}{50} \times 100\% = \pm 3\%$$

显然，用第二只表测量时，相对误差小，测量结果的准确度高。

因此，在选择仪表时，不仅要考虑仪表的准确度等级，同时还应根据被测量的大小合理选择仪表的量程，尽可能使仪表的指示值在标尺刻度 $\frac{1}{2} \sim \frac{2}{3}$ 处。

11.1.2 电工仪表的组成

电工仪表的种类繁多，结构各异，但基本结构大致相同，都是由测量线路和测量机构两部分组成，其中测量机构是电测量指示仪表的核心。因此下面着重讨论测量机构的组成。

电测量指示仪表的测量机构一般由固定和可动两部分组成，根据可动部分在偏转过程中各元件的完成的功能和作用，也可以把测量机构分成驱动装置、控制装置和阻尼装置三部分。

1. 驱动装置

当被测量作用于仪表后，就会产生一个力矩作用到仪表的测量机构，推动仪表的可动部分发生偏转，通常称这个力矩为转动力矩或者转矩，产生转动力矩的装置称为驱动装置。不论哪种系列的仪表，其转动力矩的大小都应与被测电量即可动部分偏转角 α 之间存在一定的函数关系。

2. 控制装置

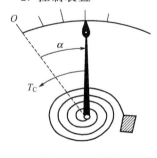

图 11.1.1 游丝

为了使可动部分偏转角的大小与被测量大小成一定的比例关系，使仪表能准确测量出被测量的数值，就必须有一个方向总和转动力矩相反、大小随活动部分的偏转角大小变化的力矩与转动力矩平衡，这个力矩称为反作用力矩。仪表测量机构中产生反作用力矩的装置称为控制装置。测量时，当转动力矩和反作用力矩平衡时，仪表转动部分停止在一定位置，并指示出被测量的大小。反作用力矩由游丝、悬丝、张丝或电磁力产生。如图 11.1.1 所示。

游丝一端与仪表固定部分相连，另一端与转轴相连，当轴转动时，游丝变形，由于弹性产生制动力矩。悬丝和张丝在转动部分偏转时受扭力作用，也产生制动力矩。

3. 阻尼部分

仪表指针在转动过程中，使可动部分尽快静止，达到尽快读数目的装置称为阻尼装置，简称为阻尼器。它可以克服仪表因转动惯性而造成指针左右摆动，以缩短测量时间。

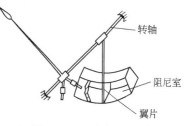

图 11.1.2　空气阻尼器

常用的阻尼器有两种，即空气阻尼器和磁感应阻尼器。

磁阻尼器的铝片一部分位于永久磁铁的气隙中，并与转轴连接，当转轴转动时，铝片切割磁感应线产生感应电流，电流与磁场作用产生电磁力，此力的方向与铝片运动方向相反，起阻尼作用。

空气阻尼器的薄片置于扇形阻尼箱内，并与转轴相连，当转轴转动时，空气对薄片产生阻力，可使指针迅速停摆，如图 11.1.2 所示。

测量机构除以上产生力矩的三种装置外，还有指示装置、轴和轴承等部件。

指示装置可在仪表刻度尺上指示出被测量的数值，轴和轴承的作用是支承活动部分转动。

11.1.3　电工仪表的工作原理

下面对常用的磁电系、电磁系和电动系三种仪表的基本结构，工作原理及其性能进行讨论。

1. 磁电系仪表

磁电系仪表是根据通电导体在磁场中受到电磁力的作用原理制成的，常用于直流电流和直流电压的测量。

磁电系仪表的结构如图 11.1.3(a) 所示，它主要包括固定部分和可动部分。

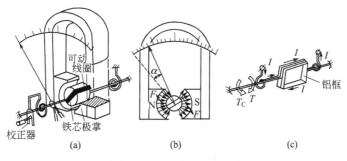

图 11.1.3　磁电系仪表

固定部分是磁路系统，包括永久磁铁、极掌、圆柱形铁芯三部分，圆柱形铁芯固定在两极掌之间，在极掌间的气隙中形成均匀的辐射状磁场。

可动部分包括活动线圈、两个游丝、指针等，它们均固定在轴上。

当可动线圈通入电流时，载流线圈在永久磁铁产生的磁场中将受到电磁力矩的作用而偏转（图 11.1.4），其转动力矩为

$$T = Fb = BlbNI = k_1 I \qquad (11.1.6)$$

式中，B 为空气隙中的磁感应强度；l 为线圈在磁场的有效长度；N 为线圈的匝数；b 为线圈的宽度；$k_1 = BlbN$，为比例常数。

线圈在转动力矩的作用下发生偏转的同时引起游丝变形，

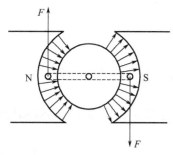

图 11.1.4　磁电系仪表的转矩

产生反作用力矩，反作用力矩的大小与游丝变形大小（或者说指针偏转角 α 的大小）成正比，即

$$T_C = k_2 \alpha \tag{11.1.7}$$

当转动力矩等于反作用力矩时，线圈和指针处于平衡状态而停止转动。则

$$T = T_C$$

$$\alpha = \frac{k_1}{k_2} I = kI \tag{11.1.8}$$

式中 $k = \frac{k_1}{k_2}$ 为仪表结构参数。因此，指针偏转角度与流过线圈的电流 I 成正比，所以磁电系仪表的刻度是均匀的。当线圈中无电流时，指针应指在零的位置，可用校正器进行调整。

磁电系仪表采用的是磁感应阻尼器，阻尼力矩是由铝框中产生的感应电流和磁场相互作用而产生的。当线圈通有电流而发生偏转时，铝框切割永久磁性的磁通，在框内感应出电流，感应电流再与永久磁铁的磁场作用，产生与转动方向相反的制动力，于是仪表的可动部分就受到阻尼作用，迅速静止在平衡位置。

磁电系仪表只能直接测量直流量，因为如果在磁电系测量机构中直接通入交流电流，所产生的转动力矩也是交变的，可动部分由于惯性作用来不及转动，指针就会来回摆动，显示不出正确的数据。只能配上整流器组成整流式仪表后才能用于交流测量。

磁电系仪表的特点为灵敏度高，刻度均匀，准确度高，功耗小，但结构复杂，价格高，过载能力差，不能直接测交流量等。磁电系仪表常用来测量直流电压、直流电流及作万用表的表头等。

2. 电磁系仪表

电磁系仪表也是根据电磁作用原理制成的。其结构如图 11.1.5 所示。静止铁片固定在圆形线圈的内壁上，动铁片固定在转轴上。当线圈通入被测电流时，产生磁场，动、静止铁片同时磁化，它们对应的磁极极性相同，从而产生斥力，使动铁片带动转轴及指针偏转。如果线圈中的电流改变，磁场方向也随着改变，两铁片磁极极性也改变，但它们对应端仍为同极性的斥力，转轴和指针的方向仍不变，所以电磁系仪表可以测量交流电。

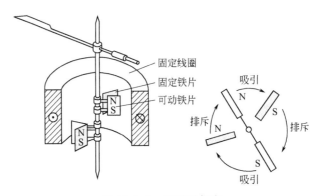

图 11.1.5　电磁系仪表

可以证明，作用在铁片上的转动力矩的大小与线圈磁通势的平方成正比，即

$$T = k_1 (NI)^2 \tag{11.1.9}$$

对于交流电，I 表示有效值。同磁电系仪表相同，游丝产生的反作用力矩与指针偏转角成正比，即

$$T_C = k_2 \alpha \tag{11.1.10}$$

测量中，当指针停在某一平衡位置时，即转动力矩与反作用力距相等，则

$$T = T_C$$

$$\alpha = \frac{k_1}{k_2}(NI)^2 = k(NI)^2 \tag{11.1.11}$$

因此，指针的偏转角与直流电流或交流电流有效值的平方成正比，所以电磁系仪表的刻度不均匀，并且它由空气阻尼器产生阻尼力，其阻尼作用是由与转轴相连的活塞在小室中移动而产生的。

电磁系仪表的特点为：结构简单，价格低廉，过载能力强，可交直流两用；但刻度不均匀，受磁频率影响大，用于直流测量时有磁滞误差，准确度较低。电磁系仪表主要用于测量工频交流电流和交流电压。

3. 电动系仪表

电动系仪表用于交流精密测量及作为交流标准表，与电磁系仪表的最大区别是用可动线圈代替动铁片，可以消除测量时的磁滞和涡流的影响，提高准确度。

电动系仪表的结构如图 11.1.6 所示。它由固定线圈、可动线圈、游丝和空气阻尼器等组成。固定线圈平均分成两组并排放置，中间留有空隙，以便在固定线圈内获得较均匀的磁场。

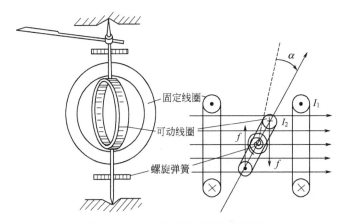

图 11.1.6 电动系仪表结构及转矩

当固定线圈通过电流 I_1 时，产生磁感应强度为 B_1 的磁场，B_1 与可动线圈中的电流 I_2 相互作用产生电磁力，如图 11.1.6 所示。电磁力的大小与 B_1、I_2 的乘积成正比，而 B_1 与 I_1 成正比，所以可动部分的转矩与 I_1、I_2 的乘积成正比，即

$$T = k_1 I_1 I_2 \tag{11.1.12}$$

当动、定线圈中的电流方向同时改变时，产生的转动力矩的方向不变，所以电动系仪表既能测量直流又能测量交流。

当两个线圈中通入相位差为 φ 的两个正弦交流电流 i_1 和 i_2 时，仪表所受到的平均转矩为

$$T = k_1 I_1 I_2 \cos\varphi \tag{11.1.13}$$

式中，I_1 和 I_2 分别为电流 i_1 和 i_2 的有效值。

当游丝产生的反作用力矩等于转动力矩时，指针便停止摆动，对直流电流则有

$$\alpha = k I_1 I_2 \tag{11.1.14}$$

而对交流电流则有

$$\alpha = k I_1 I \cos\varphi \tag{11.1.15}$$

电动系仪表的特点为：准确度高，可交直流两用，但易受外磁场影响，过载能力差，功

率损耗较大。电动系仪表常用于测量交直流电流、电压及电功率。

11.2 万 用 表

万用表又称万能表、多用表，是一种多用途、多量程的仪表，可以测量直流电流、直流电压、交流电压、直流电阻和音频电平等，有的万用表还可以进行交流电流、电容、电感以及晶体管参数的检验及测试等工作。它具有量程多、用途广、使用简单、携带方便等优点，所以是线路和电气设备的检测、调整工作中不可少的电工测量仪表。

万用表的种类和型号繁多，性能也各有不同，可以归纳为两大类：指针式和数字式。

11.2.1 指针式万用表

指针式万用表由磁电系测量机构（毫安表或微安表，即表头）、测量线路和转换开关三部分组成。测量机构用来指示被测量的数值；测量线路用来将被测量转换成适合表头测量的微小的直流电流；转换开关用来选择不同的测量线路，以测量不同的电量。

图 11.2.1　500 型万用表的外形图

现以常用的 500 型万用表为例，介绍指针式万用表的工作原理及使用方法。图 11.2.1 为 500 型万用表的外形图。500 型万用表的组成具体如下。

（1）表头及面板布置　表头用来指示被测量的数值。万用表通常采用具有高灵敏度的磁电系测量机构作为表头，其满刻度偏转电流较小，一般仅为几微安到几百微安。

万用表的面板上带有对应于不同测量对象的多条标尺的刻度盘，每一条标尺上都标有被测量的标志符号。同时，万用表的面板上装有转换开关的旋钮、零位调节旋钮以及供接线用的插孔或接线柱等。

（2）测量电路　测量电路是万用表用来实现多种电量、多种量程测量的主要环节。它实质上是由多量程直流电流表、多量程直流电压表、多量程整流系交流电压表以及多量程欧姆表等几种测量电路组合而成的。

（3）转换开关　转换开关的作用是把测量线路转换为所需要的测量种类和量程。机械接触时转换开关有许多固定点（通常称为"掷"）和可动触点（通常称为"刀"）组成，各"刀"之间是同步联动的。当转换开关旋钮时，各"刀"跟着旋转，在某一位置上与相应"掷"的闭合，使相应的测量电路与表头和输入端钮（或插孔）接通，构成不同的仪表。

1. 直流电流的测量

将万用表左边电量种类选择转换开关 S_1 置于"A"挡，右边量程转换开关 S_2 置于任意一个电流挡，就可组成测量相应量程的电流表。如图 11.2.2 所示的直流测量电路（此量程为 50mA），图中，与表头串联的电阻 R_1 与 R_2 起温度补偿作用，其余电阻根据量程的不同，一部分作为分流电阻，一部分作为表头内阻，所以将转换开关置于不同的挡位时，可改变量程，电流量程愈大，分流电阻则愈小。

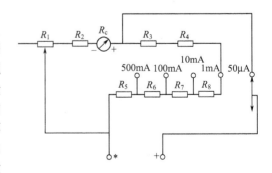

图 11.2.2　500 型万用表直流电流测量电路

测量直流电流时应将万用表串接在被测电路中，并使被测电流从"＋"（红）表棒流进，从"－"（黑）表棒流出。

2. 直流电压的测量

将 500 型万用表右边的电量种类选择转换开关 S_2 置于"V"位置，左边量转换开关 S_1 置于直流电压的任意挡位，就组成如图 11.2.3 所示直流电压测量电路（此量程为 2.5V 挡），当转换开关置于不同量程的挡位时，就改变了附加电阻，电压量程愈大，附加电阻也愈大。

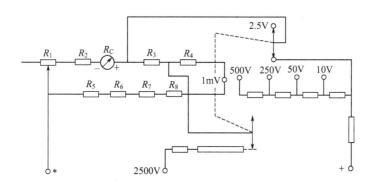

图 11.2.3　500 型万用表直流电压测量电路

测量时，万用表的"＋"、"－"两端并接在被测电路电位的"高"、"低"两端，因此电压表的内阻愈大，从被测电路取用的电流愈小，被测电路受到的影响愈小，测出的数据就愈准确。通常用电压灵敏度来表示这一特征，所谓电压灵敏度是用万用表的总内阻除以电压量程。单位是 Ω/V。这个数值越大，说明表头的内阻越大，也表明流过表头的电流越小，表头的灵敏度越高。

3. 交流电压的测量

将 500 型万用表右边的电量种类选择转换开关 S_2 置于"V"位置，左边量转换开关 S_1 置于交流电压的任意挡位，就组成交流电压测量电路，如图 11.2.4 所示（此量程为 10V 挡），图中，二极管 VD_1 与表头串联，当外加电压为交流量时，表头只通过半波电流，和表头并联的二极管 VD_2 起反向保护作用。如果没有 VD_2，则在外加电压为负半周期时 VD_1 由于反向截止而承受很大的方向电压，可能造成 VD_1 的击穿。接入 VD_2 后，当外加电压为负半周期时 VD_2 导通，使 VD_1 两端的反向电压大大降低。

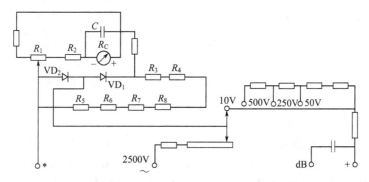

图 11.2.4　500 型万用表交流电压测量电路

交流电压表的标尺是按有效值来刻度的，因此在测量时读数为正弦交流电压的有效值。

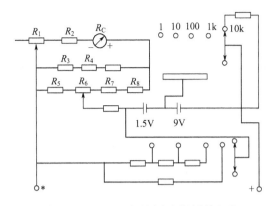

图 11.2.5 500 型万用表电阻测量电路

500 型万用表的交流电压挡的灵敏度为 $4k\Omega/V$。使用时两表笔不分正负极性。

4. 电阻测量

当转换开关置于欧姆挡时，其电路如图 11.2.5 所示，电阻值的刻度是反刻度的，测量前应将红黑表笔短接（调零）指针应偏转至右侧零位，否则应调零欧姆调整器进行校正。五个欧姆挡中前四个低值挡接入 1.5V 的 $2^\#$ 电池，10kΩ 高阻挡接入 9V 电池。在测量时，应选择合适的量程，使被测量电阻的读数在刻度的 $\frac{1}{3}\sim\frac{2}{3}$ 之间，读数才比较准确。

注：在测量电阻时，每更换量程后必须调零。

11.2.2　数字式万用表

数字式万用表是应用模/数（A/D）转换技术，可以测量多种电参数并直接以数字形式显示测得结果仪器，也叫数字多用表，常用 DMM 表示。数字式万用表分为简易型（便携式）和精密型（台式）两大类。

1. 简易型数字万用表

简易型数字万用表可测量交直流电压和电流、电阻、电容、电感等电参数，以及电路中信号的频率、晶体管的电流放大系数，还可用于检查二极管及电路通、断状态等。

常用简易型数字万用表以干电池供电，由液晶显示器显示测的结果，功能及量程选择多采用旋转式或按键式多挡开关。具有自动调零、自动极性转换、超量程指示和过载保护等功能。

现以 DT-830 为例说明它的测量范围和使用方法。DT-830 数字万用表面板功能如图 11.2.6 所示。

（1）测量范围

① 直流电压（DCV）分为 200mV，2V，20V，200V，1000V 五挡，输入阻抗 10MΩ。

② 交流电压（ACV）分为 200mV，2V，20V，200V，750V 五挡，输入阻抗 10MΩ，特性频率 40～500Hz。

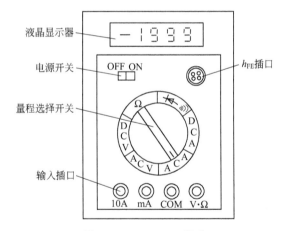

图 11.2.6　DT-830 数字万用表面板功能

③ 直流电流（DCA）分为 200μA，2mA，20mA，200mA，10A 五挡。

④ 交流电流（ACA）分为 200μA，2mA，20mA，200mA，10A 五挡。

⑤ 电阻分为 200Ω，2kΩ，20kΩ，200kΩ，2000kΩ，20MΩ 六挡。

此外，还可测二极管、三极管有关参数及线路通断。

（2）面板功能及使用

① 电源开关。当开关置于"ON"位置时，电源接通。不用时，位置于"OFF"位置。

② 量程转换开关。所有量程均有一个旋转开关进行选择，并根据被测信号的性质和大小，将量程开关置于所需要的挡位。蜂鸣器挡可检查线路通断，若被测线路电阻小于 20Ω 时，蜂鸣器发出响声，表示线路是通的。

③ 显示。在 LCD 屏上显示数字、小数点、"—"及"⇦"符号。显示四位数字，首位只能显示 1 或不显示数字，算半位。最大指示为 1999 或 −1999。当被测量超过最大指示值时，显示"1"或"−1"。

④ 输入插孔。测试表笔插入插孔，应根据测量范围选定。黑表笔始终插入"COM"孔；测量交直流电压、电阻、二极管和连续检验时，红表笔插入"V·Ω"孔；当被测的交、直流电流小于 200mA 时，红表笔插入"mA"孔，当被测的交、直流电流小于 200mA 时，则红表笔插入"10A"孔。

⑤ h_{FE} 插孔 h_{FE} 插孔用于连接晶体管的端子。

⑥ 电池盒。该标的电源为直流 9V 方电池，取样时间为 400ms。

2. 精密型数字万用表

精密型数字万用表是带微处理器的多功能、多量程且自动化度很高的智能仪表。它不仅能精确地测量电压、电流、电阻、电容和电感等电参量，而且还能对测得结果进行数据处理。计算机技术与复合型模/数转换技术的融入，使这类电表具有了自诊断、自校正与自检测等功能。从而可实现高准确度测量，且便于与其他仪器一起组成自动测试系统。

11.3　电工测量技术

电工测量主要指电压、电流、电功率、相位等电量测量和磁场强度、磁通、磁感应强度、磁动势等各种磁特性的测量。掌握了这门技术，对线路、电机和电气设备的安装、调试、实验运行以及维修都带来很大的方便，这对一个从事电气技术工作的人员来说是十分必要的。下面就几种常见的电工测量技术进行说明。

11.3.1　电流的测量

电流表应与被测电路串联，为了减小电流表内阻造成的误差，电流表的内阻要尽可能小，因此使用时切不可将它并联在电路中，否则造成短路，将电流表烧坏，在使用时务须特别注意。

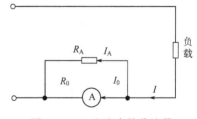
图 11.3.1　电流表的分流器

1. 直流电流的测量

测量直流电流通常采用磁电系电流表，由于磁电系仪表的表头不允许通过大电流，因此，为了扩大电流表量程必须在表头两端并联一个分流器 R_A，如图 11.3.1 所示，由图可知

$$I_0 = \frac{R_A}{R_0 + R_A} I$$

则分流器的电阻为

$$R_A = \frac{I_0 R_0}{I - R_C} = \frac{R_0}{\dfrac{I}{I_0} - 1} = \frac{R_0}{n - 1} \tag{11.3.1}$$

式中，$n=\dfrac{I}{I_0}$为电流比表扩大量程的倍数，R_0为表头内阻。由式（11.3.1）可知，需要扩大量程愈大，则分流器的内阻愈小。多量程电流表具有几个标有不同量程的接头，这些接头可分别与相应阻值的分流器并联。分流器一般放在仪表的内部（内附分流器），但测量较大电流时，分流器应放在仪表的外部（外附分流器）。

例 11.3.1 有一内阻为 1Ω、满刻度电流量程为 100mA 的磁电系测量仪表，先要将它改制成量程为 5A 的直流电流表，应并联多大的分流电阻？若并联 0.111 的分流电阻时，其量程又为多少？

解 电流量程扩大倍数

$$n=\frac{I_x}{I_c}=\frac{5000}{100}=50$$

并联分流电阻为

$$R_{\mathrm{fL}}=\frac{R_c}{n-1}=\frac{50}{50-1}=0.02\ （\Omega）$$

若并联 0.111 的分流电阻时，通过它的电流为

$$I_2=\frac{I_c\times R_c}{R_{\mathrm{fL}}}=\frac{100\times10^{-3}\times1}{0.111}=0.9\ （\mathrm{A}）$$

其量程为

$$I=I_c+I_2=100+900=1000\ （\mathrm{mA}）$$

2. 交流电流的测量

交流电流主要采用电磁式电流表。电磁式电流表采用固定线圈，允许通过大电流。由于内阻较大，它不采用分流器来扩大量程，而是采用改变固定线圈的接法，或利用电流互感器来扩大量程。

图 11.3.2 为双量程电磁式电流表接线图，当被测电流为 0～5A 时，把两组线圈串接，图 11.3.2（a）所示为 5A 量程；当被测电流大于 5A 且小于 10A 时，把两组线圈并接，图 11.3.2（b）所示为 10A 量程。

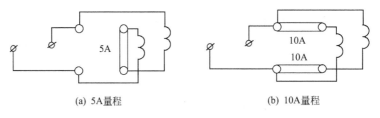

(a) 5A量程　　　　　　　　　(b) 10A量程

图 11.3.2　双量程交流电流表接法

在测量大容量交流电流时，利用电流互感器来扩大仪表的量程，实际电流值等于读数乘以电流互感器的变比。

11.3.2　电压的测量

电压表是用来测量电源、负载或电路中某段端电压的，应和被测电路并联。为了使被测电路不因接入电压表而受影响，电压表的内阻应尽可能大。

1. 直流电压的测量

测量直流电压通常用磁电系电压表，但其测量机构本身只允许通过很小的电流，测量时两端也只能承受很小的电压（只有几十毫伏），因此在实际中必须和它串联一附加电阻（倍压器）来扩大量程。如图 11.3.3 所示。

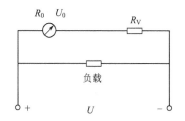

$$I_0 = \frac{U_0}{R_0} = \frac{U}{R_0 + R_V}$$

则附加电阻 R_V 为

图 11.3.3　电压表扩程

$$R_V = \left(\frac{U}{U_0} - 1 \right) R_0 = (m-1) R_0 \qquad (11.3.2)$$

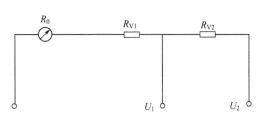

图 11.3.4　多量程电压表

式中，R_0 为表头内阻，m 为电压量程扩大倍数。由式（11.3.2）可知，需要扩大的量程愈大，倍压器的电阻则愈大。磁电式仪表灵敏度高，因此倍压器电阻大，它一般都做成内附式。多量程电压表为分段式倍压器，如图 11.3.4 所示。

例 11.3.2　有一内阻为 200Ω、满刻度电流量程为 $500\mu A$ 的电磁系测量仪表，若要将它改制成量程为 50V 的直流电压表，应接多大的附加电阻？该电压表的总内阻多少？

解　测量机构的额定电压为

$$U = I_0 R_0 = 500 \times 10^{-6} \times 200 = 0.1 \ (\text{V})$$

电压量程扩大倍数为

$$m = \frac{U}{U_0} = \frac{50}{0.1} = 500$$

应串联的附加电阻为

$$R_V = R(m-1) = (500-1) \times 200 = 99.8 \ (\text{k}\Omega)$$

电压表的总内阻为

$$R = R_0 + R_V = 200 + 99800 = 100 \ (\text{k}\Omega)$$

2. 交流电压的测量

交流电压通常用电磁系电压表进行测量，可借助于电压互感器测量较高的交流电压。电磁系电压表扩大量程可采用串联倍压器电阻的方法，多量程电压表也可以采用分段式倍压器，方法同磁电系仪表相同。

电磁系电压表既要保证较大的电磁力使仪表产生足够的转矩，又要减少匝数，防止频率误差，因此要求通过仪表的电流大，也就是电压表的内阻要小，通常每伏只有几十欧，所以电磁系仪表的电压灵敏度较低。

11.3.3　电功率的测量

由电工原理可知，电路中的电功率与电压和电流的乘积有关，通常采用电动系仪表测量线路中的电功率。

电动系仪表有两个线圈，定线圈作为电流线圈与负载串联，反映负载电流，而动线圈作为电压线圈串联倍压器后与负载关联，用来反映负载电压。从前面分析可知，电动式仪表指针的偏转角 α 正比于定线圈、动线圈电流有效值及它们间相位差余弦的乘积，如果忽略动线圈的感抗，则可以认为流过动线圈的电流与其两端的电压相同，则

$$\alpha = k I_1 I_2 \cos\varphi = k I_1 \frac{U}{R_2}\cos\varphi = k_P I U \cos\varphi = k_P P \tag{11.3.3}$$

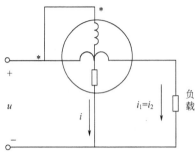

图 11.3.5 功率表的接线

因此电动系仪表可用来测量功率。

1. 单相交流电功率的测量

功率表有两对接线端子，测量时，为了不使指针反偏，功率表中将两线圈中使指针正向偏转的电流"流入"端做有标记，通常用"＊"或"±"标记，叫发电机端，接线时，应把发电机端接至电源的同一极性上，以使电流的方向对于发电机端一致。这就是功率表的发电机端接线规则。功率表的接线如图11.3.5 所示。

功率表的电压量程是通过改变倍压器电阻进行改变的。功率表量程则为电压量程和电流量程的乘积。因此选择功率表量程的实质则是选择电压和电流的量程。

电动系功率表也可以测量直流电功率，接线时注意电压线圈和电流线圈的极性应保持一致。

2. 三相功率的测量

（1）一表法。适用于对称的三相电路的有功功率的测量，三相电路完全对称，所以每一相的功率完全相等，只要用一块功率表测量出任意一相的有功功率，然后乘以 3 就是三相有功功率。

$$P = 3P_1 \tag{11.3.4}$$

图 11.3.6 为一表法测量三相对称负载的总功率的接线图。

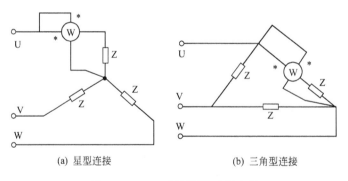

(a) 星型连接　　　　　(b) 三角型连接

图 11.3.6　一表法测量三相功率

（2）二表法。适用于测量三相三线电路的功率。如图 11.3.7 所示，三相总有功功率等于两功率表读数之和，即

$$P = P_1 + P_2 \tag{11.3.5}$$

必须指出，二表法测三相功率时，其中一只表可能会在接线正确的情况下出现反偏，此时应将反偏的功率表的电流线圈反接，而测出的三相总功率应是功率表读数之差。

（3）三表法。适用于不对称的三相四线制电路功率的测量，其接线图如图 11.3.8 所示。三块功率表分别反映每一相的功率，三相总有功功率为三块功率表读数之和，即

$$P = P_1 + P_2 + P_3 \tag{11.3.6}$$

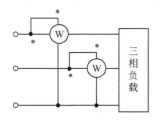

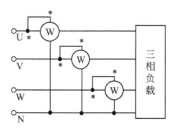

图 11.3.7　二表法测量三相功率　　　　　图 11.3.8　三表法测量三相功率

11.4　用电桥测量电阻、电容与电感

电桥一般可分为直流电桥和交流电桥，直流电桥在前面已作了介绍，现介绍交流电桥。交流电桥可以用来测量电路元件的电阻、电容和电感。电桥是一种比较式仪表，它的准确性和灵敏度都很高。在非电量的电测技术中常用到电桥。

11.4.1　交流电桥测量电阻

交流电桥的四个桥臂由阻抗 Z_1、Z_2、Z_3 和 Z_4 组成（如图 11.4.1 所示）。当电桥平衡时，有

$$Z_1 Z_4 = Z_2 Z_3 \qquad (11.4.1)$$

如果四个桥臂的阻抗均为纯电阻时即可实现电阻的测量。设 $Z_1 = R_x$ 为被测电阻，当 $Z_2 = R_2$、$Z_3 = R_3$、$Z_4 = R_4$ 时，则有

$$R_x = \frac{R_2 R_3}{R_4} \qquad (11.4.2)$$

与直流电桥不同，交流电桥的电源一般采用音频的正弦信号；而指零仪可采用交流检流计或耳机。

11.4.2　交流电桥测量电容和电感

交流电桥通常用来测量电容和电感。如果阻抗用复数指数形式 $Z = |Z| e^{j\varphi}$ 表示，则式（11.4.1）的指数形式为

$$|Z_1| \cdot |Z_4| e^{j(\varphi_1 + \varphi_4)} = |Z_2| \cdot |Z_3| e^{j(\varphi_2 + \varphi_3)} \qquad (11.4.3)$$

根据复数相等的条件，有

$$|Z_1| \cdot |Z_4| = |Z_2| \cdot |Z_3|$$
$$\varphi_1 + \varphi_4 = \varphi_2 + \varphi_3 \qquad (11.4.4)$$

式（11.4.4）表明，交流阻抗电桥的平衡要同时满足两个条件：一是相对桥臂阻抗模的乘积必须相等；二是相对桥臂阻抗必须相等。为了同时满足两个条件，交流阻抗电桥的四个桥臂的阻抗和性质要按一定条件配置。并且为了使调节平衡容易些，通常将两个桥臂设计为纯电阻。例如若设 $\varphi_2 = \varphi_4 = 0$，即 Z_2 和 Z_4 是纯电阻，则 $\varphi_1 = \varphi_3$，即 Z_1、Z_3 必须同为电感性或电容性；若设 $\varphi_2 = \varphi_3 = 0$，即 Z_2 和 Z_3 是纯电阻，则 $\varphi_1 = -\varphi_4$，即 Z_1、Z_4 中，若一个是电感性，另一个则是电容性。

由于交流阻抗电桥的四个桥臂阻抗的大小和性质要按一定的条件配置，因此交流电桥往往做成专用电桥用来测量电感、电容等。

1. 电感的测量

图 11.4.1　交流电桥电路

测量电感的电路如图 11.4.2 所示，R_x 和 L_x 是被测电感元件的电阻和电感。

电桥平衡的条件为

$$L_x = \frac{R_2 R_3 C_0}{1 + (\omega R_0 C_0)^2} \tag{11.4.5}$$

$$R_x = \frac{R_2 R_3 R_0 (\omega C_0)^2}{1 + (\omega R_0 C_0)^2} \tag{11.4.6}$$

要反复调节 R_2 和 R_0，使电桥平衡。可见，交流电桥测电感的平衡条件是两个，要比测电阻麻烦。实际使用中，现代精密交流电桥的平衡往往是自动调节的。此电路又称海氏电桥，它适用于测量 Q 值较大的电感，平衡条件与电源的频率无关。

2. 电容的测量

电容的电路如图 11.4.3 所示，电阻 R_2 和 R_4 作为两臂，被测元件（C_x、R_x）作为一臂，无损耗的标准电容（C_0）和标准电阻（R_0）串联后作为另一臂。

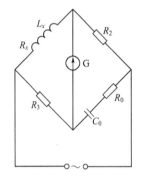

图 11.4.2　测量电感的电桥电路

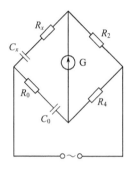

图 11.4.3　测量电容的电桥电路

电桥平衡的条件

$$R_x = \frac{R_4}{R_2} R_0 \tag{11.4.7}$$

$$C_x = \frac{R_4}{R_2} C_0 \tag{11.4.8}$$

为了同时满足上两式的平衡关系，必须反复调节 $\dfrac{R_2}{R_4}$ 和 R_0（或 C_0），直至平衡为止。此电路又称维恩电桥，它适用于测量损耗小的电容器，电桥灵敏度较低

11.5　非电量的电测法

非电量的电测法就是将温度、速度、位移、流量和液位等非电量变换为电量，从而进行测量的方法。由于变换所得电动势、电压、电流、频率等电量与被测的非电量之间存在着一定的比例关系，所以通过对变换所得电量的测量即可测得非电量的大小。

非电量的电测法具有远距离测量、可测量动态过程、连续测量，可用于自动控制生产过程以及自动记录等优点，并且测量的准确度和灵敏度较高。随着生产过程自动化的发展，非电量的电测技术日益重要。

各种非电量的电测仪器，主要由传感器、测量电路和测录装置三个基本环节组成。下面介绍几种最常用的传感器，以便对非电量的电测法有所了解。

11.5.1　电 感 传 感 器

图 11.5.1 是交流电桥测量电路，两只线圈分别为两个相邻桥臂，另外两个桥臂分别由标准电阻 R_0 组成。电感传感器能将非电量的变化转换为两个线圈电感的反向变化，最后通过测量电路转换成电压或电流信号输出。

电感传感器由于可以采用工频交流电源，不仅结构简单，而且输出功率较大，广泛用于测量压力、位移、液位、表面粗糙度等。在很多情况下，甚至可以不经放大，直接与测量仪表相连。

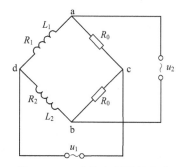

图 11.5.1　交流电桥测量电路

11.5.2　电 容 传 感 器

电容传感器能将非电量变化转换为电容的变化。通常采用的是平板电容传感器，将电容的一个极板固定，另一个极板与被测运动物体相接触，当运动物体上、下位移或左右位移时，将引起电容的变化，通过测量电路将这种电容的变化转换为电信号输出，其大小可反映运动物体位移的大小。

11.5.3　应 变 电 阻 传 感 器

应变仪用来测量机械零件和各种结构杆件的应变，并由此计算其中的应力。应变仪中常用的传感器是金属电阻丝应变片，如图 11.5.2 所示。在测量时，将此应变片用特种胶水贴在被测试件上。试件发生的应变通过胶层传给电阻丝，将电阻丝拉长或压缩，因而改变了它的电阻，于是将机械应变变换为电阻的变化。

由于机械应变一般很小，所以其相应电阻的变化也很小，因此要求测量电路能精确地测量出电阻微小的变化。最常用的测量电路是电桥电路（大多采用不平衡电桥），把电阻的相对变化转换为电压或电流的变化。

图 11.5.2　金属电阻丝应变片

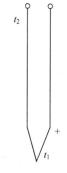

图 11.5.3　热电偶

11.5.4　热 电 传 感 器

热电传感器是将温度的变化变换为电动势或电阻的变化，下面简单介绍热电阻、热敏电阻和热电偶。

1. 热电阻

传感器能将温度的变化变换为电阻的变化，用来测量温度。电阻温度计被用来测量 $-200 \sim +800℃$ 的温度。电阻温度计中的热电阻传感器是绕在云母、石英或塑料骨架上的金属电阻丝（常用铜或铂），外套保护管。

作为热电阻传感器的电阻丝，在工作温度范围内必须具有稳定的物理和化学性能；电阻随温度变化的关系最好是接近线性的；热惯性越小越好。

2. 热敏电阻

热敏电阻可用于温度测量、温度控制和温度补偿，能将温度的变化变换为电阻的变化。热敏电阻是将锰、镍、钴、铜等氧化物按一定比例混合后压制成型，是半导体元件，在高温（1000℃左右）下烧结而成的。其外形有珠状、片状、圆柱状和垫圈状等多种。

热敏电阻具有负的电阻温度系数，当温度降低时，其电阻明显增大，与温度的关系是非线性的，可以用它来对正电阻温度系数的电阻元件进行补偿，以减小温度误差。热敏电阻的测温范围约为$-50\sim+300$℃，可以测量一般液体、气体和固体的温度，还可用来测量晶体管外壳温升、植物叶片温度和人体血液温度等。

3. 热电偶

常把热电偶放在用钢、瓷或石英制成的保护套管中，以防止受到机械损坏或高温蒸汽的有害作用。热电偶由两根不同的金属丝或合金丝组成，如图11.5.3所示。如果在两金属丝相连的一端加热（热端），则产生热电动势E_1（与热电偶两端的温度有关）满足

$$E_t = f(t_1) - f(t_2) \tag{11.5.1}$$

从式（11.5.1）中可知：当热电偶冷端的温度t_2保持恒定不变，则热电动势E_t就只与热端的温度t_1有关。热电偶温度计常用来测量$500\sim1500$℃的温度。

小　结

电工测量与仪表在现代化生产和科研中具有重要的作用。电工测量仪表主要分为直读式仪表、比较式仪表和其他电工仪表。直读式仪表有电流表、电压表、功率表、电度表、绝缘电阻表等，比较式仪表有电桥等。

直读式仪表按其工作原理可分为磁电系、电磁系、电动系、感应系和整流系等。磁电系仪表是直读仪表中用得最多的一种，其作用原理是固定永久磁铁的磁场与通有直流电流的可动线圈间的相互作用产生的转动力矩。磁电系电流表与被测负载串联，采用分流电阻扩大量程。磁电系电压表使用时与被测负载并联，用串联分压电阻扩大量程。电磁系仪表是通有电流的固定线圈的磁场与铁片的相互作用产生转动力矩的，因此可交直流两用。电动系仪表是利用通有电流固定线圈的磁场与通有电流的活动线圈间的相互作用时产生转动力矩，多做成功率表等。

万用表是电流表、电压表、电阻表的组合，应掌握其具体用法。

思　考　题

11-1　电测量指示仪表由哪几分组成？各部分的作用是什么？

11-2　磁电系仪表只能否直接测量交流量，为什么？如何改进才能测量交流量？

11-3　如何扩大磁电系仪表电压表的量程？

11-4　在测量电阻时为何每更换一个量程都必须调整欧姆零位？如何调整？

11-5　用功率表测量电功率的注意事项有哪些？

习　题

11-1　用准确度为2.5级，量程为50A的电流表分别去测量几个电流，如果测得结果分别为10A、30A、50A，分别计算它们的最大相对误差。

11-2　现有500mA、0.5级的毫安表和一只100mA、1.5级的毫安表，如果要测量50mA的电流，问选择哪一只毫安表的准确度高些？

11-3　现有一只内阻为 200Ω，满偏电流为 $500\mu A$ 的电流表，若把它改装成量程为 50V 的电压表，应接多大的附加电阻？该表的总内阻是多少？

11-4　题 11-4 图所示电路中，$R_1 + R_2 = 100\Omega$，$R_3 = 88\Omega$，$E = 6V$。若调节滑动触头使 $R_1 = 40\Omega$ 时，电流计指针指向零位，求被测电压 U_x 的值。

11-5　某车间有一个三相异步电动机，电压为 380V，电流为 6.8A，功率为 3kW，星形连接。试选择测量电动机的线电压、线电流及三相功率（用两功率表法）用的仪表（包括型式、量程、个数、准确度等），并画出测量接线图。

11-6　如题 11-6 图所示，用两表法测量三相功率。试证明：不论三相负载作星形连接还是作三角形连接，三相总平均功率为两个功率表的读数之和。

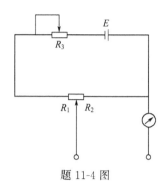

题 11-4 图

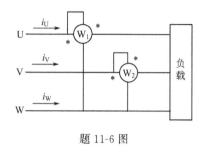

题 11-6 图

参 考 文 献

［1］ 秦曾煌. 电工学. 第6版. 北京：高等教育出版社，2004.

［2］ 姚海彬. 电工技术. 第3版. 北京：高等教育出版社，2008.

［3］ 邱关源. 电路. 第5版. 北京：人民教育出版社，2006.

［4］ 付植桐. 电工技术. 北京：清华大学出版社，2001.

［5］ 顾绳谷. 电机及拖动基础. 第4版. 机械工业出版社，2007.

［6］ 姚光国，魏启超. 电机及拖动控制. 上海：上海交通大学出版社，1995.

［7］ 张云波，刘淑荣. 工厂电气控制技术. 第2版. 北京：高等教育出版社，2004.

［8］ 石生. 电路基础分析. 北京：高等教育出版社，2000.

［9］ 王平. 电工技术与实训. 北京：化学工业出版社，2008.

［10］ 贺令辉. 电工仪表与测量. 北京：中国电力出版社，2006.